好运从心开始

——你是自己命运的设计师之三（上册）

秦东魁 著

团结出版社

图书在版编目（CIP）数据

好运从心开始 / 秦东魁著 . -- 北京：团结出版社，2017.9（2023.12 重印）
（你是自己命运的设计师；3）
ISBN 978-7-5126-5338-2

Ⅰ . ①好… Ⅱ . ①秦… Ⅲ . ①成功心理－通俗读物 Ⅳ . ① B848.4-49

中国版本图书馆 CIP 数据核字（2017）第 165883 号

出　版：团结出版社
（北京市东城区东皇城根南街 84 号　邮编：100006）
电　话：（010）65228880　65244790
网　址：http://www.tjpress.com
E-mail：zb65244790@vip.163.com
经　销：全国新华书店
印　装：三河市腾飞印务有限公司

开　本：170mm×240mm　16 开
印　张：29
字　数：444 千字
版　次：2017 年 9 月　第 1 版
印　次：2023 年 12 月　第 6 次印刷

书　号：978-7-5126-5338-2
定　价：70.00 元（上下册）

目　录

第一章

开启天性五福——上乘运气学原理概述

我们今天进入一个新课题：上乘运气学原理。

我过去也讲过相关内容，比如最近就讲完了影响运气的几十种行为，但是，讲得都不够系统，不够深刻。比方说，大家都知道了这个行为会影响运气，但是，大家不知道的是，为什么这个行为会影响运气？

所以，这一次要讲什么？要讲最上乘的运气学原理，为大家详细解释运气背后隐藏着的十二大规则。

▪ 用封建迷信全盘否定传统文化是不科学的

现在书店里也有很多关于运气的书籍，但都层次比较简单。讲的大多是要想今年运气好，需要在什么方位，摆一个什么样的吉祥物品。这个和古时候的运气学就差别很大。

古时候的运气学，是古人总结人与天地和自然环境的关系形成的。古人学这个，是要服务社会、国家的。当时，凡能知天象、观地理的人都具有厚德，他们用这个本事来辅佐有德行的人，成就王业，比如诸葛亮成就了刘备。实际呢，刘备也成就了诸葛亮。为什么呢？君义臣忠！刘备完全做到了义，他有两个方面做得非常好：一方面，古代的人注重出身，刘备是汉室的皇亲国戚，他能弯下腰来和杀猪的张飞、鲁莽的武夫关羽结拜，这是他成功的第一步。另一方面，就是三顾茅庐去请诸葛亮。刘备能礼请上士，他懂得按天时去做事情。

就像周文王请姜太公也是一样，姜子牙用直钩钓鱼，周文王也很有智慧，看破说破，这是愿者上钩，我周文王就是愿意上姜太公的钩。据传说，姜太公曾要求周文王亲自拉车载着他，而且不能用马。周文王当时年纪也不小了，而且那个时候已经是大王了，但他真是谦卑到了极处，拉着姜太公走了 808 步。所以姜太公辅佐周文王，也让周朝兴盛了八百多年。

可是，现在大部分人学习和使用运气学，不是为了辅佐人、服务国家，只是为了敛财，甚至有很多人用它来骗钱。很多宗教场所周边，摆满了各式各样的风水吉祥物品，目的无非是把钱赚到自己口袋里。有点像现在那些乱七八糟的培训中心一样，那些培训中心，不是培训你的德行、修为和人格魅力的，而是培训你如何营销，如何把对方的钱赚到自己手里来。

古今有别，尤其在文化方面。很多古文越读越有意思，越读越有味道，比如《弟子规》，别说百读不厌，千读万读都不厌，传承几百年，它对现代人还有教育意义。可我们现在的图书呢？据说美国最大的图书公司每天要出上千种书。大部分书读一遍就没感觉了，想读第二遍的念头都没有。而一部《论语》，读两千多年仍不失其味，要不我说，古今文化真不同。

我觉得在这方面，最好的就是古为今用，遵循古代的东西，活用在现在这个社会里，不能一下就把孔家店给打倒了。中国有三种文化，最早是道家、墨家、儒家，魏晋南北朝时期，印度的佛教传入中国，唐朝以后，墨家退出了文化舞台，中国文化的主要体系就变成了儒、释、道三家。

运气学也是我们传统文化的一部分，甚至它的内容比儒、释、道还早，因为它体现了我们祖先对大自然的一种敬畏，盖房子为什么要面向南？南边有阳光嘛，它是根据气候的变化来确定居住的地方。

我们这一百多年来，最大的一个错误，就是把文化传统都打倒了。学者们也说，我们的文化传统被四个字给打倒了——封建迷信。我们对古老的东西，要不就是挂个封建的帽子，要不就是挂个迷信的帽子，全盘否定。

道家也好，佛家也好，儒家也好，原来是没有派系之分的。比如佛教，什么净土宗啊、密宗啊，过去是没有的。我把佛陀传记看完以后才知道，佛陀在行教的时候，是看众生的根性来说法，弟子的根性不同，他因机施教而讲出了很多经典。后来的分类是他的弟子分的，不是他分的，就是因众生的根性不同，才分出来了各种法门。

道家也是，什么龙门派啊，全真派啊，老子自己是没有分的，都是后人做的事情；还有儒家，仁归到仁，孝归到孝，礼归到礼，孔老夫子也没做过这些，他都是随机教育学生的。

古人的心量、德行和智慧比今人强。强在什么地方呢？古人为公，今人为私，是私和公的区别。你想追上古人？也为公就行了，公中有你啊，就是我们常常讲的："我为人人，人人为我"。所以，我们对文化有了深层次的了解以后，对运气学也就不迷信了。

最上乘的运气学——通天

为什么我们要讲最上乘的运气学呢，因为现在运气学的各派学说特别多，多得还不是一点，一般的学者都看不懂。我也看来看去看不懂。

其实，运气学也是分为三种，一种通术，知道运气学的一些格式、名词；一种是通理，树为什么长得这么好？根深啊，根长得深，才能吸取大地的营养；第三种是通天或者通神，你这可能是通了天的道理了，不需要术也不需要理，张嘴就来。

所以我讲了很多运气学，也不能完全称为运气学，因为我是想讲哪就讲哪，没有什么系统。在我这听到属相、八字，是听不到的，这些东西可能对大家没有太多意义，这里能来听我讲的，大部分都没有修行基础，所以我们要讲就讲最上乘的运气学——通天。

古时候对真人的理解是：真有道的人。吕洞宾就被称为吕真人，孙思邈被称为孙真人。所以，真人是这个世间有德行、有真才实学的人。那真人的对面就是假人，真人知晓天文、通晓地理、知道人情；假人则糊里糊涂，受灾不知道为什么，受福也不知道为什么。真人与假人的区别在于，真人明理懂道、知而行之；假人则是不知而行之，所以步步错。所以，过去对真人的称呼，不是宗教的，指的是对社会有能力、有帮助、有真正德行的人。

我有一个观点，中国的文化演变是最成功的。像古代的德文、法文，只专家懂，民众基本看不懂，他们的文化曾经断过，而中国的繁体字，现在虽然也简化了，但中国人现在还能认识，所以一些古代的经典像《论语》《千字文》《三字经》《弟子规》这些，我们都能理解。我们对文化有一个深刻的理解后，再来听我给你讲运气学，就是通天了。

我们不要想得有多么高深，我要通的天，就是我们讲的天性。我们说要通神，通你自己的神就是精气神。

▪ 通天，就是保持与生俱来的五福天性

什么是天性？小孩子天生就会笑，人本来就会笑，这是所有动物都不会的功能，这就是天性。孩子生下来，有五种东西天生是不会的。

第一、不会喝酒。你看，哪有刚出生的小孩会喝酒的？

第二、不会邪淫。小孩子去厕所，不问男女，心里是非常纯洁的。

第三、不会妄语。小孩一定不会说谎话，我们家孩子在市里上幼儿园，有一天我太太起晚了，孩子入园迟到了，我太太路上就跟孩子说：“你跟老师说，今天堵车来晚了。”其实那天还真不堵车。老师就问了：“今天怎么来晚了？”我孩子说：“我妈妈说，因为堵车来晚了。”“那堵不堵车啊？”“不堵车。”孩子就如实禀报了。

第四、不会杀生。有一次我太太看到一只蟑螂，一下就拍死了，孩子说：“我要告诉老师你欺负小动物！”还有一次，我带孩子去市场玩，在一个卖鱼的地方，很多人在那买鱼。孩子忽然问：“那叔叔怎么打鱼呢？”原来是有个人在杀鱼，把鱼在地上一摔，鱼还没断气，就拿一块铁在鱼头上敲一下。我就说：“那鱼不听话，所以挨打。你不听话是不是也要挨打啊。”你看，小孩是不会杀生的。

第五、不会偷盗。我跟孩子去买玩具，他拿着玩具就走，我跟他说：“还没交钱呢。”他自己完全没有概念。孩子后来学坏了，是谁教的？大人教的。

所以孩子天生就带有五福，不杀生、不偷盗、不邪淫、不妄语、不饮酒。我们要懂得，一个人要想通神，就必须保持这五种东西，保持下来你就通神了。

可是，孩子出生也带了另外五种东西：第一、贪。最明显的，你要抱别人家的小孩，你们家小孩会生气，你看，由于贪恋你，他都生气了。还有，你给他嘴里塞个奶瓶，再拔下来就难了，他会两手抓着奶瓶不放，所以孩子天生带贪来。第二、嗔恚。他会发脾气，你顺他意，他就乐，不顺他意，他就发脾气。第三、愚痴。给个糖、给个玩具，小孩就能管人叫爸爸，反正他也不知道什么是爸爸。第四、傲慢。第五、怀疑。贪嗔痴慢疑，这五毒也都是天生带来的。

当我们对人有了深刻的理解，就会明白：五福，其实就是用来压制我们身上的五毒的。

那上乘运气学讲什么呢？实际就是讲，如何用儒释道，这些古圣先贤教给我们的方法，保持我们的五福，压制、克制、消灭我们的五毒，把我们自身的天性发扬光大。

首先要了解你自己。你本身就带五福、五毒，当你倒霉，是你自身的五毒生根发芽了。你一辈子健康平安，能按着你的福报，履行你一辈子的职责，便是你的五福生根发芽了。保持五福就能保持我们所谓的天性，天性是纯善无恶的，禀性是纯恶无善的，禀性就是我们的怒恨怨恼烦，它通于五脏：怒是肝发出来的，恨是心发出来的，怨是脾胃发出来的，烦是肾发出来的。

所以我们学习上乘运气学，不是用来改变我们的住宅运气，也不是用来改变我们的坟地运气，而是用来改变我们自身的运气。是要把我们自身的五福调到最大化，并让他能通五行——金木水火土，通五德——仁义礼智信，还要通五空——生老病死苦。

我们想一想，要懂理肯定要从仁义礼智信下手，要看破放下修行的话，肯定是要把生老病死苦弄懂，这五空，只要是人谁都离不开，谁都逃脱不了。为什么还要通于五行呢？道教讲的，要顺应自然啊，我们要推转五行。

所以，我们要常保持和长养不杀生、不偷盗、不邪淫、不妄语、不饮酒的天性，只要长养一个天性，就有一福临身，就这么简单。比如，保持住不杀生的天性，就能长寿啊。

我们天生带来的五福，是能通天彻地。

▪ 应该把自身的五福调节到最大化

我们应该把自身的五福调节到最大化。慈悲由不杀生开始，除了不杀动物之外，我们还要注意一点，如果树木没成材，我们也不能砍它。

有人问我：“你说不杀生，那人吃蔬菜、水果，这不也杀生吗？”

我说：“这个你就无知了，剪头发你会痛吗？剪指甲你会痛吗？指甲、头发也有生命对不对？蔬菜不吃，久了就烂地里了；苹果熟了不摘，也就落了、烂了。世上的植物都有自己的生长规律。”

我们要是对各种知识有深刻的了解以后，就会知道，命运完全可以自己掌握。一命二运三风水，命是排在第一位的。出生带的五福，就是你的天命。

五毒——贪嗔痴慢疑，之所以能生根发芽，是因为习性导致的，也就是我们后天习得的。孩子先天是不爱吃肉的，你不懂知识，你以为不给孩子吃肉营养不够，就是这些错误的念头，你给他从小就天天喂肉，培养出了他的吃肉的习性。其实，人的牙齿、肠胃是最不适应吃肉的，人的牙齿是平的，人的肠子是十二指肠，重叠的，肠子太长了，和肉食动物的不一样。老虎、狮子的牙都是尖利的，肠子是很短的。

可以说，小孩出现任何问题，都是父母开发错了，设计错了。

我有个朋友，三餐无肉不欢，两口子为吃海鲜，从北京搬到大连去了。

谁知道跑到大连去以后却全家吃素了，甚至跟学校讲，我们家孩子是素食主义，要吃素菜。我还有个朋友，她怀孕期间都在吃素，她的第二个孩子都是胎里素。夫妻俩越吃素越年轻，她老公比我都大，还比我显得年轻，我跟他说：“你都成不老神话了，你再不老我都疯了！”你想想，吃素能让人年轻啊。

人要把自己的五福保持住，把它开发到最顶尖，开发到古圣先贤跟前；你就成圣贤了。可见，命运是可以设计的，设计自己的命、设计孩子的命、设计家庭的命运。所以，上等运气学是通神的，我们身上就具备通神的法宝。

不杀生就通天。为什么啊？上天有好生之德。很多人说：“我想得天护佑。”我说：“你不杀生，就能得天保佑你。”

不偷盗就得财运保佑。为什么啊？偷盗的财是不义之财啊，君子爱财取之有道，不义之财是不可取的，我们要挣光明正大、不违法乱纪、不违背伦理道德的财，要取有义之财。

你要真正明白，原来我们只需要把命里带的先天性的五福开发了，就够了。

今天我来的时候，朋友开车拉我，说："你讲的东西，大家都觉得挺好，就是不好改，觉得改起来特别难受。"

为什么不好改啊？因为我们把身上的五毒开发得太久了，把五福给压下去了。本来福在上，一福压百祸，它是来压制、克制甚至消灭五毒的。你要成圣人了，那就克制住了，贪嗔痴慢疑还在你身上，可是它不起作用。

▪ 要是发扬了自身五福，天上五福就降了

南怀瑾先生讲的《圆觉经略说》里，有个故事很有意思，我讲给大家听听。

佛为了度化他的弟弟难陀，有一次应用神通带着他弟弟难陀去天堂，看到了很多美女仙女，弟弟问："这个宫里面怎么没有王啊？"仙女说："佛这个弟弟修福修得非常多，未来要在这个地方当王。"他知道后高兴了，我要当天王了，这么多仙女，比我太太漂亮太多了。佛又领他去地狱，那里正支个油锅，还有鬼在烧火，弟弟问："你们支这个锅干啥啊？"鬼就和他说："佛有个弟弟叫难陀，过去生修了不少福，也造了不少恶，等他在人间和天上把他的福享尽了，就来这个地方要受苦了。"难陀一听，吓得魂不附体。他明白了，不了脱生死，纵然升到天上，还是在三界之中，还要受六道生死的轮回，出离学道刻不容缓。于是，他毅然跟随佛陀出家去安心修行了。

也正因为他已经亲眼目睹了地狱，所以在日后的修行中，他清规戒律一尘不染，细微的学处也从没有违犯过。佛称他是持戒第一。

我们在设计命运的时候，要扬了五福，天上五福就降了，要扬了五德，地上的五德就升了。所以命运都是自己设计的，你现在生病也活该，你现在倒霉也活该，你没有资格怨天怨地，更没有资格怨爹怨娘，怨八字、怨命运不好，都是你自己没设计好。早上挤地铁的那么多人，那人家还有很多不挤地铁的，坐在家里就赚钱的呢；你开车很辛苦，那还有很多

人有司机呢。

按我们现在的术语讲，那人比较努力、那人命好、那人运好、那人爹娘好、那人富二代……我们只是拿这个词汇，障碍了自己的智慧，你不知道深层次的原因，你要知道了，就懂得如何设计命运了。

再看一个佛出四门的故事。释迦佛是最好的设计者，他出四门的时候，看到了老病死苦这些例子。他问赶车的车夫："我会老吗？"车夫说："你会老，谁都无法幸免。"他问："那我会死吗？"车夫说："会死，谁都无法幸免。""那我会生病吗？""会病，谁都无法幸免。"

佛明白了，老病死苦谁都逃脱不掉，他就想："我要设计一个脱离生老病死苦的方法。"他一想，那么多人出家修行，我也修行吧。

当他要走的时候，他父王挡他。父王说："你要接我王位，你走了怎么办？"佛就问父王："你爱我吗？"父王说："爱你，我太爱你了，你是我的儿子。"

佛说："你既然这么爱我，父王你能让我不死吗？"父王说："孩子我做不到啊。"他连续把不老不病不死全问完父王以后，他父王说了一句话："我都做不到。"这就是佛出家的因缘，佛在很多事物里面，都能吸取道理。

我们该怎么做？咱们达不到佛的境界，那我们达到一个人的境界行不行？设计我们这一生，设计我们的后代子孙，设计我们的家族，让我们家族的人不说别的，能首先得个五福，不短命，在人生道路上工作顺利、四季平安，少得点怪病、少遇点意外，这些我们是完完全全可以掌握的，那真的是可以掌握，我就是发现了这个秘密。

▪ 用好三教法宝，人生四平八稳

我开始想，人都受到命运的约束，有没有可以开启风水命运的密码呢？有的。古人留给我们很多法宝，只需要拿着这些法宝，就能让我们的人生四平八稳，要是用这个法宝通天了。

老子当年出关，到了陕西周至，当地有个县太爷，看到突然有紫气东来，知道有圣人要来，他找到了倒骑青牛的老子。那五千言啊，就是老子和这个县太爷对话留下来的，这就是称为东方圣经的《道德经》。五千字很少，按十分钟说一千多字的速度，也就一个小时左右的谈话时间，成就了一部圣典。

看看《道德经》就知道，圣贤的特质都是非常谦卑的。古圣先贤都教给我们方法了。儒家讲的是入世法，佛家讲的出世法，道家讲的是和谐法，与自然和谐，与植物、动物、所有东西都和谐。儒家解决了人与人如何相处的问题，道家解决了人与自然的关系，佛家解决了人从哪里来、要到哪里去的问题。

▪ 开启五福，压制五毒

所以我们就是要藉助古圣先贤的宝贵经验，他们就是钥匙。

开启你自身五福，你天生本性具足，用五福把五毒压制住，让它不生根发芽，让它不捣乱你的世界，那你的生活，走东方东方大吉，走西方西方大吉，东南西北中路路畅通，常遇贵人不遇小人。为什么？因为你自身具备五福，就通了五方；聚得五德，你就是一个有福之人，如何能受罪？受不了罪啊。

古人讲给我们秘密方法，就是看到大家被财色名利所纠缠。财色名利是什么？正是开启我们自身禀性的钥匙，让我们贪嗔痴慢疑这五毒加重。我们经常讲，无欲则刚，欲是深渊……现在全世界都讲究法律，中国古人最有智慧，四书五经何尝不是规矩律令，就用四书五经，来衡量一个人的道德水准。古人很有智慧，又把你教育了，还提升你德行了，把你的自性五福全部提升起来了，让你少病少祸、多福多吉。

俗话说要多结交良师益友，因为良师益友能帮助你开启天性五福，压制五毒，克制我们的习气。

天性纯善无恶，禀性纯恶无善，那我们身上的习性呢，是后天学的。在内蒙古生活，就是吃牛羊肉；在海边生活，就是海鲜；要是四川人，那就是麻辣……这些就是后天的习性，受生活环境影响。习性可以半善半恶，手能捡垃圾就是善，扔垃圾就是恶，就这么简单，由你自己决定。

▪ 五种善巧方法共振自身五福

知道了这些，我们就知道设计我们的人生，设计孩子的人生，设计我们家族的人生。它不是神佛来掌控的，而是由我们自己掌控的。用你的善念波振出去，遇到的都是善；用你的恶振出去，遇到的全部都是恶；如果什么倒霉鬼都找你，那一定是你自身共振出去就是倒霉气场；用国学的理念共振，你遇到的全是国学老师……这就叫共振法则，用这种方式就比较好理解了，你自身用什么样的内容共振，你就会吸引什么样的人和物来和你相聚。

就像打手机一样，你给姓王的打电话，那姓王的和你对应；你和姓李的打电话，那姓李的跟你回应。我们古圣先贤的书经，也可以把它理解成电话号码，就看你在给谁打电话呢？

上乘运气学，其实就是看你给谁打电话，我们是主导者。不要给自己找理由：什么人家爸妈好，我笨，我懒……

实际上，开启万福之门的钥匙，就在你自己手上，这就是上乘运气学。

你要共振你自身的五福。你想想：我小的时候就是不会偷盗、邪淫、喝酒啊，那我现在都会了，这不是我天生的。

那既然不是你天生的，你把它怎么办，斩尽杀绝，不再犯啊就完了啊！那有什么不舒服的？有什么难受的啊？除非你不想改！

道理都懂了，但真干真做才能真受益。你不用改天、不用改地，不用改坟地、不用改住宅。很多人改风水把坟地都挖了，袁世凯迁祖坟，当了八十三天皇帝，我说："这不挖还好点，可能当长一点，一挖漏气了嘛。"我们想一想，尸骨都腐化了，和土融为一块了，你挖能捡几块骨头？尸骨不全啊，等于把自己祖先五马分尸了嘛！为了所谓的好运，可真是丧尽天良了。

光想着挖祖坟、搬新房，就不能改自身？你自己转了，周边的人全转敌为友，转贱为贵，转祸为福。你看，你能起到多大的作用。

你自身的贪婪、愤怒、愚昧无知、傲慢、怀疑这五毒，如同毒瘤，必须制止住、消除掉，要不然就动手术把它切割掉，不然你带着这个毒瘤，走在哪里都运气差。

唯一的方法，提升自己的免疫力，就是开启天性五福，让你纯善无恶的天性当家。习性的善是天性指挥的，习性的恶是禀性指挥的。你要抽烟，天性知道，抽烟污染环境、伤害身体；可禀性说："我控制不住，还是抽点吧，还刺激消费呢。"禀性和天性就在那较量，禀性一占上风，你就去抽烟了。烟和火，就是禀性的动力、禀性的毒气，烟火一起就把禀性开启了，禀性就会动怒，动怒就会克财、要命。

我常常讲，微笑、听圣贤教诲、说善言、行为端正、心存感恩，这五种善巧方法，就是开启你天性五福的办法。微笑招喜，听圣贤教诲招福，你一快乐，喜从天降了；不听老人言吃亏在眼前，老人是谁？古圣先贤嘛。行为端正得财，你就通的是礼，儒家讲的礼，就是行为端正。我讲的这些方法，最简单有用，你时常保持，就和你的五福相应了，就和五方通了，和天地也就通了，效果就这么好。

▪ 常常笑的脸型是接天福的脸

我们要让自己的眼睛长期微笑。一笑以后，整个面部呈现出的形状，真像元宝朝上啊。我把这个常常笑的脸型称为接天福的脸。人有没有福，就看你笑得多少，笑得至诚不至诚，笑得真不真心；看你笑里有没有自私自利，有没有贪嗔痴慢疑，有没有五欲六尘。

笑和笑是不一样的。你笑里有五毒的话，那你这个笑可是招五灾的；你笑里要是有五福，那你肯定就得五福了。同样是一个微笑，笑里是什么含义，是真笑、假笑还是笑里藏刀，还是皮笑肉不笑，这个很重要。

我不知道大家有没有感觉，当我提笑的时候，我自身能量就起来了，一微笑，从头顶开始，就像过电一样，直到脚心，全身细胞开始活跃。能达到这种效果才叫真笑，这种笑是通天彻地的。你看，很多佛像对众生慈眉善目地笑，你见到以后，你的火、你的恶、你所有的苦，全部都能止住甚至消除。

有人问孔老夫子："你最得意的是哪个弟子？"孔老夫子说："颜回啊。"人问："为什么啊？"孔子说："颜回只用半个葫芦瓢做的勺子舀水喝，也不改其乐。"颜回都穷到那种程度了，从来不改变他内心的快乐啊，这种快乐不是因为某一个人、一件事而来，也不是因为发财或失败，当官或不当官而来。

孔子自己也是如此淡定啊，他被围困的时候，照样抚琴。弟子就问："你怎么还乐啊？"孔子讲："什么叫君子啊，君子内在的乐不会受外在的东西影响。"为啥孔子教了五年学，大家把他叫做圣人？他有独特之处。那个时候，中国也就几百万人口，他有三千弟子，个个都是奇才，是各国的英才。孔老夫子的思想，在他去世以后几百年才开始兴旺的，他那个时候周游列国，都是为了把自己文化大同的理想告诉各国去推行。

▪ 不能给五毒增加营养

刚刚提到共振法则，其实我要告诉你，你现在的孩子，也是共振来的。所以孩子不孝顺、孩子自私都怨你自己。包括我们遇到车祸，工作中遇到小人，我们所遇到的所有逆境、顺境，全部是自己共振来的。要不我说，别怨天、别怨地，也别怨八字、怨命运，只能怨自己。

我们只需开启自身五福，就能通五方，自然就推转了五行，最差也能克制五毒不生。可是我们呢，没有克制五毒，反而在给它们增加营养。我们不是冒烟就是冒火，要不就烟火俱冒，烟里有火、火里有烟，这三种人只能自克了，要命啊，招灾招病招祸呀。他们没有办法自己设计自己的人生，没有办法设计自己家族的命运，也没有能力让自己的祖坟住宅，变成助自己成就的上等风水，这都是自己造成的。

所以，一切古圣先贤，教我们的一切方法，都是要让我们成圣成贤，可是我们不愿意，非要当鬼。我们经常听一句话：天堂有路你不走，地狱无门你偏进来。地狱本来没有门，我们还非要打个门，都要进去，这多可怕。我们短命、遇到小人、得病、摊上官司、坐牢、赔钱以及遇到的种种不顺和逆境，天不会降地不会生，都是我们自己找来，共振来的。

你有没有发觉，你一笑大家都笑，你哭大家也都心情不好？一个人放声痛哭，大家会问问情况，一听比较悲惨，所有人也都面露悲色不是？你要讲快乐的事情，说抓奖抓了500万，周边很多人也都替你高兴，这也是情绪波段的一种共振。

共振的是福还是祸，由你自己决定，要想共振福来，就要守住两条原则：第一，不为非作歹、不违背伦理道德；第二，不违法乱纪。要是违背伦理道德了，你试试，越振越遭殃，越振越倒霉，越振病越多，有些人与恶的波段共振太严重了，把子孙都振没了，断子绝孙了，多可怕。

所以我说，上乘运气学主要起什么作用？教我们如何更快乐、更幸福，人生更完美。我们不讲佛、不讲道，也不讲天地，我们只讲人，做一个真人，真享福。

你要做真人真享福，还是做个假人假享福？真人真有福的人，有钱、能吃、能喝、能睡，身体健康、子女贤孝；假有福的人，吃喝嫖赌吸毒，睡不好、吃不好、子孙败家。前几天还腰缠万贯，过几天就破产跳楼；几个月前耀武扬威，没过几天就成了阶下囚。

我们很容易被假的虚荣景象给蒙蔽了，假的一旦曝光太多了，光太强就把他化掉了。所以什么叫真，什么是假，我们要清清楚楚。

第二章

用身体开启五福的五种方法——上乘运气学原理概述二

▪ 六七个大师都算我短命，咋办

我为什么要讲运气学呢？有三个原因。先讲第一个原因：我这个人命运比较悲惨，一算八字，八字不好，一算名字才得六十五分，你一看那个解说就活不成了。连属相都不好，我属鸡，人家说什么鸡入虎口，反正十二属相里很多都要吃我。就连单位经理都说我："你今天不潇洒了。"我说："为什么呀？"他说："头发剃短了。"我说："我潇洒就建立在这几根毛上啊？"你看，理个发都有人找我麻烦。

我过去的命运就是这样，横竖人家都要说你，还没有说好的，工作中没人说好，家庭中父母也不说好，朋友更没人说好，那简直是没有一处好的。

那时候，在我身上贴了很多不好的标签，别人贴也就罢了，父母也贴。我十四岁那年，我爸跟我说："给你盖房娶媳妇花钱太多了，咱们分家吧！"十四岁就把我分出去，还找了几个老年人来当证人呢。我爸估计也留了一手，为啥这么说？老年人年龄大了嘛，说死就死了，以后我要发达了，他还能把我粘上。

那个时候，我只剩下两双筷子两只碗，没地方住，就在我叔父家一住几年，给三叔家几头牛喂草，每天只吃一顿饭，从小算是把罪受够了。

到北京后，我能找到工作也是奇迹。大学生都没应聘上，我倒是被录取了，后来主管说了原因，说我与众不同，别人随地扔垃圾，在那乱糟糟的，我就在边上，也不往前挤，还弯下腰捡垃圾。我想：人家都是高学历，我肯定让着点，我是自卑，所以不往前挤。还有，我是农村长大的，自己打扫卫生习惯了，我一看地上瓷砖那么漂亮、干净，扔了垃圾太扎眼了，我闲着也是闲着，就捡了扔垃圾桶里。没想到因为这两个小举动，居然让我应聘上了。

我一想，吃点苦还有好处，还吃出了工作机会，所以说，人受点磨难吃点苦也是好事情。我在这个单位一待就是十一年，有人问了："秦老师你咋不跳槽？"我说："不敢跳，一跳就死。"人家有学历可以不停地跳，叫啥"生命不息，跳槽不止"，我没有学历，也没觉得自己很聪明。人还是谦虚点好，我见所有的老师，都恭恭敬敬，人家看我有诚心，就都教我。

印光大师曾讲了一句话："一分诚敬得一分利益，十分诚敬得十分利益。"学问能改变命运，学问就从诚敬中来的，从老实听话中来，没什么特别的方法。

我来北京后，碰到了几位大师，人家一算："哎呀，你这人挺聪明的。"算来算去，支支吾吾，就是不好意思说。我再三问，人家才说："哎呀，你短命。"一个人说短命吧，我就听听罢了，连续六七个算我短命。有一位还说我活不出2005年农历八月。

所以，我一过2005年八月，到十月初一就结婚了。我跟我太太见面十天订婚，两个月就把婚结了，闪婚，你说时髦不时髦？

我小时候的经历真的不敢回想，说我苦命短命，我相信。可以说命运坎坷，有几次就差点饿死，吃不上饭还是小事，我爸还今天要把我卖了，明天要把我卖了。在我印象中，三四岁的时候，我都能记事了，听到我爸跟我爷爷在那交涉，说要把我卖了，能卖十万块钱，他和我妈还年轻，还能再生。还好，卖了我三次都没卖出去，我这命也太苦了，卖都卖不出去，你说怎么能倒霉成这样子？

那时候，我爸要是输钱了，回来准把我打一顿，打得我钻到床底下都不行，床掀开继续打，全身都是青的，真觉得生不如死。

那时候，别说上学了，连饭都吃不上。肚子实在太饿了，看到人家种的土豆就刨几个回家烧着吃。我小时候还蛮有慈悲心的，心里想：秧子一拔，土豆就死了。我就在周边刨，看它结土豆了没有，结了以后，把土豆摘了又把秧苗埋好，过一段时候它就又结了。所以我是靠土豆才养活的，我长大后，很长时间不敢吃土豆，一吃土豆就难过，小时候吃土豆太多了。我还有一段时间不敢进厨房，一进厨房就难过，就会想起小时候，八岁学擀面条，擀面还学了一个"三光"：第一手光，和面的时候，手上不能沾面；第二盆光，和面的盆最后要光；第三面光。这样和出的面，擀出的面条筋道好吃。我辛辛苦苦做好面，我爸吃饭的时候，就把锅里的面捞光了，光给我剩点面汤。所以，我妈不要我，我爸也不要我，我妈把我妹妹领走了。为啥？妹妹一出嫁就完事了，还能挣点彩礼。

人家小孩都上学，我在家做饭；人家都在考试，或者跟着父母玩，我在家又割麦子又种地。最多的时候，我一个人种了六亩地，还种的都是辣椒，天天在地里拔草，一年就卖两千多块钱。两千块钱拿去供我大妹妹学了理发。

我这人最大的好处，是在孝和悌道方面还没亏。我帮两个妹妹都上了学，我自己却没能上学。我当时还喂了四头猪，几十只鸡，还喂了兔子，那个时候虽说苦点，但与动物为伴，还可以天天跟它们讲："我比你们强，还不会任人宰割。"

大家可能不知道，我那时候一直捡别人衣服穿，我第一次买了一条裤子，十五块钱，我连别人穿的内裤都拿着穿了。我当时也没觉得不好，我还有裤子穿，比没裤子穿的人强多了。再说我还有两条腿，很多人想穿裤子还残疾呢。

所以，我命苦得很，要不来北京以后，人家说我命短命苦，我相信，大师们绝对没骗我。那时候我就是个穷光蛋，一月三千块钱工资，给我算的最厉害的大师，人家算一次卦起价就三十万，骗我干啥？

不过，我在所有的逆境中都能找到活着的理由，大师算我命短，我就想：我不想死谁也拿我没办法，我不干会死的事就完了！我不喝药，我不被车撞，我就不相信我能死。所以，大师算完以后，我就跟老板说了一声，不上班了。我当时在北京观音堂住，一待三个月没下楼，当时有一个大姐，定期给我送吃的。我想：就算真要死，我也要待在家里，死在家里总比外边强吧？所以在屋里待了三个月。

▪ 改命要从脑袋改起

当时，我就想一个问题，人的命，难道真的是天注定？一出生就注定你是部长、省长还是乞丐？我就想，一定不是，人完完全全可以改造命运。

那么，如何改命？我就先研究命这个字，你看“命”字，上面是个“人”字，底下是一横，下面是一个“口”，还有个“巾”字旁。我研究了三天，明白一个道理：“人”字代表脑袋；这一横是把脑袋给安定住了；口就是嘴巴，要吃东西，养五脏六腑的；这个巾，就是衣服的意思。

原来这“命”字，包含了一生的四个字：衣食住行。人这一生所有的努力，就是为了衣食住行，教育孩子好好上学，也是为了他的衣食住行。

我说：“人只要把自己的脑袋管好了，用脑袋里的天性去生活，就可以衣食无忧，命运也就改变了。”

▪ 五毒开发太多，才受八字和属相约束

那为什么很多人都会受到命运、风水、八字和属相的约束呢？就是因为我们把自身的五毒开发太多，贪嗔痴慢疑没有消除。

你看，贪了以后就不顾及王法了，你贪来的这个钱是凶中来的，最后你会被抓判刑，钱被全部没收。有人错误地认为，这是我命运不好。实际不是，是你贪来的财不正。

贪，分为正贪和邪贪。正贪，是合法经营照章纳税；要是邪贪呢，肯定就出大的问题了，就被没收了。

如果是靠嗔恚发脾气中来的钱，比如黑社会，到处吓唬人收保护费，比如房地产强拆，或者用强势垄断的方法伤害别人来挣钱，到最后，你都会被收拾掉。

人一般受三种灾害。第一犯了天律，上天有好生之德，你违背了，老天爷降灾；第二违背了地律，地律是厚德载物；第三违反国法。可以说，违反国法惩罚算最轻。如果天律和地律收拾你，那就太凄惨啦。

钱是凶中来的肯定招祸。同样是地震，你的房屋可能被摇坏了，有的房就没被摇坏；同样是大的灾难来了，你家有死的有伤的，别人还有毛发无损的。

所以，在那个阶段我就发现，人都被命运、运气约束了。因为我们的贪嗔痴慢疑这五毒，对应它们了，这叫贼认识的全是贼。我们的五毒就是我们禀性里面的贼，它和八字属相还有你周边的恶缘结成一伙了，就把你祸害死了。

那我们把五毒都止了，五善出来以后，那就是五福得五德，那你遇到的都是善人、好人、能人、贵人。那你要是五毒起来以后，遇到的都是小人、仇人、敌人、怨人。包括夫妻之间也是一样。你今天为什么遇到这样的老公？你为什么遇到这样的老婆？因为你自己把她共振来的。你今天把这个女的甩了，过两天那个女的把你甩了，你就知道，你活该。所以，当我们知道了上等运气学原理、和谐家庭运气原理以后，你就知道今天所有的境遇，全部都是自作自受。

一定要反过来找到自己的错误，找到以后，就知道，原来我们的天性被蒙蔽了，禀性在当家，禀性在指挥习性，那这个习性就变成全恶了。那命肯定就不好，命就短了。

▪ 脑波是具有共振效果的

我那个时候就在讲，人家为啥算我命不好？原来贪嗔痴慢，自私，怨恨，不懂得珍惜，不懂得理解，不懂得包容。所以，我要改，要逃脱命运的约束。

后来，我就管住自己的脑袋，让它想善的、感恩、珍惜、快乐的事情，去想修行的法喜，不断地想一些阳光的词。

如此一来，我们会发现，我想欢乐的时候，欢乐的脑振波就传递出去了，来见我的人都跟我讲快乐的事情；我一想感恩，怪了，来的人都说感恩的话语。

原来，脑波是具有共振效果的。思想波动也是有能量的，而人体就是一个能量场。我们可以做一个实验，收音机都有天线，你拿两个手指把天线捏住，就会影响收音机的声音。为什么？我们身体的能量对信号有干扰。

实际上，人身体既是一个接收工具，也是一个发射工具。你是快乐的，散发出去的就是快乐，这个快乐就会招来快乐一大堆。你如果是悲哀的，你招到的就都是悲哀，你是痛苦的，招到的全部是痛苦。

发现了这个道理，我就说："我要用脑波，把我的人生振开！"人之所以和动物有区别，就在于人的思想里有感恩，能照着圣贤学习，即使追不上他们，我也追几步，也要让我身上散发一点圣贤的气息。于是，我就要跟孔子共振，跟孟子共振，这些都是我能掌握的。

▪ 用感恩、珍惜、理解、包容和快乐共振

深一步看，脑袋里的天性还可以细分，就是感恩、珍惜、包容、理解

还有快乐这五种东西。我用这五种东西共振，十年以后，我发现大家也对我感恩、珍惜、包容、理解了，我自己也更快乐了。

我们家有新疆的哈密瓜，有陕西的大枣，还有各个地方的粉丝寄来的茶叶、特产，甚至有人寄衣服给我。这两天我一个山东的朋友，就给我寄了羽绒服和外套，还慈悲得不得了，说尺码大了再寄给他重新换。我一试，还真有点大，我岳父正好能穿，就供养他了。各种特产太多了，我都供养朋友了，谁来给谁。

感恩是针对别人的，珍惜是要求自己的。你要珍惜今天的父母，珍惜今天的朋友，珍惜今天的社会，珍惜今天的国家，珍惜今天所有对你好、甚至对你不好的人。对你好的，鼓励你前进前进再前进；对你不好的，是考验你，考验你对逆境的承受能力有多大。感恩也一样，对你有帮助的人要感恩，对你没有帮助的人更要感恩，这才能说明你的感恩是真的，不是假的。

再有就是理解，理解了自然就能包容了，很多不包容是因为不理解。一个人做了让你不高兴的事，他为什么这么做？无非两种原因：一是他现在急切需要这么做；二是他不明理。他要真不明理，你也要明理呀。

包容这个词我从哪里发现的？从我自己的牙齿和舌头上面。有时候吃东西不注意，牙齿把舌头咬破，我就不会去怪自己的牙齿。通过这个事，我想，我这人为什么命不好？原来不会感恩、不会珍惜，还不会包容，我要是包容所有人能像包容自己的牙齿一样，那啥都能包容下去了。你想啊，牙齿把舌头咬了，你肯定不会拿个刀把舌头割了，或者拿个钳子把牙齿掰掉，你舍不得。当你舍不得的时候，你怎么会去攻击老板，攻击你的同事，攻击你的父母、妻子和子女，攻击所有和你有缘分的人？

前面这四个做好了，你就得到快乐了，这个快乐才是真的，不然就是假的。懂得感恩了，天下无敌，全是人脉，人脉大于财脉，你就招财了；懂得珍惜了，你就明白，全世界七十亿人，最亲的就是你自己的家族了，更亲的就是夫妻、父母、孩子，最亲的就这么几个人，你还嫌他是多余的，你说你不傻？愚痴啊。想想看，亿万分之一的几率，你竟然能娶到她，和她共同生活一辈子。七十亿人中，他竟然成了你的老板、你的领导，这样的缘分是不是值得去珍惜？包括今天这个课堂，中国十三四亿人，你们能听到我讲课，这个缘分是非常殊胜的，值得我们一辈子用感恩的心，长期去学习、去落实，散发出去让所有人受益的共振。

所以我说改变命运的方法，在思想里头，细分为五种东西：感恩、珍惜、理解、包容，这四个做到以后，你最后得到快乐，得到人生的幸福。

前面四个做不到，你的幸福就是假的。你不理解老婆，可能要跟她离婚；你不理解老公，两个就打架；你不理解孩子，肯定就教育不好。所以要用好这四大法宝，从感恩开始，感恩就要找他的好处；珍惜呢，肯定里面有感情，不愿意弃他不顾，即使他有错误，也还要帮助他改正；你既然包容了，就别说“你哪都好看，就这个痣不好”这样的话了，还是包容不了嘛。

就像我过去讲课讲错了，大家也都包容我，很少有人指责我。我曾经把唐王李世民跟杨贵妃扯一块去了，都不是一个时代的人，我记得那一段流通量还挺大的。好在大家都看里面的道理，没有几个人指责我。就因为大家包容我，我才能放开讲，我讲课不是用禀性讲，也不是用习性讲，我在用天性讲。天性是纯善无恶，没有自私自利，没有贪嗔痴慢疑。

我在讲的时候，没有所求，要一有所求，就会有贪嗔痴慢疑，天性就消失了，就落到习性或者禀性里面去了。我每次讲的时候，没有想自己要讲多好，只想利益大家，甚至有时候，我连利益大家的心都没有，我只想在讲的过程中，能提升我的素质和修养，自身人格魅力，别当个坏人就行了。

很多人说：“秦老师你有功德。”我说：“没有功德。为什么呀，但求无过就是最大的功德，我只求无过就行了。我没有想过功德。”别人老说：“秦老师你是大德！”我想来想去，我还真是“大得”——老得人好处。人家就一棵杏树，自己舍不得吃，全给你摘来。我不拿吧，人家难过。拿吧，自己又觉得，好像对人家没啥贡献。为了让人家快乐，我才吃成这样，越来越胖。

没办法啊，有的给你拿点东西，还要看着让你吃了，你不吃他会难过。

我一想：要让人家快乐，别让人家痛苦，那我就吃吧，所以就这样了。

▪ 感恩可以化解工作不顺和家庭所有矛盾

命就在脑袋里面掌握着，我们能不能自己设计？

脑海里常存感恩、珍惜、理解、包容，这四大法宝你要是真能落实一辈子，你一定四平八稳，会得到你要的快乐、你要的幸福，你的人生最后就是真的。

我感恩这个女的嫁给我，感恩她给我生孩子，感恩父母，感恩同事，感恩老板给我平台，把感恩用在所有的场景和环境中，小人没有了，敌人没有了，仇人也没有了。感恩两个字，能把你工作中的不顺利，家庭里的所有矛盾全化解掉。

珍惜是要求自己的，是让自己明白，这个世界上的任何物质，你遇到的所有人，对你好的、对你不好的，你遇到的老板、遇到的领导，遇到的所有的一切，都要珍惜，顺的该珍惜，逆的更该珍惜。我碰到过一个大老板，我问他是怎么成功的，他告诉我就三句话："第一栽跟头，第二栽大跟头，第三栽更大的跟头，直到栽明白了。"这是他的经验。

所以我说，成功也就是两条路径，一个是栽跟头栽明白了，一个就是站在巨人的肩膀上。

什么叫巨人？佛是巨人，孔子是巨人，老子是巨人，我们接受了他们的思想，我们就站在了巨人的肩膀上，你肯定比巨人更高。

如果你真想比巨人高，你光知道不行，重要的是落实道理，知而行之。

▪ 用身体开启五福的五种方法

总结下就是：命里有衣食，改命从"头"始，共振正能量，牢记四法宝，最终得快乐。那从哪下手呢？从微笑开始。

只有人是会笑的。人之所以称为人，他肯定有和动物不同的地方，所有的动物都不会笑，只有人会笑。笑是面部的一个运气波，当你微笑的时候，这种场能的共振，就散发出去了。

我这个秘密是怎么发现的呢？我们家有一张弥勒佛的小像，我每天都能看见，他笑得那么灿烂，人家都讲，弥勒佛笑口常开，笑天下可笑之人，我不能当可笑之人，可笑之人就是凡夫，我要当不可笑之人，那就是圣贤了。抱怨、嫉妒、自私，人过去犯的这些错误，都是在滋养内在五毒——贪嗔痴慢疑，让它生根发芽。人家还讲，弥勒佛是大肚能容，容天下难容之事。天下难容的事太多了，我如果遇到我父母的那点事都容不下，肚量也太小了。我明白了，弥勒佛就两件法宝，一个肚子能容，一个笑口常开，那我学他这两点就行了。

这里要注意，是容不是忍。一忍就可怜了，你看那忍字怎么写？心上一把刀，忍无可忍啊，忍很痛苦的。容不痛苦，容字怎么写？宝盖头底下两个人一个口，人和人产生矛盾，无非就容不下这口气呀。你为什么容不了底下这个人呢？因为他的嘴说话尖酸刻薄，气你了。

我自己就在这个字上找密码，原来人容人，就是容他的嘴。他说你，你不给他耳朵就行了，耳朵在你身上。我就发现眼耳鼻舌身意，这几个工具，完全是我们自己可以掌握的。他气你，你不气就行了；他骂你，你不听就行了；他嘲笑你，你不看就行了……我们就是要做到视而不见、听而不闻，把我们的眼耳鼻舌身意，全部变成充满正能量的工具。

眼睛的微笑就是正能量；耳朵听圣贤教诲就是正能量；嘴巴讲圣贤教诲的时候，就是传播正能量；鼻子呢，臭的我可以不闻嘛，闻香的就是正能量。所以我有个习惯，最爱点沉香、檀香，我特别喜欢闻那个味道，一闻身心轻松。

我们完全可以学会用身体开启五福的五种方法，我把眼耳鼻舌身意，完完全全用脑袋里的天性来掌握住；而不是把它们交给禀性，那样容易发怒、容易发脾气。你看，禀性中的怒恨怨恼烦，它振的就是内五脏，就是让你生病的。而用天性始发的情绪，全是纯善无恶的、纯乐无忧的。

▪ 从今天开始天天笑，笑能招阳

首先做到从今天开始天天笑，笑是招阳的一种方法，我们微笑的时候，笑容能帮助别人排阴，自己的阴肯定就没了。我们如果在工作中非常烦躁，可一见到孩子笑，我们立即就心情愉悦了，小孩笑就有这种效果。

大人的笑就不一样了，我以前在市里住的时候，住的是一楼，有一次看到一个阿姨进电梯，我就对她来了个微笑，然后我就问："阿姨请问你到几楼？" 人家就说了："你干啥？你有啥想法？" 我说："没想法啊。""那你冲我笑什么？"

你看，大人有时候会误解你。后来我跟这个阿姨成了好朋友以后，才知道他们家人从来不笑，儿媳妇、儿子在他们房间看电视，他们在客厅看电视，谁回来以后都像老大爷一样，家庭气氛特别拘谨，生怕多说一句话惹起事端。

我就跟她讲，人和动物的区别在于人会微笑，动物不会。人要不会笑了，对家人不笑了，对同事不笑了，对领导、对老板不微笑了，人就降到动物层面了，就变成了动物命，只是披了个人皮。

这个世界上最苦的人，是行尸走肉型的。你看他是人，实际不是人，他是行走的尸体、喘气的尸体，面无表情，现在那些天天抱着手机的就是，眼睛直勾勾地盯着手机。我曾经看过一个短信："下辈子要当你的手机，不当你的爱人，因为手机是你的最爱，我不是你的最爱。" 朋友在一块吃饭，全都拿着个手机在看；地铁里，全都是这一个动作，刷刷刷，刷刷刷，在那又关注人家，又给人家点赞的。我常常讲，电视上是疯子，电视机前是傻子，电视上疯演，电视前傻看；电视上哭他也哭，电视上笑他也笑，傻帽一个。

我们都是在外求啊，外求的过程，很辛苦。那要内求呢？别人送我一块表，我能在表里看到道。表分四个部分，秒针、分针、时针、轴心，轴心最厉害，秒针跟着分针转，分针跟时针转，时针跟轴心转。佛、孔子、老子，这些古圣先贤就是轴心，现在的学者，都要围着他们转，他的思想一定引导你。

我们如何设计自己的命运？如何享受上等命运？那就是围着轴心思想转，只有这样才能在你的脑海中、心性中和行为中开启内在的福。

以前的运气学，都是讲什么坟地好龙脉，住宅好龙脉。我们要做的，是把你自己变成龙脉，你走到哪里，哪里都是龙脉，把你自己变成一个上等运气场的创造者，上等运气场能量波的宣传者。如果你的场能非常强，而他的场能不好，你们两个相遇，你如同大海，他如同一滴水，他就融到你的大海里，被你给滋润了。

▪ 要坚持笑，每天五到十分钟

要是笑不出来怎么办？可以随时装一个镜子，自己照一照，对自己说："你这熊样，为啥不笑？倒霉成这样你还不笑？"为啥倒霉？为啥运气不好？家族为什么不兴旺？就是因为你不会笑。

我的方法是每天早上面对镜子，微笑五到十分钟，自己觉得自己非常可爱了才出门，你自己都觉得自己不可爱，别人能认为你可爱？

你们有没有发现？人笑的时候，气场是上扬的，人不笑，气就这样下滑了。一笑元宝脸，接天之福，脸一耷拉下来，就漏福了，就这么简单。

所以要坚持笑，每天五到十分钟。今天是假笑，明天是笑里藏刀，后天是皮笑肉不笑，笑个一两年，你就是真笑了，笑得自然又正常了。就像杂技演员，也不是天生就会走钢丝，练久了就熟了。

练这个又不需要花钱，你非要找个大师算你命不好，然后花个几十万改命吗？他要真会算命早把自己给算发财了，还用坐那儿给你算命挣钱？那要真是大师，把自己的命一改，他早就遇贵人发财了，还用靠帮你发财？

▪ 笑的样子是“四岳朝中”

上乘运气学，虽说高深，可是做起来并不难，简单易行。

不笑也是这么过，笑还是这么过，我们为啥不微笑着生活呢？为啥非要愁眉苦脸？一愁眉，脸就苦了，变成苦瓜脸了，时间长就变成驴脸了，相貌就不祥和了。所以说，苦瓜脸、冬瓜嘴的相貌，都是不笑导致的。

笑久了就变成元宝脸、招财脸了，变成贵脸、福脸了。

笑字怎么写？竹字头一个天，一笑就到天上去了。一愁跑哪去了？地狱去了。愁怎么写？秋天呀，底下一个心，秋天落叶了，把心都给压住了。你一笑喜从天降，笑是通天的，能量场是上扬，你一愁能量就下来了。

你可以试一试，心情好了，看老婆也好、孩子也好、老板也好，谁都好。再一愁呢，孩子说两句话，你就生气了，坐个公交车被人碰一下，你就火冒三丈了。

愁和笑的能量场是不一样的，这就是密码，改变命运的密码。我们从今天开始，就把微笑传遍全世界，让我们的脸成为喜迎天下客的脸，成为招财脸、招福脸、招贵脸、招吉祥的脸。

微笑能化解一切灾难，一愁眉苦脸就要死人，这叫克人，你首先克自己。一笑就旺人，男人微笑旺妻，女人微笑旺夫，夫妻互笑旺家族，一个家族为啥不兴旺？要不就是男的不笑，要不就是女的不笑。

用我这个方法不花钱，学的是最上等的运气学。

笑其实是一个运气波，你看你笑的时候，两边脸一动，下巴动、额头动，就鼻子不动，四岳朝中相啊。东南西北四个方向的财都来找中间的你。要不我说，人是两条腿，钱是四条腿，你找钱辛苦，钱找你太容易了。

有两个来钱的方式，第一个是挣，提手旁一个争，那真是僧多粥少，你要争，不然的话岗位就没了。第二个是赚，大老板都说赚钱，小老板说挣钱，你看思想就不一样，赚字怎么写？兼贝，翻倍地挣钱。所以，赚钱是钱来找你，挣钱是你在找钱。

这就是我在家里那三个月时间，悟到的很多秘密中的一个——微笑。我就用这种方法，让自己每天都非常开心，毕竟，笑不笑自己能掌握。俗话说，巴掌不打笑脸汉，微笑可以拉近人与人之间的距离，化解矛盾不需要花钱。人与人交流方法很多，第一厉害的是微笑，见面一点头一微笑，人家立即就觉得你亲切。

我就知道四种笑：第一、皮笑肉不笑；第二、笑里藏刀；第三、笑像元宝；第四、笑比哭还难看。我们自己就要对照，你笑像元宝呢，还是笑得比哭还难看？有些人笑跟哭一样，简直丑死了。可是他刚出生的时候不是这样的，为什么相貌丑了？就是不会笑了。你看看，很多老人，非常慈祥。为什么？笑得慈祥啊。

▪ 微笑是喜神，笑能招阳，阳进就神入鬼出

用微笑改命的关键在于，笑能招阳，阳光型的笑，能招阳。我把阳称为神，上等运气学就是通神。你用什么方法通神？用阳通神，一笑就神进，鬼就出了。

那神要一进来以后，你就知道感恩、珍惜、理解、包容，所有善的，你都会赞叹支持，所有圣贤的，一切正的东西，你见到就欢喜。所有恶的你都会反对，会避而远之并给它纠正。

那鬼是什么？愁眉苦脸啊。一点都不迷信，也不是宗教用词。你今天一愁眉苦脸，就是神出鬼没啦。那神就出来了，鬼就又进去了。鬼一进入到你的五脏六腑，进入到你的思想和身体里面以后，你的反应就是寒冷湿燥，怒恨怨恼全有了。

一旦神出来鬼进入身体里面了，告诉你，你周边来的全部是活鬼了。引导你去赌博，引导你去吸毒，引导你去嫖娼，引导你半夜三更都不睡觉。你就知道了，鬼把你缠着呢。这个鬼是这样来的，你以为是我们看不

见的那个鬼啊。

要不别人问我说:“秦老师你见没见过鬼?”

我说:“我见过啊。”他说:“你怎么见过鬼啊?”

我说:“鬼就是你嘛，你活着是活鬼，你死了是死鬼啊，你说鬼话做鬼事存鬼心，你这叫活鬼闹世，你就是真鬼。”

你以为别人是鬼啊?鬼是这么来的，鬼就代表的是阴。所以我们笑能招阳，阳则上扬，阳光一旦进来以后就把身体暖了，阳就上去了。精气神里的神就上扬了。你的神通到了地就是厚德载物，通到了天就是好生之德，通到了圣贤你就成圣贤了。

那同样的，你这神出去了，鬼进去了，你活着的时候，就已经生活在地狱里面了。

阴气下沉以后，招病招祸。我告诉你，那个时候，别人吃饭吸收营养，你吃饭就能得病。

一个医生给我讲过一个例子很有意思。两个人做检查，一个是胃癌，一个不是胃癌，没想到检查结果拿错了。结果，不是胃癌的死了，死于胃癌，反而是胃癌的那个人还活着呢。这种例子很多啊!

在这些事情上我们就要明白，要随时随地给自己装阳光，阳光能解毒，能化灾解难。为什么?因为你装阳光的时候，你的气场非常强。像一些车祸的气场、逆运的气场影响不了你。为什么?你这个场能很强，它进不来，就走了。

就像有个女士，怀孕老流产，很严重。她说:“我这一怀孕就流产，只要一怀上孕我就担惊受怕，躺床上不敢动。”

我就给她说了个方法。我说:“你就想胎里这孩子是金刚不坏体，你就想这个念，一点邪念都别想，这个孩子一定就成了。”

最后，人家要了对双胞胎男孩。人家天天讲:“我这孩子秦老师讲过是金刚不坏体，所以啥事都没有。”她说:“这种念头这么重要?”我说:“你这个念就聚阳了，人有的念是聚阴的。”

你要分清楚，上等运气学就是让你聚阳，阳则上扬通天彻地，我们就会得天地护佑。要不我经常讲一句话：天有三宝日月星，地有三宝风火水，人有三宝精气神，养得三宝天地通。我们需要如何通天，如何通地？就是把自身的三宝养好。精气神，精居于肾脏，气居于胃脏，神居于肺脏，你的精气神足了以后，自然就通天彻地，就这么简单。

所以，你天天笑得灿烂，把阴全部掀出去，阳就全部进来了，神入鬼出；你要愁眉苦脸不笑，就是神出鬼没，你就出问题了。

我们眼睛的德就是微笑，从今天起开始微笑，对所有人来个微笑，对好事坏事也来个微笑，别人夸你来个微笑，别人说你也来个微笑。用微笑对所有人，所有事。久而久之，你阳光具足，所有阴暗的东西离你就远去了，它没意思了，它干扰不了你了，它走了。这就是改命的第一个秘密！

▪ 耳朵是福神，管好耳朵只听圣贤教诲不听是非

第二个秘密，就是控制我们的耳朵，只听圣贤教诲不听是非。

我们的五官里面谁通肾？耳朵。你看，人肾一虚耳鸣耳聋，耳朵就产生问题了。那我们的耳朵如何能长养肾气？听圣贤教诲不听是非，不听尖酸刻薄之语，不听污秽之词，你就长养肾气了，精居于肾脏，肾气足了精神就足，就这么简单。

别人说："你妈喜欢老二，不喜欢你。"这样的话，听都不要听。你要想：来说是非者，必是是非人。所以古人讲：谣言止于智者。什么谣言都不听，脏了我们的耳朵。耳朵是用来只听圣贤教诲的，不是听是非的。

要用我耳朵的功能吸收阳光。眼睛吸收阳光靠微笑，耳朵吸收阳光靠不听是非。谁骂我，谁攻击我，耳朵在我身上，我不给你耳朵，就完事了。你非要给他耳朵接招，一接招就中计，一中计一生气，你的这个五脏庙就乱了，一乱就生病，精气神就弱，天地和你就分开了不能护你啊，祖先就和你分开了不能佑你啊。

一旦一生气一发怒，贪嗔痴慢疑一出来，我们就如同像饿鬼一样。你吃的东西不供你营养了，人家吃五谷养人，你就吃五谷得百病。人家都能吃到绿色环保的，你一吃就是地沟油，吃着恶心。

我告诉你，你的场能变了啊，什么发霉的、坏的食物全跑你这来。就像一个人跟我说："我吃盘素炒饼，都是过期的，都发霉了。"我说："你看，你都倒霉成啥了，你还不反省啊，你还不笑啊？是不是。"

有些人，走着路都被人撞倒，还有的碰到地陷了，把他陷下去了。你看，倒霉成什么样子了？因为你这个场能已经太阴了，没有阳光了，阴得要你的命了。你眼睛吸收阴，哭泣怒视，你的耳朵阴，爱听是非，爱打听别人家的闲事。你把你的耳朵眼睛都当成垃圾桶，吸阴不吸阳，这叫吸引法则啊，这也叫共振啊。

所以，我们要把眼睛耳朵管好，非礼勿视非礼勿听。看了脏我的眼睛，听了脏我的耳朵啊。很多人认为，掉到茅坑里面，才全身发臭。其实，我经常看到很多人臭气熏天呀。眼睛发臭不笑，耳朵发臭听是非，嘴巴发臭说话尖酸刻薄，心里发臭天天怨恨人，行为发臭一点善事不做，净吃喝嫖赌。

我说这叫五毒之人啊，五毒之人招五灾、五病、五殃，运气就不顺了，你周边全是牛鬼蛇神了。

那我们如何杜绝牛鬼蛇神，杜绝这种恶的场能？我们最好的方法，第一就是微笑，第二耳朵听圣贤教诲，第三嘴巴管好。我们古人有一句话叫：喜上眉梢。为什么呀？人一笑的时候眉毛动，喜就跑到眉梢啦，喜从天降啊。就是我讲的话，人一笑四岳朝中，钱就追你啦，这叫喜啊。那第二个呢，耳朵听圣贤教诲听老人之言，这叫福啊。喜神来了福神来了。

▪ 嘴巴是财神，多散播阳光能得财

第三个秘密就是嘴巴。嘴巴是什么？财神。你看，古人讲："一言兴邦，一言亡国。”可能你一句话，就得罪十几年的一个好朋友。

要不我说：“我们用三年时间学说话，却要用一辈子的时间管好嘴啊。”那我们嘴巴的这个工具，我要用它吸收阳光散播阳光，让我们嘴巴传播正能量，不说负能量的东西，不说泄气的东西，不毁谤攻击别人，不说尖酸刻薄的词。不要把我们的嘴巴变成倒垃圾的工具，不说废话，不说污秽之词。

我们嘴巴传出去的都是赞美，都是感恩，都是珍惜，都是理解，都是帮助别人的言语，那你这个财就得了。

嘴巴会言即得财，为什么呀？嘴巴与人交流，是最关键的一个工具。

这是五官里面的这三官，起到的非常重要的作用。

▪ 行为端正招贵神，根深苗正子孙出贵

我发现的第四个秘密就是行为，行为就是贵。行为就是我们讲的习气。我用天性把眼睛耳朵嘴巴都管住以后，思维就是纯善无恶的，就可以指挥行为。

人家都问：“什么叫大善，什么叫大恶啊？”我最后一想，说：“捡垃圾就是大善，扔垃圾就是大恶。”别人说：“你怎么能说到这，我以为你说要建庙啊，做慈善啊。”我说：“你想想，你一扔垃圾，你不是践踏国土，你是践踏地球呢。我们现在爱讲地球村呀。”

你一扔，国外人一看，中国人不爱国，扔垃圾呢，践踏国土。丢了国家的脸呀。那你要捡垃圾呢，国外人看到以后想，中国人爱国。环保组织说，这人爱地球。是不是？你看到别人扔垃圾赶快就捡了，这行为就会招贵。

我就在想我自己，我如何能在这么好的单位，上班这么多年，就无非弯个腰捡了个垃圾，结果捡了个工作饭碗啊。说不上你扔垃圾就把饭碗扔掉啦，就把福扔掉了，把财扔掉了呀，这一个小小的行为是大恶呀。

所以我们想一想，第四就是行为端正出贵。上正下正啊，根深苗正啊。你是子孙的根，我们要是正的话，你的子孙肯定正，上所行下所效，我们和子孙后代是有联系的。那我们要当行为端正的人，用我们的这个身体，不去吃喝嫖赌，不去违法乱纪，不去违背伦理道德。我们自然自己出贵，后代子孙出贵，这叫贵神临家，贵星临家呀。

▪ 心存仁念招寿神，感恩才能天长地久

那我发现的第五个秘密，就是存心。其实，我们的禀性是纯恶无善的，我如何把它变成善的，那就是用感恩心。

我们都知道，珍惜才能拥有，感恩才能天长地久啊。

我把我的眼睛转成微笑，喜从天降，耳朵转成有福，嘴巴转成有财，行为转成有贵，这叫喜福财贵，仁者寿也。

心存仁念就是长寿。所以喜福财贵寿，我把这叫内五福，从这五个地方，把我们自己变成有福的人。

明白了这个以后，我想我既然有福了，肯定短命不了，肯定运气会越来越好。这是我第一个月，发现了用身体开启五福的五种方法。

第三章

孝顺能改命，家和万事兴——上乘运气学原理概述三

▪ 孝有三种意思

在家里等死的第二个月，我就想：祖宗是大树之根，我是大树之枝干，枝干要想旺气，一定要借大树之根的地气。那我如何借大树的地气？古人讲了一句话：百善孝为先。这孝字，我最后一思量一总结，理解成三种意思。

孝字上半部分是一个土，底下是个子，这一撇下去以后，相当于一个老人，在那拿个锄头挖坑埋种子呢。这个解说的意思就是：我们作为祖先的余脉，我们也是未来子孙的祖先，我们如何把自己这块土变成福土，变成吉土，变成财土，变成寿土。

如果我们积德行善，让后代子孙兴旺，这样把子孙就设计了。那我们要是把自己变成祸土呢，变成沙漠呢，变成灾土呢，变成秽土呢？那我们的子孙都是灰头土脸的，不死即伤啊，这是孝的第一个意思。

那孝的第二个意思呢，上半部分是个老，下半部分是个子，它的解说意思就是：老要养子以幼时。他幼小的时候，十八岁以下，你应该养他。

但是，我没有说等他成年了，你还要不停管他，这个就消子孙的福了，这就违背老人的道了。

养子以幼时，这是老人与子和的方式。他幼小的时候不懂事，那如何养他呀？要做之君，他做错的事情我们要纠正；做之师，我们要以身示范，给孩子当好老师；做之亲，孩子是我们最亲的人，要用我们的感情培养孩子。

教子以行善，这是教的含义。教字我们都知道，一半是孝一半是文，那古人给我们就讲到，你教育你的子女，从孝道入手再学文，这叫德才兼备啊。你要是连孝都不教孩子，天天让他啃老，我跟你说，这个孩子就成了一个弱苗了，越啃老他越可怜，越啃老他越倒霉。你死了怎么办？你留点财产能把你儿子管了，你孙子怎么办，你重孙怎么办？你有能力把你后代子子孙孙都养了？没这能力啊！

我告诉你，你一定要把你变成德土，只有德土能护佑子孙后代，真的是这样，你要明白这个道理呀，所以老人要养子以幼时。

那孝的第三个意思，它的解说就是：子要养老以终时。他养大了你，你这个子，要回报老人什么？终就是命终的意思，你要养他送终呀。

这是孝的三种含义，一个是老人在那挖土埋种子，一个就是老要养子以幼时，一个是子要养老以终时，这是孝的三种解说意思。

▪ 把自己变成德土、福土、吉土，让子孙吸收养分

我是从德土、福土、吉土上设计子孙的。你是不是子孙的福土，适合你的子孙成长，还是你这个土把子孙就克死了。子孙是个种子，种在沙漠里面能生根发芽吗？不会呀！

这一段很重要，是我第二个月发现的秘密。你如何设计你的子孙？就要把自己变成福土，变成厚德之土，让你的子孙能吸收到你的养分，才能根深苗正。

很多人说，我孩子不听话，我孩子自私，我孩子这不好那不好。有些人担心孩子短命怎么办，出车祸怎么办，得病怎么办？

我告诉你，担心都没用，你把你变成福土以后，你不可能遇到病孩子，你的孩子一定会尽孝，非常正直，光宗耀祖。你要把你变成德土以后，你孩子不可能遇到意外事故。

我告诉你，孩子出问题，是你这个土出毛病啦，土受污染了，种子进去，种子就受污染；你这土变成凶灾了，那种子进去以后就要命了；你这土变成秽土了，那你的孩子就变成黑社会，吸毒嫖娼去了。这个土，你自己如何设计？

我常说："复印件出问题是原件有问题了，不能怪孩子，我们要矫正啊。"

▪ 幸福在于三和：家和万事兴，和气生财，以和为贵

我现在明白这个运气了，我想让家庭幸福，人生幸福，想让我的后代子孙家族旺过千百年，有方法。孔老夫子教我方法了，孔子家族就是天下第一家呀，旺了两千多年了。向他学习，就这么简单。

古人给了我们很多宝贝，我们用一句话能落实一辈子，告诉你，你家庭都兴旺。你看，古人讲家和万事兴。你想让你家万事都兴旺，那家和就行了嘛；你想让你子孙赚钱容易，和气就生财啊；你想让你的子孙常遇到贵人，不遇到小人，以和为贵啊。

你看，古人这几句话，把密码全部给你了，你会不会用？这些话全部都是给哪里用的？给家庭用的。家和万事兴，你家只要一和，在外面的所有事全部兴旺，你想赚钱，你想富贵，你想发达，和气生财。你跟谁和呀？夫妻自己和，跟父母和，跟兄弟姊妹和，都是在家庭里，不需要你先在外面跟别人和，真不需要呀。很多人求神拜佛，找大师，我告诉你，全找错啦。要找你自己啊！你已经丢了三和，是这样犯的毛病。

与父母不和的人，在工作中和老板就会产生矛盾。夫妻不和的人，诸

事就会不顺。为什么？阴阳不和了，挣钱很辛苦。你为什么遇小人，不能以和为贵。

如果家和万事兴没了，和气生财没了，以和为贵没了，你这三和丢掉了，那你福没了，寿没了，禄没了，就遇三灾、三祸。你看，古人讲的方法都是从内在找，在自己身上找，就这么简单。

不用求神拜佛，求大师。要不我觉得现在人愚痴，没智慧，全在外求。

我在第二个月里面，我就发现孝能开启万福之门，我用孝，躲过了二十五岁可能要死的命运，后面这十几年里把命全改了。我不光讲出来自己还做，真做真受益。

我发现家和就会万事兴。我说我为啥苦命，为啥不好？我奶跟我爷就不和，我爸跟我妈也不和，我和我妹妹也不和，跟她们生气。我这三和全失了，福禄寿全没了，怪不得苦命短命，人家算得对。

▪ 天性要管住禀性，自己跟自己和

别人和不和，我管不了，我跟自己和行不行？我们人和自己都不和呀，我们想想，有点事自己把自己气得要死。你和胃不和，胃生病了，你和哪不和哪就生病，你和了，就不生病啊。

我常说，天性在脑袋，纯善无恶，禀性在心，纯恶无善，贪嗔痴慢疑。习性在身，半善半恶。天性和禀性、习性经常在斗争。

我们有时脑袋想着：我要看爸妈。心里想：我爸妈还挺好，我看啥啊。

你看，心和脑袋都不和了，这行为立即就停那不走了。

我们给乞丐要给钱，脑袋一想：我给乞丐点钱吧。心在想：那乞丐是不是骗人的呀？我挣钱还蛮辛苦，你看，这钱就不捐赠了，行为也就不去了。

你看，同样一件事情，我们的身体都四分五裂，都不能和一块。

我这修福最简单，今天要想做慈善，脑袋一想马上就捐出去，心里连过都不过。行为只能听指挥，让禀性在那休息。禀性一停，五毒全止住，久而久之五毒就化掉了。

就像我们大家一想：我要来听秦东魁讲课。你起这个念，马上就来。别再想：我今天要做饭，我要管孩子，我要怎么怎么样。你一起念就完了，你一定就不来了，就是这样。

我就是起什么念立即就去做，我想资助特困学生，我想看孤寡老人，自己去不了赶快给朋友打电话，替我捐了替我做了。所以福就从这个地方来了。我发现了，长养天性五福，克制禀性五毒，指挥身体习性，就这么简单，我把命改了。

人家都说遇到小人，我告诉你，我没遇。人家都说鸡犬不宁，我是属鸡的，可是，我有很多属狗的朋友，对我好得不行。你看，我属相这一关过了，所有属相都来利益我。

为什么你能设计自己呀？你的场能很强。所有的恶人见你能归善，所有的善人见你以后能成圣，这是你的能力呀。

我们只需要把天性五福长养，把我们的禀性五毒克制住，让禀性死掉，心中就起一个感恩的念头。让天性指挥习性干活，天性想捐款，习性马上做出行为，赶快掏钱就给。禀性只能跟着我走。如果你心里头一想：这是不是骗人的啊，我挣钱也很辛苦，行为就跟禀性走了。你这个念头都不让它起，就完了嘛。要不我说长养天性，掐死禀性，指挥习性。

就像你孝敬父母一样：今天是八月十五，我赶快送月饼。不要想：我爸妈那姊妹几个呢，他们可能都给了吃不完。你起这念就麻烦了，更不要想：我妈衣服多得很，穿都穿不完，我买那么多浪费。

你看，起这念立即被禀性当家了，天性就被压制。身体是个工具呀，同样是把刀，天性指挥刀，就拿去切菜削水果了，禀性一指挥刀，就杀人违法去了。

如果你想得上等运气，你首先要明白，你今天做事是用天性在做，还是禀性在做，还是习性在做。你一旦发现这个秘密以后，就能掌握命运当家做主。

就像我在贵州讲课，看到路边上一个年轻人，写了一些字说自己比较可怜，需要几块钱买馒头吃碗面条。一个很有名的学传统文化的老师就对我说："秦老师，你看刚才那个人。四肢健全，我就不给他钱。"

我说："你是学传统文化的啊？"他说："怎么了？"

我说："你这么残忍啊，人家可能现在钱包被偷了，无非要几块钱买碗面条，买几个馒头吃吃就饱了，你非要人家四肢不健全了，残废了，才给人家钱呀，你也太残忍了吧。"那人也倒霉八辈子了，非要缺个胳膊缺个腿，你才要给人家一块钱，我们想想，我们错了。

他一听："秦老师，我真错了。"

我说："你以为呀，你刚才起那个念不是天性起的，是心起的。你在用禀性做事处事，用禀性讲出来的传统文化，大家听不进去，没有摄受力，别人容易听听就跑啦。"

我真遇到过，一个大课堂，上千人都走了一半，你用禀性在讲嘛。天性一看和它不对口，走了，留下的那些都用禀性跟你对应呢。你用天性招善呀，禀性招恶呀。

这是我第二个月悟到的东西。第一个月悟到的都是表层的东西。

▪ 身体只是工具，天性不生不灭

当我第二个月想这些的过程中，不知道为什么，突然我就发现，我的脑袋在思想，可是全身空洞了，动动胳膊没反应，动动腿没反应，全身就像空的一样，在空气里面。我当时就害怕了，我得怪病了？我这要是病死在家里没人知道。那一天，大概持续了三四次这个状态。紧跟着，我就明白了一个道理，人的生死也是由自己掌握的，不光是富贵。

那个境界一出来以后，我就发现了，原来我这个身体是个工具呀，这个身体不是秦东魁，一定不是秦东魁。我只有使用权没有所有权，我想让我这个身体保持十八岁，它不行，它今年都三十多了。我想让身体不坏掉，也没办法。

只有我们的天性是不生不灭的。我们坟地埋的那个，那只是他的工具，他天性并没死，他还活着呢。从那以后，人死了我就不哭了，我知道这人不是死了，他只是换了身衣服。

就在那一天中，我的全身就像透亮的一样，我觉得我五脏六腑都能看见。我说怪不得别人看不见自己的五脏六腑，原来他的五脏六腑里面，装了很多垃圾给遮住了。从那以后，我对我的身体全通了。

▪ 遇车祸有惊无险

人家说我活不出八月份，我就在家待了三个月，那三个月里面，遇的奇异的事情太多了，自己也悟到很多秘密。

可是，到八月三十号实在忍不住了，我就下楼了，走到观音堂那个十字路口，明明是红灯，不知道怎么了，就犯糊涂，直接就闯过去了。人家一个大卡车绿灯直行往过走，看见我就刹车，那刹车声音我都能听到，最少刹个十几米，最后在我面前停住了。那司机伸出头就骂，你眼瞎啊，你找死啊，闯红灯。

那一句话把我一骂，我就清醒了，我明白，我应该死不了了。

紧跟着我和家里人就联系上了，因为那三个月关机都不打电话，我们家人谁都找不到我。随后我就发现，我的相貌变了，开始有光了，不像过去暗，最大一个特点是耳坠开始变大。

▪ 改变命运三部曲：笑效孝

其实，改变命运就这么简单。我把改变命运的三部曲，分为三个字：

笑效孝。第一微笑；第二效仿，效仿佛菩萨，效仿古圣先贤，学习他们的东西，吸收正能量进来；第三孝顺。改变命运就这三部曲，笑效孝，这是我悟到的。只要做到笑效孝，命运就能改变了。

你看，人家说我活不出 25 岁，我今年 35 了。算我命中没女儿，更别提儿子，结果我有了两个儿子。今年我回陕西，在路边上遇到一个大师，周边都说这大师算得很准。我想：正好是中午，这大师不知道有没有挣下饭钱，我就给他送点饭钱，给我再算一卦。人家算来算去跟我说：你要离三次婚，命里没儿子，最多也就一个女儿。我一听，跟过去大师算的一样。我才知道，命由天定，运由我造。

古人讲，一命二运三风水。那命运呢，在定数里，我就死了。我最后用运改变了我的命。因为运是我可以掌握的。命我没办法，爹娘生的，我出生那一刹的生辰八字，那是老天定的，我掌控不了。风水我也掌控不了，祖坟埋那了，我可能没出生呢。可是，我能改变运，运命、运命，运把命一推动，命改了。你掌握了运以后，你能推转祖坟运气改变，推转你的住宅运气改变，推转你的命理格局转变。

我把命交给了天，运交给了我自己，最后，我的命和风水，围绕着我的运在转圈了，我当了主导了，我自己设计了。

我不光设计了我自己，我把父母也设计完了，我爸过去天天赌博，现在不赌了，我妈过去天天离家出走，我都不知道她在哪儿，我为找我妈，又是跑山东又是跑四川，好在她现在不跑了。虽说夫妻两个人还没有在一块生活，可是都在我们眉县住着。这我已经很知足了，我把他们已经设计得很好了。

那我把自己命也设计了，短命变长命了，没儿子变有儿子了。我把我的财也设计了，过去一月三千块钱，现在是过去的几十倍，你算算我现在工资多少钱。我现在每月纳税，都是我过去工资的几倍。人家做什么事情都很辛苦，我现在是做什么事都很顺利。

▪ 改变命运后心想事成

就像我太太昨天给几个朋友讲的，她想什么来什么。我太太想的是吃的，我不是。我想看卫星发射，我就去了。人家说，秦东魁你做那么多慈善，也没谁把你认可认可。刚说完时间不长，我竟然被我们政协主席推荐成政协委员了，政府把我认可了。

我一个文盲，讲的东西还经常有电视台转播。你看，这全是我自己把运掌握了，推动了命转变了运气，这是掌握运气的密码，太有效果了。

这是我讲运气学的几个因缘。第一个因缘，人家算我短命，我掌握了改变命运的一些方法，我要讲出来。第二个，我觉得很多人用运气学敛财。你可以挣钱不要敛财，看一平米就要多少钱，起个名字就十七八万，我觉得这就过了。你可以挣钱，过了就有问题。第三个我们明天讲，这课还没进入主课，主课才精彩。

你听我的课，和别人的课完全不一样，里面的内容，说高深能高深，说低也低，谁都能听明白。我希望大家，都当自己的命运主宰者，设计自己的家族，设计自己的人生，让你无灾广得福啊，一生圆满，真的是这样。

第四章

身体是工具，天性做君王——上乘运气学原理概述四

■ 人能和天地并称为三才，因为人有文化

前面我们多次提到了几个词，天性、禀性、习性。大家对他们的含义还不是特别清楚，理解起来不容易。

这次，我们细讲一下这三个部分，第一就是天性，第二就是禀性，第三就是习性。

天性是君王，在脑袋，是给我们带五福的，是天生的，是纯善无恶的。

禀性是臣子，在心，是纯恶无善的，是贪嗔痴慢疑，是带五毒的。

习性是士兵，在身上和行为上，半善半恶的。天性思想控制人，习性就善。禀性心性控制人，就是恶。

我们古人讲天地人三才，人能和天地并称为三才之一，我们要想一想，人的特殊能力是什么？那么弱小的一个人，怎么能和浩瀚的天地并列称为三才？

因为人是可以替天说话、替地说话的，人是万物之灵，人有人文文

化。这是人和动物的区别。从古至今中国的圣贤，拿文化把人的思想给装备了。这个文化呢，体现在儒家就是仁义礼智信，道家就是金木水火土，佛家就是生老病死苦。

不同的宗教学说、世间学说，它真正的目的，都是开发人的天性，克制甚至消除人的禀性，指挥人的习性，这就是所有文化最大的特点。

儒家文化是由孝开启人的天性的。你看，羊有跪乳之恩，乌鸦有反哺之义，动物里面实际也是以孝来开启天性的。那人更是如此，我们只要掌握了开启天性的方法，禀性自然被压制。我们今天为什么倒霉，为什么生病，子女为什么不孝顺，为什么我们挣钱非常辛苦，种种的逆境，不顺的原因，都是因为我们的禀性增长、天性被克制、习性助纣为虐。

▪ 我们要当工具的主人，不能当工具的奴隶

我们这个身体是个胎生物，来自于父母。你让它享福，它能享无尽的福，你让它受罪，它也能受无尽的罪。我们千万不要给胎生物当了奴隶当了奴才，这个我们要弄清楚。

我最近给大家讲，什么叫行尸走肉呀？行尸走肉的人就是，全心全意为胎生物服务，就是为这个身体服务，我要吃喝嫖赌、我要吸毒、我要享受。

其实，这个身体本来是工具，它会被天性指使为善，更会被禀性指使为恶，我们要明白这个道理呀。

我们要想长养自己的喜乐、福乐、财乐、贵乐和寿乐，就是喜福财贵寿这五福，那你一定要用天性把它给开发出来，这样就通神了。

就像我给大家讲的，运气分为三种。一种是形态运气，所谓的地形住宅布局。一种就是气场运气。飞机飞行的时候，空姐给你讲，气流来了大家系好安全带。天上有气流，地下也有气流，这叫气场运气。第三

种运气就叫通天，上知天文下晓地理，又知人道。我们古人非常聪明，诸葛亮靠经验通晓了什么时候能借东风，草船借箭，就是这个特点。别说古人呢，现在很多农村里年长的人，天气好的时候，他一看云朝什么地方走，就知道明天是晴天或者是多云还是下雨。所以我说古人的经验那不是神话。

实际人只要开发了自己的五福，就能通五方，推转五行，跳出三界。

人也分为三种，第一种上等人，上等人享上等福，发上等愿，做上等事。这种人天地护佑，脑袋想的符合天义，心中想的符合地义，行为做的符合人义，他是通三义的。

天义我们就知道，上天有好生之德，地义就是大地有厚德载物之德，人义就是仁孝啊，仁慈孝顺。仁是对他人对社会上的所有人，这是外在的德。孝是对家庭、对父母、对祖宗，这是做人的核心啊。他懂得三义，所以这类人能掌握人生百分之八十的财富。这就是我们看到的很多富豪，他们很有钱的原因。很多人说这富豪也作恶。他作恶可能针对一个人、两个人，他是没有大恶的。只要是人肯定是有过失的，小恶，这个谁都避免不了。

那他一旦大恶一做，就失了天义、地义和人义。他失了天义，天不佑他了，只要有地义在，他无非就得个病不会受罚。他要失了地义以后，就没有厚德了，财就留不住了，子孙就会不贤孝了。一旦失了人义，就坐进牢里了，三义一失就灾病齐临了。

只要有一义还在，我们看到他都还是蛮幸福的。就像我们看到很多富人，那么有钱，可是感情不好，你就知道他失了一义了。你看他很有钱当着官呢，耀武扬威地对别人发号施令，可是他儿子都管不住，你就知道他一定是失了地义了。他失了地义以后没有厚德，不能载物，他怎么能有一个贤孝子孙呀？这个子孙跑来干什么呀？败他的家、损他颜面来了。一旦失了人义，就不符合社会之道了，国法就要制裁他了。

思人恩德就通了天义了，想人好处就通了地义了。思人恩德想人好处，这两个种子，一个种在脑海里，一个种在心里。那你这个身体行为，这个胎生物，就跟着天性走了。身体只能听命令，不能当家做主啊！

可是我们现在很多人，天性被克制住了，禀性大发，习性变成了助纣为虐的工具。我们现在最明显能看到的，就是手机把人的禀性刺激出来，把天性克制住。

本来你在家里要陪孩子、太太、父母。可是天性被克制住，天性想得很好但是控制不住，禀性当家。手机就把人的禀性开发出来了，他就不停地在那翻手机，要不就上计算机。你看，很多人现在是颈椎病，我说那叫计算机病。还有手在那动鼠标，也得了一种病叫鼠标手。

古人是当工具之王，人能使用工具。可是现在是工具为王，工具使用人呢！你看，现在的手机在使用人吧，计算机在使用人吧，所有的东西把人给控制了。你看，手机要是忘拿了以后，人就开始出虚汗，心情紧张。这种现象叫手机综合征，计算机综合征。

现在还出现什么考试综合征、空调综合征，各种各样的综合征都出来了。为什么呢？在这个上面我们就可以发现，工具当了家，人当了奴隶。所以成功人士和失败人士的区别在哪里，成功人士能处处为王，失败人士处处为奴。

我们看电视的时候，你也可以感觉到，你是奴还是王。今天你想看电视，你要想清楚，是你什么地方想看。眼睛只是工具而已，你不要把眼睛认为是你，不要把耳朵认为是你。

打个比喻，你说耳朵眼睛是不是你？是你的话，有些人睡觉就是睁眼的，我们都知道古时候的张飞，别人要杀他呢，一看这人怎么眼睛睁着呢，就吓跑了。时间一长才知道，这人睡觉是睁着眼睛的。请问那个时候他的眼睛是睁着的吗？他能不能看见人呢？他看不见。

再打个比方，我在这讲课的时候，有人要睡着了，你说他的耳朵有没有睡着呢？那我现在讲得再精彩，他的耳朵能听到吗？听不到。耳朵它就是工具，耳朵是帮助天性吸收正能量的。可是耳朵也可以帮助禀性，吸收负能量，它只是工具。

这个工具可以被天性所用，也可以被禀性所用，那你要想设计自己的上等命运，上等运气，你就要会用你的工具，耳朵的工具，眼睛的工具，嘴巴的工具，包括形体的工具。你要想你这个工具是长养天性，还是长养禀性的。反过来我们再想想，你的工具是帮助你为善还是为恶的，实际就这么简单。

▪ 人体是个小宇宙，场能是一体的，现在人都是分散的

如果你明白了这个道理，并随时观照反省，我告诉你，你的命运你的运气，你所有的一切，整个家族的运气命运，你完完全全可以掌握！

古人讲人死得最惨是什么？五马分尸。我们现在人，就是五马分尸的。脑袋是一块，心是一块，行为是一块，肢体是一块，内脏也是一块，全部分散。

人是一个小的宇宙啊！人是一体的啊！宇宙自身也是一体的。我们都知道天上的日月星，它是一体的。为什么呀？按现在的科学研究，月亮是不会发光的，它的光借助太阳，行星的光也是借助恒星的。包括我们眼睛看到的星星的光，有可能都是很多年以前的光，在宇宙中走了很久才照射下来的，不是当下发的光。

我们人的身体本该是一体的，可是很多人分离了。

你想想，你心里的怨恨存了多少年，这个心和你的内脏就已经分离了。你说你感恩多长时间，感恩的阳光在内心世界就装了多少年。那你肯定是暖的嘛！

现在很多人说，我生病、我运气不好，我遇小人、我遇逆境、我遇不孝子孙。这就是因为你爱装阴，不装阳。苍蝇不叮无缝的蛋，你现在这个蛋已经有缝了，还不光是有缝了，蛋都已经臭了，才感召苍蝇来的。

是你自身的场能完完全全没有聚到一起，你不能通神。

人身上有八万四千毛孔，这八万四千毛孔都是工具。释迦佛讲了

八万四千法门，人家没有一个毛孔是浪费的。但是，普通人不会用工具，经常被工具所用。

我们有没有注意，我们为这个舌头吃尽了苦啊！口舌之欲嘛，病从口入。是不是？我们不该吃，却非要吃，吃成三高了，殃及内脏，严重的话殃及生命。

还有呢，逞口舌之快，说话口无遮拦。古时候，一句话说出去就被杀头了。想一想，我们为这个舌头受了多少苦，我们经常受这个害呀！没享这个福啊！

我们再想一想，你有没有受耳朵的害？听别人一说，你妈对老二好，对你不好，就听进去了，回家就跟父母生气跟弟弟打架。你是不是受害了？你这个耳朵应该是服务你，帮助你成就德业、霸业、善业、福业和财业的。可是我们的眼耳鼻舌身意，所有的工具，促使你干什么呀？早死受病、受灾、受祸。

很多人怨八字、怨属相、怨坟地、怨住宅，我告诉你，要怨你自己不会长养天性，克制禀性，使用工具，我们现在都被工具所控制。要不我说现在的人，贱命之人、苦命之人太多了，真的是这样。

要想掌握自己的命运，你必须学会设计自己。首先，你能不能保证不发脾气。就这一点，别被这个脾气禀性所害。

你看，我们的眼睛，爱看美女、帅哥，在网络上爱看黄色图像是不是？那我们想一想，眼睛这个工具，你能不能把它也控制住。包括嘴巴、耳朵、鼻子这些工具，我们这个行为、身心，我们能不能把它们全部收拢到一起。

如果能收到一起，你这个共振波就非常强，你的能量波就会非常强。如果人的心中不起丝毫之恶，全都是善，那你的五脏是清净的、思想是清净的，身体全部是清净无染的。

我给大家讲的方法非常简单，你就保持一个笑容就行了。你这个笑容要发自内心，不受环境影响，不受人的影响，不受任何东西的影响。不要你今天中了个五百万，就笑得不行，今天赔钱了就痛苦得不行。

可是，我们现在的人呢，情绪、思想、所有的工具，都会受外在的东西影响。你完全失控，你的天性是失控的，你的天性是不当家的，你的禀性是当家的，你的习性是助纣为虐的。这才导致了我们的命不好、运不好、子女不孝、家里人得病多、家族不兴旺。

儒家讲得更明显一点，我们最能理解的就是，家和万事兴。你和家人失和的原因，首先就是你失和了，你和你的五脏六腑、你的思维、你的形体全部是失和的。脑袋想的、心里想的、行为想做的，天性、禀性、习性这三性都不能和一块，全部是散的，那你这个能量就是散的。

▪ 一心一意则通神，三心二意则通鬼

我们都知道给孩子讲的小猫钓鱼三心二意的故事。我们经常是在用三心二意的思想，在学道、在修福。所以我们就没有得道，也没有修好福。你看，那个小猫钓鱼的故事，很多人可能就听听，我在里面就发现了道理：一心一意做什么成什么，三心二意做什么败什么。同样是一个人，他之所以成功，你之所以失败。就是一个一心一意，一个三心二意。

一心一意至诚则通神，三心二意至诚则通鬼啊！就是这样，都能通啊，看你通的是谁。你今天是通的神，还是通的鬼？

身体是一个工具，我的五脏六腑，眼睛、耳朵、鼻子，所有的东西全部是工具，我们要会用这个工具，全心全意为人民服务。我转换一下工具的用途就完了。

今天你听我讲的运气学，听我讲的所有东西，我没有让你找住宅、坟地，也没有让你找佛找神。我告诉你，找你自己。你今天在这听我讲课呢，当下的你有没有在这个课堂？赶快把你自已收回来。

或者，你今天要是看到这一段视频，那你要想，你是在用眼睛看、思想看，还是心看，这个很关键。

我经常在讲，有很多做大生意的人，之所以能把一个小生意做得非常

大，是因为他和这个生意融为一体了，他能享这个生意的福。

你看，我们看到很多连锁店，生意非常兴旺。为什么呀？模式一样、管理一样、文化一样，人家全是统一的。

你今天之所以做不好，原因是你连你自己的思想存心行为都无法统一。

要不我们经常在讲，你看那人是表面一套背后一套，表面那一套是什么呀？披了个人皮。后面那一套呢？是显的狼身。要不我们讲狼心狗肺，那是骂人的。不是骂狼的，不是骂狗的，是说这个人虽然披着人皮，但是狼的心，狗的肺。实际这个人，已经有了动物的心和动物的肺，完全失去了做人的资格。这是愚痴啊！

▪ 用好身体这个工具，长养天性控制禀性

所以第三个月的时候我就发现，人为什么受命运约束？其实，不是受命运约束，是受工具约束，是受自己的眼睛、耳朵、嘴巴约束。

本来我想不说话，可是嘴就是控制不住，说出去就后悔。你看，现在人有个毛病，不是抱屈就是后悔。明知不该做非要做，明知不该为却非要为。

他为什么去说，为什么去做呢？因为他这个身形，已经五马分尸了。就是民间讲的丢魂了。

现在人控制不住自己，把自己当柴火一样，一点一点就烧了，把你命里头的福、命里头的长寿、命里头的财运、子孙的福、祖宗留的福，都在我们的身上一点一点给消耗掉了。

要不我经常在讲，心想事成，自作自受。

你看，我昨天讲的要长养天性，天性发号施令，禀性停止不动，用天性指挥习性。我要想孝敬父母，马上就行动去买东西给父母。你心里禀性的念头都不要动，一说我爸妈还年轻呢，我也挺忙的，他们不需要啥。一起这念，这就是禀性在说话了。

你要随时观照自己，你今天用的是禀性做事，还是天性做事。不要管习性，因为习性它是个胎生物，它是工具。那你今天见一个人，你要对他好，我告诉你这叫天性。你要对他凶，马上落到禀性了。天性就在天堂生活，禀性就跑地狱去了，就这么快，瞬息之间而已。

你今天的命好不好，都是自己设计的，没有一个神佛控制你。

▪ 你要观照自己的作为，是用天性还是禀性

我教会你的这个方法，设计你的上乘运气，设计你家族所有的运气，就是从今天起开始，你要反省、观照，你今天的所作所为，是用天性在做，还是在用禀性在做。你只需要把这个分清楚，习性不用管它。

天性纯善无恶，它只有感恩、珍惜、理解、包容、欢乐。

那禀性里面，有自私、自利、多疑、暴怒、争贪不息。

长养天性，就能通五方推转五行，得天地护佑。那你要是一动用禀性呢，天和地的这个场能和你就剥离了。我们现在所有学的这一类的东西，不需要外求，要内求，把它收回来。

比如你想想，我今天对弟弟，是包容了，还是感恩了，还是理解了，还是珍惜了。你今天对弟弟所有的指责埋怨，都是在禀性里面。包括对太太，对丈夫也是。你今天是真的爱丈夫吗？

就像一个女士跟我说，她要离婚。我说："你想想你老公的优点。"她说："没有优点。"她这时候就是禀性在说话，我就知道她的结果不好。

我给她讲了，我说："你老公没优点，你都敢选择嫁给他，可想而知你当时的肚量涵养有多高。那现在是你老公没变化，你变得没涵养没肚量了。"她一想，说："他过去有优点。"我说："那你就想想过去的优点。"

我们想一想，就是这个道理。你要随时关注自己，你今天的为人处事，你是在用天性还是在用禀性。你要真用我的方法，用一年时间，你的禀性就开始压制了，就不会再生根发芽了。你的天性就长养了，天性一

旦长养，你的人生命运就能全部被自己掌握了。我们只能在自己身上找问题。

我们现在的手机、计算机、电视这一类的东西，全部是对应着我们的禀性的，不是对应天性的。除非你能转念，你看电视的时候，你知道它是电视，里面所有的演员，所演的东西是假的。

电视上经常打着字幕：本剧剧情纯属虚构，若有雷同纯属巧合。你看，人家就说得很清楚。可是很多人不看这一句，一看上面那女的悲惨地哭，你也坐底下哭，一看人家笑，你也哈哈哈笑。这个时候你就知道，你已经在用禀性生活了，完全不是天性。它的剧情已经把你给影响了。

▪ 禀性人好贪好争，天性人越布施越多

禀性人和天性人还有一个区别：禀性人好贪好争，禀性人像乞丐一样手心老朝上，你给我点吧。而天性人就是布施，越布施越多。

我们古人讲舍得。先是舍，把得放后面了。你先舍了，后面自然能得，你要没舍肯定得不了。

孔老夫子非常有智慧，讲的五伦，我们都知道父慈子孝，父用慈对照的子，子用孝对照的父，这才是父慈子孝。君义臣忠，君对臣要有仁义，臣对君要忠，这都是相互关系的。

▪ 圣人讲的东西，不分国界、民族、信仰

很多人对孔老夫子讲的东西有时候有误解。我们都知道“天下无不是的父母”“君要臣死，臣不得不死”，这两句话其实不是孔子和孟子讲的，四书五经里面找不到这一句话，这是别人假借孔孟夫子的名义说出来的。

很多话都是后人假借古人的名义说的，包括“人不为已天诛地灭”一样，整个古文里面查不出来，绝对没有。很多人说这是古人讲的，这是胡说，这是在侮辱古人。孔老夫子要说这话了，我都不佩服他，他一定不是圣人。

圣人和凡夫不同之处就是，圣人讲的东西，第一不分国界，第二不分民族，第三不分信仰。所有人都能找到对应自己的内容，你看，孔老夫子讲的东西，国外人也需要，这才叫圣人啊。

你看孔老夫子讲的：夫妇有别，父慈子孝，君义臣忠。这都是五伦的核心。因为人与人之间本身就是互惠互利的，一个家庭也是一样，国与国之间也是一样，民族与民族之间也是一样，一定是互惠互利的。

▪ 手机也能让大家丢魂

我在第三个月，发现了身体是工具。不过，工具学说是不是我创造的？不是！

古圣先贤已经讲了，我只是重复了一遍。我把这个东西，用现代的词语更简洁地给大家讲出来，大家好接受。

就像手机一样，你说手机是不是工具？你要是用它打电话、发短信，正常交流，那你就是手机的主人。你要是被手机上的图像网络所控制，坐在那个地方不停地看看看，你就是手机的奴隶。

我们现在看，满街都是手机僵尸。现在段子都说手机是家庭的第三者，朋友中间的第三者，人情冷漠的第三者。我们被手机完完全全占用了生命时间，你的生命时间一天就二十四个小时，你有多少时间是在拿手机而没有陪家人？多少时间你不是真正在和朋友聊天，而是不停地刷手机？

我遇到一个大老板就非常有智慧，我这么多年第一次碰到这种人。他跟我在聊天的过程中，竟然把手机关掉了。我问他：“你为什么把手机关掉了？”他说：“哎呀，我现在好不容易见到你，跟你正好有一个聊天的机会，我得关掉手机，不然老来电话。不说对你尊不尊敬，首先我内心世界都觉得不尊敬。”我一看，这个人了不得呀，怪不得能把事情做大，就这样一个小小的动作让我心生敬佩。

可是我们呢，还别说别处，就在我们这个课堂，学长们都说把手机关掉，可大家就是舍不得。你今天来听我讲这个课的时候，你是不是还在被工具所控制，你有没有和我产生共振，这个很关键。

你要产生共振了，你听完课以后，你全身细胞都是松散的、轻松的。

那你现在坐在这个地方，一会儿这手机响了，心里惦记今天谁给我打电话，我这怎么怎么样，那你的思想，没有在这个课堂，甚至还在你家里，把它带都没带来。或者在某一个人身上、某一件事上，这就是叫我们讲的什么呀？丢魂。

你不要认为这是宗教术语，它不是宗教术语。这就是我们古人讲的魂不守舍。现在我们经常能看到很多为情自杀的、为钱自杀的。你看，股票掉下来以后，多少人跳楼了，他的魂被股票勾走了，不然他不会自杀。这个时期，他是钱财的奴隶。因为他不知道生命可贵，他不知道钱没了还可以挣。所以，股票一跌马上跳楼了。

▪ 亏孝和犯邪淫是诸事不顺的根源

很多人说：“秦老师你很神奇。”那是因为你不懂得不明白，你要真懂得真明白了，你要把我教的方法掌握了，你们个个都能成大师。他出什么事，得什么病，家族会成什么样子，他今天为什么发财，为什么出车祸，你一对应全都知道。

倒霉的事情里有千变万变，可是万变不离其宗。哪两条是宗？就是诸事不顺皆因亏孝，诸事不顺皆因犯邪淫，这两条就是根本。

亏孝也分为三种：第一种是意不孝，脑海里面天天想着不孝顺父母，表面还要做得像孝子一样，为了落一个孝名。第二种是心中不孝，对父母没有一点感恩，把父母像养宠物一样，还不如宠物。你养只狗你还得遛遛狗，你养个父母不是光给点吃喝就行的。第三种是行为不孝，行为连动都不动。这叫亏了三种孝。那再加一种什么呀，不祭祀去世的父母祖先，这叫亏阴孝。

那犯邪淫也是，第一、意淫是脑子里面光想了，并没有去做，你也折福了。

第二、心淫，就是你心里总想，控制不住。

第三、行淫，行为上你就犯邪淫了。

你不要说我这就心里光想想没做。我告诉你，你意念一起，心念一起，你的负能量波就发射出去了。

当你要是真明白了，懂得了这个道理以后你就知道，我现在要长养天性，压制禀性，指挥习性，那你的人生就会非常顺利。

▪ 天性要当家，不做禀性的傀儡

你看，我们这个微笑，同样是笑，你对人善意的微笑，这是天性，你对人笑里藏刀，这就是禀性。比如打麻将的时候，什么哥们姐们屁股往那一坐，你心里想：我要把他们三个人的钱全都赢光。这个念头起来，就落在禀性里面了。你这笑是笑里藏刀。

我们今天所有种种不顺的事情，都是被我们身体这个工具所害。我们要知道，天性是君，禀性是臣，习性就是士兵。

按现代词来讲的话，天性是老板，禀性是部门经理，习性是员工。今天你这个老板有没有当好，这个君王有没有当好，你要当好了，禀性就不会作恶，习性不会作恶，会为你所服务。你要是君王没有当好的话，乱臣贼子就犯上了。

我们现在经常都是被大臣当了皇帝的家，员工当了经理的家。这就是我们讲的行尸走肉。这就是我们错了，你不会用这个工具。当你会用的时候，你就会当领导，你就会当老板，你就会用人，你就会处事，所有的一切，就都在你的掌握之中。

你现在没有办法掌握，原因在于你现在的身心没有一心一意，而是三心二意。你这个三心本来是应该一心，却变成了三心，这三心还是各怀鬼胎。

天性本来是纯善无恶的，反而被禀性给压迫了。你看，天性说：我不能吸毒。禀性说：那毒吸了以后，感觉特别好。结果行为吸了，感觉吸了以后飘飘欲仙的。结果天性变傀儡了，这叫傀儡皇帝，傀儡老板。

还别说吸毒呢，我们抽烟喝酒的时候，天性也当傀儡了，你控制不住啊，真控制不住。你觉得这二寸长的烟一吸就高兴，一吸就舒服，不吸就痛苦，不吸就伤心，不吸就悲哀。

可想而知，你把你人生的幸福快乐，你这样高贵的生命，建立在几寸长的烟上了，建立在这几两酒里面了。这个时候你已经从贵命变成贱命了，富命变成穷命了，长寿变成短命了。

要不我说人啊，一出生就是带五福来的，所有圣贤教诲，都是长养我们的五福的营养。我们要明白这个道理，我们为什么学圣贤的东西，就是为了把我们的天性五福开发出来，让君是君，臣是臣，民是民，让它们全部归到本位里面，这叫命运啊。

人没有一出生就这是部长那是省长的，人没有一出生就这是乞丐那是皇帝的。你今天所有的享福受罪，完全是你自己掌握的。我教的方法非常简单，不是八字不好名字不好，我告诉你，根本就是你自己不好。

你好了，运气也好了，住宅也好了，所有的外在五行，全部都是为人服务的。我们要明白，你只要正，就为你服务。你只要正，你就算是老百姓也没事，当劳模，国家领导也会接见你。那你要是偏了呢，不光领导不接见你，还要把你关进监狱，收拾你，财产全部没收，所有你的亲戚都受牵连查处。

我们现在很多人把它弄得非常复杂呀！什么八字不好，我要找大师，我要化解。你看，看运气格局按平米算，起名字都是几十万，那简直就疯狂啊！完全违背了古人对运气学的理解和应用。

所以我们要学上乘运气学：天性使然，让禀性不说话，习性跟着做。这就完了，就这么简单。

你只要每天观照你是不是用天性说话，天性是纯善无恶的。你孝敬父母、尊敬老师、爱国爱社会、遵守法律、不违背伦理道德，这全部起的都是天性的念。

一旦你要当汉奸，你要违法、违背伦理道德、不孝敬父母，这就全落在禀性里面了。那习性更简单，嫖娼、吸毒、赌博，这就在习性里面。

做任何事情，你要看看天性愿不愿意，比如吸毒，天性是不愿意的，那我们不去吸就完了。我们不能被身体这个胎生物所左右，这个很关键。

所以，我重点讲了工具学说，我们的身体是工具。

很多圣贤并没有想到我要当王，反而要去做学问。因为人有了人文文化以后，知书达理、明理行道，才能把身体这个工具用好，才能成为圣贤，替天地说话，这就是人为什么能和天地并称为三才的原因。

现在很多人一说明星吸毒，都解释说压力大，那请问农民压力大不大？明星接个广告费都上百万的，农民种一亩地才卖几千块钱，到底谁的压力大？农民压力大，为什么农民不去吸毒呀？这是为什么呢？就是我们讲的工具学说。明星被身体这个工具利用了，本来他是享工具之乐的，现在他反而变成了工具的奴隶，工具的附庸。

就像我碰到过一个非常著名的人，国际上都拿过两次大奖，见面后问我："秦老师，你看我今天有什么变化？"

我说："老样子啊，没啥变化。"她说："你再看看。"

我说："没变化啊，有啥变化？"她说："你看我穿的名牌。"

我说："你在替它代言吗？免费给你的？"她说："没有。"

我说："那你傻帽啊，替它宣传什么呀？你就是你嘛，不要因为你穿个名牌衣服，你就变成衣服啦，你变成名牌衣服的工具啦！”

我们很多人都沦为了工具的奴才。一些当大官的、当圣贤的、当大企业家的人，他们可以利用工具为他服务。

要不我说，水低成海，人低成王。他能低，就下而行，所以他成王啊。在这个人世间，你要想拥有上乘的运气，想非常迅速地改变命运，我们就不要沦为工具的奴才。

▪ 教育孩子要藏富显贫，要长养孩子的天性

在家庭生活中我们也要注意，很多人问我怎么教育孩子。就四个字：藏富显贫。一定要把富藏了去显贫，这个是非常重要的。不要露你的富，你富是你的事情，你不要因为富，把孩子给抹杀了，这个是非常可怕的事情。

你今天是在教子还是在纵子？你是在用天性教还是在用物质教？这个也很关键，这也是一种设计。我们都知道，有很多富二代成了啃老族，这就是父母在用财富和物质教子女。我们看到的，一个女孩开着奥迪车抢劫，被警察抓了以后，问她：“你为什么抢劫，都这么有钱了，开奥迪车。”她说：“我觉得这样太刺激啦，太有感觉啦！”

所以古人有一句话叫惯子如杀子。你在管孩子的过程中，孩子不是你的附庸，也不是你的工具，他是一个独立的个体，他未来要青出于蓝而胜于蓝，这是你的期望，是我们做父母的希望。可是我们现在很多父母，把孩子沦为工具，你要考这你要考那，为啥？你考上了爸爸妈妈有面子，这个观念就已经错了。

你把孩子沦为工具了，孩子不是你的个人物品，他是一个独立的个体，他有自己的思维。我们古人有一句话，讲得非常到位：儿孙自有儿孙福。儿子孙子他们都有自己的福德。要按我的话讲，每一个人出生都是带福、带财、带粮，带着一切五福来的。今天他的福没了，是你作为父母

的，用滋养他贪嗔痴慢疑这五毒的方法，灭掉了他的五福。

有的父母，沦为了孩子的奴隶和服务工具。有的孩子也变成了父母的工具，考试工具。全变成工具了，这就完了。

我遇到过一位女士，孩子上学上得非常好，都读到研究生了，还是被中科院录取的，最后竟然被中科院给劝退了。回去以后，满村人都觉得他们家孩子是个奇才，怎么给劝退回来了？后来才知道，是因为连鞋带都不会系。当这个孩子回去以后，把自己关到家里，窗户都全部堵实了，不愿跟外界接触，为什么呀？说活不了啦，打击太大了。

过去这么有名的一个状元，你看，现在被劝退后没有办法正常生活。孩子所有的生活能力、求生能力等等，一切思想能力，完完全全被父母抹杀了，把孩子当成一台计算机一样，父母想给里面下载什么就下载什么，没有他自己原有的东西了，这个可怕得很。

天性是先天的，而后天所学习的文化和知识，本来是该帮助开启天性，孩子的天性一旦出来，福不可限量！为什么呀？儿孙自有儿孙福。

作为父母，用错误的方法把孩子的天性给抹杀掉，把儿孙的福消掉，自己给自己的子女儿孙当牛做马，这都是错误的。现代教育也没教如何长养天性，全部教的是技能和知识，这问题就很大。

在我的记忆里，长这么大我没有花过爸妈的钱，没记事之前我不知道。长大以后我就一直在想，我今天之所以能赡养父母，能这么努力地工作，我今天所有的成绩，就是父母用他们逆行的方式教育出来的，所以我成就了。

同样年龄的人，学历比我高，能力比我强的，现在呢？打工啊，早上要那么早挤着地铁上班，晚上很晚才能回来。我呢？公司有事去一下，没事可以不去，公司的所有事情在电话里我就能安排完。很多人问我怎么工作的？我说正常工作啊，我把老板安排给我的事情全部处理完以后，老板就不找我麻烦。

那我这种能力从哪里来的呢？就是我那三个月待在屋里不下楼，发现了改变命运的秘密，我要把我的所有工具用来开启天性，转成正能量，我要让它超常发挥。一天有 24 小时，你们可能在睡觉、吃饭、陪人喝酒、说闲话等等一大堆。可是我不一样，在这 4 小时中，我在讲堂讲课呢，剩下的那几个小时里面，我在思考问题呢。包括做梦的时候，我都在思考问题，没有闲下来过。

很多人说，你是不是备课呢，我告诉大家，我从来不备课。为什么呀？首先很多字我不认识，这是第一个我不备课的原因。第二呢，我觉得人要用天性讲话，你所讲的这个言语，有无量深刻的含义在里面，运用禀性、习性讲的东西，里面没有任何含义。

你看，我们现在看了很多书，越看越浮躁，可是我所讲的这个东西呢，每一句你要是听了以后，真正应用了，你会越听越清醒，越听越明理，越听越知道自己错在哪里。更有很多人听完以后，觉得我好像在讲他呢，一想：我的这个工具是怎么应用的呢？我现在是不是被工具所控制了？我有没有当工具的君王？我是不是当了工具的奴才？

古人的东西，读千遍万遍，其义自明，义无量。你再看现在的书，读完一遍就没感觉了。过去拍的《西游记》，很多人看了一遍又一遍。可是现在很多电影，看一遍后不想看第二遍，场景和演员都非常花哨，可是里面只有热闹没有内涵。内涵是什么呀？这个内涵就是，没有能教导人为善、成道的内涵。

很多企业家给我说："我们经常听成功学呢。"我说："别听了。"他说："为什么呀？"我说："真正成功学的大家，是佛、是孔子、是老子、是上帝。"我们都知道，佛教、道教几千年长盛不衰，在大大小小的美景胜地，都有他们的道观，他们的佛寺，天下名山僧占尽啊。和尚不需要发工资，剃了头终身为佛服务，现在的员工你少发一天工资都不行，你骂他两句，人家转身就走。佛教不会要求你来，你还很虔诚地挤破了头想进去，还很恭敬地磕头礼拜呀！

要不我对很多企业家讲："五大宗教的圣人，才是最厉害的成功学的典范。世上哪有一个企业可以经营几千年的？只有他们啊。你把他们的文化知识古为今用，能用到你的人生，用到你的企业，用到你现在的命运里面，那你就了不得啦。你就是儒商、佛商、道商，你真的成功啦！这才叫真正的成功学。”

你今天教育孩子行孝、尊师，我告诉你，就是把孩子的五福给调养起来了。你今天对孩子说：“只要你考一百分，你要什么我给什么。”我告诉你，这就是培养孩子下地狱！就这么简单。

你要会用这个工具，当你会用以后，你的孩子就被你引上正道了。当你不会用的时候，你留再多钱你孩子也完蛋。

我就遇到过这种事情，发生在北京，爸爸开个奥迪车去接儿子，儿子跟同学在一块儿，同学就问他：“那是你爸接你来了？”你看孩子的虚荣心夸张到什么程度，他说：“那是我们家司机。”他爸爸在车里听见了，痛心啊！赶快就给孩子转学了，这个是非常可怕的事情啊。

我还遇到一个八岁的孩子，给他爸妈说：“我要和你们断绝父子、母子关系。”他爸妈说：“你一个月花这么多钱，还有专车接送，你怎么这么说话？”你知道孩子说什么？他说：“你们两口子挣的钱，给我孙子都花不完，你们还这么残忍地让我考试、让我学习、让我这么辛苦，你们到底是不是我爸我妈呀？”你看，钱是不是把孩子害了？

你再看监狱里面，一半的年轻人都是家庭太富裕才进去的啊！古时候的年轻人，游山玩水其乐融融。但是现在的孩子，就需要大的刺激，他的脑神经和他的思维神经才会觉得满足，去游乐场就是坐过山车，在上面疯转一圈才哈哈笑两声，下来又不高兴了。

我发现，本身小孩是很纯洁的，很容易快乐的。但是在游乐场那个地方不一样，他非要大的刺激，不刺激不高兴。要不然就是不停地要买玩具，他拿着玩具高兴两天，或者一会儿就放那儿了，喜新厌旧、利己。他们需要这些物质性的东西，不断地刺激他，他才能高兴一下。现在的孩子包括大人，都是被工具所控制，要不我说我们要是长养天性的话，就不会被控制住，一定不会。你要是天性使然的话，你就是好命啊、好运啊、事事如意。

▪ 长养天性能福禄寿齐全，长养禀性和习性消福消寿

车也是工具，计算机也是工具，我们现在是一个工具的时代。你用这些工具是在长养天性，还是在长养禀性？这个很重要。你要随时关注这一块，如果你长养天性就与天通啦，天地护佑，你要长养禀性你就完啦！

很多孩子为什么出问题，是父母长养了他们的禀性和习性，没有长养天性。你看，很多年轻人痴迷上网、进入传销、违法乱纪、不孝父母、啃老，有些孩子，恨不得把老人的骨头都熬成油给卖掉。

我们都怨孩子呢，实际孩子可怜，是受害者，被爸妈害的。什么叫教育啊？使子行善也，这就是教育，你有没有使子行善？教育的教字，是两个字合到一块儿的，一个是孝一个是文，孝就是天性，文就是习性。

《论语》学而篇就讲到“行有余力，则以学文”，把文是摆在最后一段的，你有余力有闲的时候再学文，它是工具。只要你把孝给孩子教好了，告诉你，他再坏也坏不到哪里去，要一旦亏了孝，他再好也好不到哪里去啊！

要不很多人给我说：“我命不好，运气不好，我们家住宅不好。”我告诉你，一定是你人不好，你把自己五马分尸啦，从哪儿分的？你的天性、禀性、习性。

那天性谁管呢，天性纯善，上天降福，这是万福临身啊。

那禀性谁管呢，大地管，心存感恩，大地的厚德为你增寿增福。那禀性一旦使恶呢？减福减寿。你看，有很多老人那么大岁数还活着呢。很多年轻人一个又一个不断死，为什么呀？就是年轻人不少坏了良心啦，心黑了才受的这个灾，受的这个病。

那习性谁管呢，习性是国法管的，你不犯法，国法不收拾你，你犯了

法，国法就把你抓啦，就是这个道理。

你把这三块你弄清楚以后，你再去对照自己，对照家人，你就知道谁生活在习性里面，谁生活在禀性里面，谁生活在天性里面。

天性就在天堂，禀性在地狱，习性在人间。那天性里面也有上天性、中天性和下天性。上天性的人，纯善无恶，公正无私；中天性的人呢，善中有己，就是我在做善的时候呢，我还求点福报；下天性的人做任何慈善的时候，会看看功德大小再去做。

做慈善也有天性做慈善，禀性做慈善和习性做慈善。天性做慈善是不受别人影响的。别人说给乞丐钱会被骗，我说，骗是他的事，与我没关系，给是我的事，我增长了自己的慈悲心，照给不误。

禀性做慈善是让别人看的，他不是真想做慈善。

那习性呢，可给也可不给，别人一给他也给，反正就是跟着去了。

你在生活中、工作中，在团体中、家庭中，你都会发现天性、禀性、习性的不同。天性的人福禄寿全，禀性的人福禄寿都没有，习性的人是半善半恶，你拿这个去对照，你就知道他未来享福和受罪的概率。

那从生到死的过程中，我们平常人追求什么？无非就是为了吉祥平安、事业兴旺。那如何兴旺呢？就是我讲的——天性。用天性做事，用天性做人，用天性教子，用天性做生意。你要是用天性做生意，我告诉你，就如同你的身上就有了“360 护盾”，你这个财来路是正的，国法不收拾你，甚至还要奖励你。你要明白这个道理啊！你自己就产生了防御功能。那我们自身的防御功能是什么呀？就是天性。

如果你中毒了，实际就是禀性当家啦，就这么简单。

所以，什么叫上乘运气学，上乘就是最高端了，通天、通神了！你如何通？我告诉大家了，长养天性就是通神，长养禀性就是通鬼。

你学了儒家学说，符合了仁义，就能把五毒压住，让它不坏你事。

你学了道教的义，就能顺应自然，柔能克刚，那你就会削弱五毒的力量。

那你要是学了佛家呢，五毒全部消掉，没了！

这就是三个层次，当你真正明白了这个道理以后，你才知道原来上乘运气学是在自己身上找的，中乘、下乘才找地气、找地形啊。当你明白了这个道理以后，你所有的命理运气都能掌握。

▪ 宇宙就是一个游戏场，我们要懂游戏规则才能玩好

我希望我讲的东西，对大家有所帮助，让大家运气更好一点，心情更快乐一点，烦恼更少一点。你能更好地去做慈善，去做一些对社会、国家有益的事情。运气学也是中国的瑰宝，我们对它要是有一个更高层次的理解以后，那你对很多事情，都能化解掉，能避开。

正是因为我们要追求快乐，所以我们才需要好运气。试想如果一个人总是倒霉不顺，喝口凉水都把牙疹了，你肯定快乐不起来，你就是笑，都是强颜欢笑啊，你这个笑肯定比哭还难看。为什么呀？你只是动用这个工具在笑，你的内心实际上一点都不快乐。

那怎样能获得好运气呢？实际上我已经在前几章给大家把原理讲清楚了。

就是借助身体的工具开启天性五福。眼睛用微笑改变，耳朵听圣贤教诲，嘴巴说善言，行为端正，心存感恩。这都是可以在我们身体上调整的，你用这五种方法去共振，你就能吸引到有福的人。

你要用你的五毒——贪嗔痴慢疑去共振的话，你今天遇到的人，你贪，他比你还贪，他吃肉连骨头都不给你吐。你脾气大，那我告诉你，可能你遇到的丈夫，遇到的老婆，遇到的朋友，遇到的员工，遇到的老板，那都比你还横啊！我就遇到过员工把厂长给杀了，你说他几句，就把你捅死了。你一旦用疑心和人交往，我告诉你，你碰到的全是多疑的人，你就是说好话做好事，他都会想歪了，他疑你图谋不轨。

你今天是用天性五福作为吸引力，还是用贪、嗔、痴、慢、疑这禀性五毒作为吸引力？这个很重要。

我反复说，要长养天性，掐住禀性，习性听令！让天性当家，指挥身体这个工具去为善积福。

实际运气学有好多层次，还有用术数来获得好运的方法。我们戴个护身符，请个貔貅招财，供个财神爷，这都是术上面的。为什么呀？你天天看到它以后心情能好点，为了引导你的心情。

就像我们天天住在火葬场边，你高兴不起来呀，今天这家哭呢，明天那家哭，还火葬人呢。你这天天在想：过两天是不是我也就跑那儿去了？

你看，北京的一号线地铁站名，就和人生是一样，从四惠开始，一直到国贸、王府井，到天安门、西单，最后到八宝山。从出生到最辉煌、最繁华的地段，最后落寞，进入八宝山。

实际人生真是这样，你在坐地铁的过程中，也能悟道，这条地铁线站点的名称，就是从出生到死亡的写照，你完全可以仔细思量一下。

接下来，我还要讲运气学的运作规则，这是理的层面，方法的根源在宇宙法则。宇宙法则到底是什么呢？和我们玩游戏一样，这个宇宙就是一个游戏场，我们是游戏场里的人，游戏有游戏的规章制度，遵守制度来玩这个游戏，那你这一生就会非常顺利。

规则往简单说了有三条：天律、地律、人律。天律，就是上天有好生之德；地律，就是地会厚德载物；人律，就是不违反伦理道德，不违反国法。

那我也讲到了自身的法则：天性、禀性、习性。实际我讲的这些东西，只要有一样，你能坚持把它落实到自己身上，我告诉你，你的共振波就出去了。你看，我天天感恩人，我遇到的全是感恩我的人。我如果天天攻击人、谩骂人，我遇到肯定也是天天攻击、谩骂我的人，这是你自己招来的。不是他想来，他也很无心，他也是被动的，你把他叫来的。这就叫宇宙法则。

你要懂得了这些法则，那你在这个游戏中，你就是主导，所有的天地都围着你转。不然的话，你就变成秒针了。秒针就如同打工人生，你不停地跑还挣不下钱。只有你明白了道理以后，你才会把自己定格，你到底是秒针还是分针，是时针还是轴心，这个很关键。

你看我用这么长时间给大家叙述，这是开头最重要的地方，是掌握命运的一些简单方法。

下面，我会再为大家细分讲解 12 大法则。

第五章

一切要内求，不要外求——初讲第一大法则：心念法则

▪ 运气学的核心就是心念

我讲的运气学，核心就是心念，一切运气由内在的心念而起，不在外部。所以，从根本上看，我们要内求，不要外求。

现在很多学传统文化的人学错了，迷信大师！我就遇到过发疯的，那女士恨不得就和大师上床睡觉去，都成这样了，太疯狂了！丈夫也不要了，孩子也不要了，天天守在那儿。

我在北京还遇到一个阿姨，那所谓的大师都被抓到派出所里去啦，她还跟我说："秦老师，大师说了，让我拿两万块钱把他赎出来，他就把我保佑了。"我听完以后觉得这人愚痴得不行。

我说："他自己都保佑不了自己，被派出所抓走了，还让你拿两万块钱把他赎出来，你傻呀？"她还说："他说啦，只要两万块钱，就能把我保佑了！"你看，你跟她讲她还听不进去，那你真是没办法啊！

还有人听说秦老师会起名字，来找我，我说："我给你起个名字不要钱。"他一听，不要钱，不理你，非要花 17 万起个名字去，你救都救不了

他！傻到这种程度，真是太可怕了！所有的东西，他不懂得内求，都是外求，他还沾沾自喜。

这是非常可怕的一个弊端，也是现在人的一个毛病。我为什么要讲运气学呢？圣贤讲过，医生和大师最易劝人行善，我说，我这个最上乘的运气学，谁用谁有效，你听完你就是大师，不要外求了。我是为了把你引导到正道上来，这就是我要讲运气学的第三个原因。

佛教有一个故事，说佛的家族，释迦族遭灭顶之灾的时间，目犍连看到了以后运用神通，把释迦族的五百人藏在钵内，放在了天上，剩下的很多释迦族人都被杀了，等这个灾难过去以后，目犍连把这个钵从天上拿下来一看，里面的释迦族人全部化成了血水。

他就问佛是什么原因，佛就讲了："神通大不过业力！释迦族过去把一池塘鱼全部杀了，当时那一世我还是小孩，我没吃鱼，可是我拿棍敲了大鱼头三下，所以事情发生的时候，我头痛了三天，但我没有被伤害。业力是你自己的，其他人用任何方法都无法干预。"当佛的族人遭遇灭顶之灾时，佛都没办法。

所以佛教有一句话讲：万法皆空唯有因果不空。

因果是规律不是迷信，你今天享的福你今天受的罪，都是你自己造的，不怪别人啊！

所以，我在讲上乘运气学的过程中，把佛教、道教，一些宗教类的东西也要讲出来，只是做一个证明，让大家明白，所有的这一切，都是你自己可以主导的，这个是非常重要的事情。

所以运气学呢，分为理、术等很多层面的东西，我们大家要清楚要明白，一旦明白了以后，你再听我后面讲的课你就都能理解了，不然理解不了。

很多人看完我的《命运设计师》，都跑去买文昌塔去了，买貔貅去了。我都觉得可笑，你要看到里面的轴心啊，不要停留在表面的东西上。

《命运设计师》那一本书，实际就讲了三个字，笑、效、孝。第一，微笑；第二，效仿圣贤，学习圣贤的东西，把自己的内心世界充满正能量；

第三，孝顺，这叫护根。就是这三个字：笑、效、孝。

可是很多人看完以后，在家里挪沙发、挪空调，这个可怕呀！完全没有看到这本书的实际内涵。你要通神啊，你通神以后，所有的这些东西都是你的工具，不会被它欺。你要是没有通神，不明白其中的道理，那就被它欺。

一些大师说的化解方法，摆这个东西的原因是什么？其实，是为了用这个工具，把你的思想吸引过去，你认为文昌塔摆在这个地方就能考好学校，就是增加了你的信念，你的场能和这个文昌塔结合到了一块儿以后影响了你。

我记得我提倡文昌塔的时间，有几个写论文的博士生，他们告诉我，从摆完文昌塔以后，写的东西都被省部级领导赞叹，还给他做批示。他说："为什么我过去也是博士，现在也是博士，学历没变，都是我写的东西，为什么过去写的不被认可，现在却被认可，是不是文昌塔的作用啊？"实际不是，是那个时候，他对文昌塔产生了依赖性，他内心产生了正面的信念后，把思想给收啦，就收在一个点上了。他在那个时候做到一心一意了。

你心一清静，你的五福自然就升发出来了。儒家也讲究静，一安静，所有的身口意全部收到一块儿啦。就像你今天听我讲课一样，如果你专心，耳朵听、心里想、思想念，那你就把外散的精气神收回来了。

我们现代人，精气神外散得很厉害。比如，你喜欢一个女的，她不知道，你天天想她就叫相思病，你这叫魂不守舍，精气神就是这么丢了的，一点都不迷信。我们一定要懂得，一定要明白。

我给大家把这个理一旦讲通以后，大家就明白了，原来世间所有的东西，我们不要外求，一定要内求。

人的快乐也是内求而来的。有一个故事很有意思。一个老太太有两个女儿，一个女儿是卖雨伞的，另一个女儿是卖衣服的。一下雨呢老太太就发愁，说卖衣服的这个女儿衣服卖不出去了。为啥？下雨了人都不出门了。当不下雨了她也愁。愁什么呀？说那个卖雨伞的女儿伞卖不出去了。老太太天天生活在痛苦里面，这就是受外在的东西影响了。

别人就说了，你下雨要高兴啊，下雨你二女儿才能卖出伞，不下雨了你大女儿才能卖出衣服，这不都是好事嘛，你为啥非要整天愁眉苦脸？下雨了你也愁，不下雨你也愁。

我们大多数人就犯这个毛病，实际上你只需要转一下念头，一切就不一样了。天下雨了，佛讲普降甘露。天阴了，佛讲慈云密布。太阳出来了，佛说佛光普照。你看，全部用正能量的、优美的言语，把它表述出来了，就这么简单。

你看，所有圣贤讲的经典，它的文字都是非常优美的，都是产生正能量的。太了不得了，这就是秘密啊！

可是我们人呢，就是不吸阳光，就爱吸阴，吸阴吸得我们的五脏六腑，身体里面这个气全部就断掉了，这是毛病啊。

谁生下来都是有福的，关键是你老给自己的能量场充负能量，不给你的能量场充正能量。我们古人讲的，孝能开启万福之门，邪淫就开启了万祸之门。那我们用儒家说的孝，就是开启我们自身福报的钥匙。道家的普度群灵，天主教的神爱世人，佛教的慈悲，都是开启我们自身福报的钥匙。

我们自身是个宝藏，你需要一个钥匙打开，这个钥匙就是我们的纯善无私。

五大宗教的圣人所讲的任何一个方法都是教你，或者用抹布或者用水，或者用种种工具帮助你去除自身所沾染的尘垢，让你的光明自然散发。

你的光明自然散发以后，发的是圣的光和古圣先贤相应，那要是发人的光呢，那你和人就相应了啊！看你发什么光，看你去除尘垢的力度大小。

原来人人都是好命，为什么命不好了？被禀性、习性所障碍啦。

▪ 万事万物都有场能，内在场能和外象有紧密联系

运气学有追求出世的，也有追求在世间的。

我这一次主要针对的是在世间这个层面来讲的。为什么讲世间法？因为运气并不究竟，我只是假借运气之名，给大家起一个引导作用。但是，一定对真修行的人是有帮助的。

我们可以看到，凡是运气好的寺庙，可以上千年不被毁掉，就这么怪。好多老的寺庙，都是国务院保护的文物，上千年了。可是还有很多寺庙呢，坏了重修，又坏了又重修，这种例子也很多，这就是运气场的影响。

实际佛教有很多大家，包括虚云老和尚，就是研究运气场的大家，他非常了不得的。我看过他的一个典故，说在民国三十三年，南华寺建水陆道场，请老和尚由云门寺回寺住持佛事。结果在一个月前，山蜂倾巢而来，在大殿门廊两旁各筑有一蜂巢，形状好似殿外灯笼，工整漂亮还极其美观，后来又在山门外的大树上筑了一个更大的巢穴。这群蜂不蜇人，而且纪律严明，大家纷纷前来争相观看，还有说是神蜂来法会朝拜的。

老和尚来了以后看了很久，对众人说："这是人头蜂，平日栖居在深山岩石中，闹市轻易见不到，现在到这来，可能会有不吉之事发生。"到了晚上，老和尚告诉一同随行而来的居士："四方蜂动，这里可能要遭兵祸。"道场圆满结束后，老和尚回了云门寺，并将寺内一些文物藏了起来，其中包括六祖大师的真身圣像。果不然过了几日，日寇攻陷了曲江，来南华寺洗劫一空就走了。

这就是虚云老和尚他能观象，他明白这个运气场。运气场的观象里面有术。

《梅花易数》里面就有这个，就是捕捉这个象以后，你就能知道他会发生什么样的事情。这个也不神奇，它有它的道理在里面，这就叫场能。我们古人也用这种方法，配婚的时候，把两个人的生辰八字写在纸上，放在灶王爷的香炉底下，过几天你就看厨房有没有打碎碗，有没有打碎杯子。只要打碎了东西，那这个婚姻肯定不成。

古人用这种方法效果还很好，百发百中。要是出现了，我们叫破茬，就是这个事情不顺，有破茬就是有缺损，一旦这两个配婚不成功的人结了婚，不是打架就是生气，要不就是一辈子很辛苦，我遇到这样的例子就太多啦，有的还喜事变丧事。实际这就是我们古人懂得这种现象学。

我们古时候还有一种说法：人会麻衣相，抬头不敢望。他只要会麻衣相，抬头一望，就知道你可能有什么问题。古人这方面的名家太多啦，这都是术的层面。

我上一次给大家讲过一个日本练剑的人。他非常厉害，能和剑合为一体，能感受到气场。有一天，他站在那里看樱花，突然他感觉到背后有一股杀气，他往后一看，是背剑的剑童站在那儿。他就觉得很奇怪，刚才怎么会感觉到有杀气呢？他就给家里人说了这个事情，仆人们也都听到了，就把这些话传到了剑童耳朵里。最后剑童战战兢兢地跑去给主人认错，说："主人啊，对不起，你那天看樱花，我背着你的剑站在后面。你全神贯注看的时候我在想，你那么专注，虽然你的剑术天下第一，但是如果现在来个人从你背后刺一剑，你肯定不知道。"你看，剑童就起了这么一个念，他站在那儿的时间，就能感觉到有杀气来了，这就是我们讲的天人合一。

现在有很多开车的人，你要想让你这个车不出车祸，你和车也要融为一体。你要天天想的是不喜欢这个车，这车这儿不好，那儿不好，我告诉你，你这车肯定就不行。物质是有变化的，它会受到这个场能的影响。

还有一次，我遇到一个教授，给我说了一件事。他们做了一个实验，把一盆兰花放在那儿，旁边放上检测仪器，让一个人走进来以后非常粗鲁地把这盆兰花拔掉、破坏掉。

可是呢，那儿不仅放了一盆兰花，边上还有其他兰花，他只伤害了一盆。然后又再同时进来十个人，穿着一样的衣服，还戴着面具，刚才的那个人也在其中。但是怪得很，另外那九个人走到这些兰花面前时，检测这兰花的仪器都没有啥反应，唯独这个刚才伤害过兰花的人走近时，那些兰花的场能就发生了变化。他们才知道，植物都能感觉到他身上这种杀气，它完全可以接收得到。这个一定不是迷信，这是一个场能。

就像很多儒学大家的字也有祥和之气，这都是可以感觉到的。

▪ 内部能量场好坏会由外部信息场呈现

前面讲了几个故事，接下来我们再讲几个故事，通过这些故事简单叙述一下，与运气有关的一系列宇宙法则。

先讲最最最核心的规则——心念法则。

简单说：一切福祸的根源在于我们自己念头的善恶。心念是能量源，影响自身场能，并感召周边的人际信息场变化，并影响自己周边空间能量场出现变化。打个比方，一个心念就犹如在平静湖面扔一个石头，荡开一层层的涟漪，这些涟漪，由内而外，在空间中的影响不停扩大，类似蝴蝶风暴效应。

我们一般人都是从心念开始产生波动，内圈影响自身的能量场，自身的能量场根据电磁波的波共振原理，发射到外圈，与其他人际能量场发生能量交换。最后，自身的能量场还会感召最外圈的周边空间的能量信息场，呈现相关变化。

比如，当我们看到这个人生病了，感冒了，头痛、发烧、咳嗽，这只是外在的象。实际就是他内部先受凉了，内部能量场出了问题，你是先受凉才出现的外部的症状。这就是由内而外的象的呈现。

就像我给大家讲那个例子一样，他把火柴掉在地上洒了，我就知道他要（柴）财掉了，他的仓库真的就着火了。出现这种事情，遇的这些恶缘，包括恶劣的一些环境，其实，全部都是我们自身场能所呈现出的一个能量场变化。

你的周边信息场呈现了你的场能好坏给我看。比如，我看一个人的穿着，我就知道他家庭的情况。这个人如果是非常细致的人呢，他就会化妆打扮，细节上非常注意。这个人要是非常粗鲁的话，衣帽就不整齐了。

当我们出现种种灾难的时间，都是自身场能不好感召来的，你现在的住宅、祖坟，所有外在的东西都因为你自己内心的场能在变化。

▪ 心坏了，面相也坏了，相由心生

我记得我给大家讲过一个故事，一个员外抱养了一个孤儿，养到二十多岁的时候，这员外就想给他娶媳妇盖房。这个员外非常相信面相学，他们当地有个老师面相看得非常好，他把这个老师请到自己家里坐坐。结果这个老师来到家里以后，无意中看到了这个小伙子，背后就给这个员外说："老爷呀，你赶快让这个人走吧，他要败你的家。"员外心里一想：这养二十多年，也挺有感情的。可是呢，这老师在方圆百里都非常出名，说的话几乎都没有错。

第二天，这老爷就给这年轻人送了点东西，就说："你走吧。"这年轻人说："老爷，我没犯啥错呀。"老爷说："不是我想让你走，实话实说，昨天来那个面相老师看到你以后讲，你要败我的家，你必须走，不然我这家就会被你败掉。"

当时，这年轻人听完以后二话没说就走了。他边走心里边想：这个老师也太厉害了。见完我以后就知道，我要败他的家呀。因为他近期刚起了个念，他想：我都二十多岁了，给员外都帮了这么多年忙了，这员外也不说给我盖套房子，也不说给我娶老婆，光让我给他付出呢。不行，我要想办法把他家的财产弄到自己名下去。

他在边走边想这事。他想：我也不对。要不是员外的话我都死了，我不知道知恩报恩，我反而要敛人家的财，也幸亏这个看面相的老师提前给员外说了。不然的话，我不是做了大错事了嘛。他就边走边后悔，觉得自己起这个念不好。

走着走着也没地方去呀，就看见一个破庙，他为了歇歇脚，就进了破庙。进破庙里一看，有个黄色的布袋，里面竟然全部是金元宝。他就想：哎呀，这不知道谁丢了，不知道得急成什么样，我就在这儿等着吧。

等了大概几个时辰以后啊，有个骑着马的官爷就找到这个破庙了，一看袋子还在，就对他感恩戴德说：“感谢你啊！这是军饷。我疏忽了，走的时候给忘记在这个地方，没想到你在这个地方还等着呢。”然后还拿了一锭金子要给他，说：“这是给你的报酬。”

这个年轻人不要。官爷就问他要干什么去，他说：“我是别人家里的一个仆人，因为犯点错误员外把我赶出来了。”这官爷就说了：“你们员外没福啊，你这么好个人，不贪财，他怎么把你赶出来了，你想不想去我们军队啊？”他说：“那我去军队能干什么呀？”官爷说：“你这么不贪财的，你就去军队管军饷吧。”

这个小伙子就去了军队，因为军饷管得好，从文职一直都当到了将军。他一想呢：我还要回去看看员外，毕竟人家养我这么多年，对我这么好，我得感恩人家呀。他心里又想：我去了见完员外，也要把那个看面相的老师见见。

去的时候，他还穿得非常朴素，一点儿都不富裕，显得还比较穷。他去员外那儿感谢员外，员外看见他非常亲切，说：“你这几年混得怎么样啊？”他说：“混得不行，刚能糊口。”员外说：“你走了这么多年，我也很后悔啊，当时因为我迷信这个老师就把你赶走了。”这个小伙子就说话了：“老爷呀，当年那个老师还在不在啊？”员外说：“在呢，不过年龄大了，不太给别人家说这说那的，他跟咱们家是世交，关系很好。”小伙子就说：“我还想见见他。”

员外就派人把这个老师请回来。请来以后，这个小伙子就说：“老师你看看我怎么样啊？”老师就说话了：“你要是经商必是富豪，你要是为官必是三品大员。”这小伙子心里就纳闷：这老师神啊，我都穿成这样了，他怎么能知道啊。

他还觉得想不通，他一想：我在心里也藏了这么多年的事了，我要把它说出来。他就问老师：“老师啊，我就是很多年前，你说的要败员外家的那个人。今天怎么就变成了富豪或者就是三品官员了呢？”

这大师说了一句话：“相由心生。人这个相是由你的心而变化的。

你那个时候可能就有败你们员外家的这种念头，所以你这个面相就出现了败家相。经过这么多年以后，你可能心善了，你的面相就变成了旺家相了。”

这个年轻人就说：“员外啊，这老师高明啊。我当时在你家不知道感恩，我就想败你家呢，想着怎么样把你的钱弄到我手里来，把你们家给害了。没想到大师那一句话说破了，后来我越想越后悔，我觉得我错了。一定不再做坏事了。就因为这个念头一起，我才在破庙捡了半袋金子没贪财，最后去了军队，现在都已经当了将军了。”

你看，这就是一个心念的转变，并连续引发了行为和外象的改变。所以，一切和你有关的外部信息场的变化，都根源于你内心善恶的变化。

▪ 所遇到的任何事都是内心感召而来

我们今天所遇到的任何事都是内心感召而来。

住宾馆的时候，你要是用感恩心，房间马上就有祥和之气了。你要是觉得我就是来消费的，我就是大爷，那马上你这个房屋的气场就是凶悍之气。

我住完宾馆走的时候，我还要把那个被子、枕头摆得整整齐齐的。为什么呀？我感恩这个酒店的好环境啊。我在这儿感恩的时候，我和这个酒店就结上善缘了，我和这个酒店的保洁员也结上善缘了，我甚至和这个酒店的老板也结上善缘了。这叫共振法则。

我和他产生共振了。那未来，我要再选择他这个品牌酒店的话，我住的房间经常是打扫很干净的，服务员包括前台，对我都是客气的，因为我的场能与酒店的能量场是善的连接，别人想不尊敬我都没办法。

今天我们被人歧视、被人小看、被人看不起，我们挣钱别人不给，我们的子女不孝顺我们，我们老板收拾我们，完完全全在于我们的内心世界，我们的行为，我们的思维，和它产生了共振，是恶的共振，不是善的共振。

你看，有些人一讲话大家就爱听。有些人一讲话大家听完就烦。完全在于你的心念，你看，那个故事里，年轻人的相貌随着心念就变了。

今天住的这个房间，如果影响了你的运气，一定是你起了狠毒的心，是你心中的这种场能，感召了这样一个屋子，导致这个屋子的气场变了。

我就遇到一个老板，他办公室对面有一个楼顶尖，也可以叫作尖煞，一般而言，对办公室是不好的。可是他一想：哎呀，我在这儿觉得不好，那如果我现在不租这里了，房东就收不到房租了，那别人比我更不懂，在这儿出了事，就害了人家，我在这至少还有办法化解呢。

他实际也就在那儿待了一年时间，人家给前面那个阳台的地方做了个平顶，把那个尖的东西，就遮挡住了。他对我说："你看，我起的善念，就自然化解了外部的凶煞之相，我自己都没动手。"这个是我在湖南碰到的真事。

关键就是看你起什么念，你起正能量波的时候，就容易把外在的不好的磁场给你化解掉。你要起的是邪的念，我告诉你，就算对面的环境很好，你也好不了。

我就遇到有个属羊的人，他要租的地方前面有八匹骏马，还拉着车呢。别人一看说："这是马拉钱，正好能给你公司拉。"

可你说巧不巧，他刚租完以后，人家就把这雕塑换了，把马车给换成牛车了，人家说要招牛气不要马气了。可牛和羊就抵触了，他租那个地方就倒霉了。

我说："你别怨人家什么牛的装饰品、马的装饰品，都是你的内心世界里面起了邪贪，是你感召的，你让它产生了变化。"

我们要懂得，我们的心念善恶很重要。

就像我们看到最有名的一个案例，范仲淹先生。有大师给他讲了："你要是把你的祖先葬在这个地方，你家代代出豪杰，代代出大官。"

范仲淹先生最后把那个地方建成学校了。他说："我不能把祖坟埋这儿，光我们家兴旺不行啊，我要把这个地方改成学堂，多给国家培养点栋梁之材。”所以范家到现在一千多年来，都非常兴旺。

你看，范仲淹的心量是非常大的。当你产生了这种心量的话，你就能享受宇宙之福、天地之福。你要明白上等运气，所有的术理的东西都在你身上。

▪ 好墓地也无法带给不孝子孙好运气

我记得给大家讲过一个例子，有一家人，非让大师给他们家选一个墓地，大师告诉他们：“好的墓地要有贤孝子孙，老人埋那个地方才旺家呢。你们家的子孙要是不孝顺，选完墓地埋那儿也没用。”他说：“我们家人挺孝顺的。奶奶都九十多岁了。”

后来，他们找大师选完墓地以后，大师告诉他：“墓地埋在那个地方，外在有几种形态你一定要注意。”他说：“什么形态？”大师说：“第一，必须看见一个戴铁帽子的人从这个地方走，棺材才能下葬。第二呢，看见一个驴骑人的景象以后，才能埋土。”他说：“你说的这是不是神话呀？”大师说：“你可以试试。”

最后老太太九十多岁去世了，埋葬的那一天，抬到坟上就开始下雨了。抬棺材的人说了：“你们下不下葬，不下葬的话我们都走了，你们自己把棺材放里边吧。现在这社会谁戴铁帽子呀，那不是胡说八道天方夜谭吗？还驴骑人呢，人都骑驴，哪有驴骑人的这个现象，太不可信。”他们这么一说，这家人也觉得算了，就别等了，就当笑话来听听吧，就把那个棺材放到墓穴里面了。

放下去以后看到一个奇迹，农村不是有赶集的嘛，那天正好逢集下雨呢，一个人买了一口锅，下雨回家，就把锅顶到头上挡雨，正好从墓地旁边一条路跑着走过。所有人看到都惊讶了，哎呀，这不是铁帽子嘛。他们自己说，当时都感觉汗毛直竖。

紧跟着大家还看到一个景象，一个人牵驴去集市卖驴去了，结果没卖得了驴，驴还下了个小驴，小驴不会走路，老摔倒，下着雨他就把小驴这么抱着呢，也正好从那墓地边就走过去了。大家看到以后都十分惊讶，人把驴抱着，这不是驴骑人嘛。可是，棺材已经放下去，时间都已经错过了呀，土都埋了，那就没办法了。

他们为什么把这个时间点就错开了。表面上，我们认为好像是下雨，大家要急着走，提前安葬了。实际上，这个老人在生病期间，肯定是给饿死的。

最后他自已一问，老人临死那几个月因为是瘫痪，吃得多。可家里人受不了那个麻烦，就给老人饥一顿饱一顿，说老人吃得多拉得多，弄得满床满炕都是，还抹得哪儿都是，受不了。所以老人那个阶段还真是给饿死的。

我知道了这个案例以后，我说："你想想，她饿死了，那你就是亏孝了，那既然亏孝了，好运气肯定不是你的。"他才知道原来这都是内在原因。我说："你以为呢，一定都是内在原因，与外在原因没有关系。"

我给大家讲过，在我们当地，有几个大师选的墓地非常好。有一家的老人去世以后，满三年立了个石碑，石碑立那儿以后居然连续斜了三次。家里有个孩子很出名，因为全市就两个孩子考上了一所很出名的学校，他家孩子就是其中之一。没想到孩子竟然被车撞死了。他问我什么原因，我说："福地福人居，福地是配有福之人居住的，关键看你是不是福人。福人呢，也正好是能居到福地的，那你要是无福，你居在福地以后，就会被这个地克。"

你为什么会被克了？打个比方，你现在穿个龙袍，它是皇帝穿的，你不是皇帝命，你一穿就被它克，反而就早死了。为什么？你没那么大的福啊，就像我给很多人在讲，你命里只有一个亿，你挣了一亿零一百万，你就坐牢了，那一百万没有了你就不坐牢了。为什么有些人没钱还好，一有钱就出事。因为他命里那个钱就那么多，超过了就受克了。

那如何增加命里头的财运和福报呢，在家尽孝，对国尽忠啊，常起感恩心啊，就能把命里头的运和财给它转化了。

同样道理，我们今天遇到的所有不顺，不是因为亏孝就是因为犯邪淫，就这两点，这是根。

我们要知道，根源在于你的心坏了。你没有按照这个法则去做人做事，你违背了这个法则以后就会被它克，你顺着法则以后就被它护，被它佑，那别人能不能把你害了，我告诉你，一定害不了。

▪ 人有善念通天地，自然感召墓地格局改变

我们再听一个故事。一个看墓地格局非常准的大师，有一次出门，因为天非常热，走了十几里路，没有一户人家，好容易碰到了一户人家以后啊，头上都热得冒气。他敲开这个门，说要碗水喝。这一家的老太太一看，这个大师头顶都冒着气，就想着给他端碗热水吧。因为如果端碗凉水，他要喝得着急以后，容易把肺激炸，对内脏不好。但这人着急喝呀，端热水又烫嘴，怎么办？这个老太太想了个方法，把磨了面的那个麸皮，捏了一点撒在水上。

这个大师很不高兴，心想：要你家一碗水吧，你怎么能这么阴毒啊，给上面还撒点麸皮。可是不喝吧口渴难忍，就边吹边喝，把那一碗水喝完了。

喝完以后又想显示自己的能力，就给老太太说了很多事情。老太太觉得，这大师这么厉害，这大师还自告奋勇地说："我给你们家选一块墓地吧。"这老太太感恩戴德呀。可这大师想的是什么呀？他想：让你给我撒麸皮，我要给你们家选一块最差的墓地，让你们家断子绝孙。就这样，大师给老太太家选完了墓地。

谁知道选完以后，这一家越来越兴旺，门楼越盖越高，家里连续出了三四位进士，门口还有站岗的了。这大师知道后，就觉得不可能啊，他想：我不可能看错啊，这一家怎么能成这样了。他就又去敲门，老太太一看是

大师，激动得说："你看，你给我们家看的这个墓地，导致我们家后代子孙兴旺啊。"于是大摆宴席宴请他。

这大师还是想不通，就说："你带我再去你们家墓地看一看吧。"这老太太就带大师又去墓地。看完以后，他发现一个奇迹，当时选的那个地方是穷山恶水，是为了让这个家里绝子绝孙的。可是天公作美，下雨以后，从山上冲下来泥石流，泥石流流下来以后，正好围着墓边，就围成了一个半圆形，就像我们过去的官员，玉带缠身一样，正好在那个墓前面就天然地形成了一个玉带缠身格局。他说："怪不得你们家里，出了这么多进士，这是天然的玉带缠身啊。"

他百思不得其解，明明是个恶毒的墓地，怎么能变成这样呢。他就问这老太太："你还记不记得，那一年给我端那碗水。"她说："记得呀。"大师说："我这么多年想不通，你当时为什么给上面撒点麸皮呀？"

老太太才说："哎呀，你不知道，我看你走了那么远的路，口渴得头顶都冒着烟，我想给你端开水吧，怕你着急喝不下，给你端碗凉水吧，我又怕你喝了以后，把你的肺给激伤了。我一想你怎么喝呢，我就在热水上撒点麸皮，你只能边吹边喝边吹边喝，有个缓和的过程，就能把肺里聚的热气给吹出去了，就不至于把你的肺脏给伤害了。"

这个大师当时想了一下就说："老太太呀，人有善念通天地呀。本来我是想害你们家呢，没想到老天爷是佑善心之人啊。"

▪ 只看你这颗心是不是仁慈的心

我们在这个道理上就知道了，如果你有善心以后，不好的坟地都会变成好的，你要是有恶心呢，好的也会变成坏的。真的是这样，那不是迷信啊。上等运气就是常为他人着想。你想得到好的运气，你想改变你的祖坟运势住宅环境，我告诉你，全部的所有影响运气的上乘法宝，都在自己心量里面，要思人恩德想人好处啊。这叫聚光，光则上扬招财招贵。

我们要明白也要懂得，这背后就是共振法则。当你明白了这个道理以后，你只管常起善念，你别怪什么住宅不好坟地不好，我告诉你，还是你不好，你要真好了，就全都好了。你要真坏了，你走哪儿坏哪儿。我不是有本书叫《做个有福人》嘛，你要把你变成有福的人呀。

我真遇到过，也是一个官员，别人都说他非常正气，我就跟他说："你为官不贪，所以你有福啊。"

我这么一说，这领导就说："我百分之百相信你说的话，不光是我不贪，我们家里人从来都不借助我的权力敛财。"

你内心世界的这种善的场能，会导致改变你们家的祖坟和住宅运气。你的这种场能，不光能改变祖坟住宅的运气，还能改变你的朋友、你的妻子、你的兄弟姊妹，甚至你整个家族的命运运势，就有这么大的场能。

就像我讲的，千年黑洞，只需要点一盏灯就全亮了，你能把它全融化掉。那这需要什么呀，脑海中要思人恩德，心中装想人好处，就这两个方法，这就是上乘的运气学。

很多人不明白，认为运气学很复杂。复杂啥呀，都在你身上掌握着呢，你管它什么八字，管它什么属相，都不需要管它，只需要看你这颗心是不是仁慈的心。

可是我们现在看到很多讲运气的书，都是什么地势方位等等因素对人的各类影响。这些就是我刚才讲的，只是个工具。这个房子对你有影响，你们家祖坟对你有影响。那你为啥不影响祖坟，你为啥不影响你的房子呢？

反过来我告诉你，你今天的祖坟不好，是你影响得不好了，你今天的住宅不好，是你影响得不好，你还怪坟地怪住宅呢。因为你是一泡臭狗屎，你走哪儿臭哪儿，我告诉你，真是这样啊。

你要是好，你家的坟地随着你好了，你的住宅随着你好了，就因为你是个倒霉蛋，谁碰见你谁倒霉，连你家的祖坟碰见你都倒霉，住宅碰见你都倒霉，你太太碰见你倒霉，你丈夫碰见你倒霉，你的朋友碰见你倒霉，谁碰见你都被你拉下水淹死，就这么可怕。

▪ 做个有福人，旺人旺己旺环境

要不我说我要做个有福人啊，你别管别人有没有福，首先你要做个有福人。如何做个有福人？遵循宇宙法则，遵循天律、遵循地律、遵循人律。

可是我们现在所有的运气学，都讲的是什么地理磁场学、人与自然学，讲的是环境对人的影响，五行对我们的影响。什么祖坟影响我呀，住宅影响我呀，我太太不旺我呀，我丈夫不旺我呀，我爸妈不旺我呀，反正全部都是，人家这个那个，所有的人和地形都不旺我。

那反过来请问："你旺人家吗？"我们要思考这个问题。你旺不旺人家，这个很关键。

现在你在百度上搜相地之术，即临场校察地理的方法，也叫相地，古称堪舆术。我们综合各种因素会发现，目前能查到的影响运气的方法，都是讲地理自然环境对人的影响，就是没有讲人对地理环境的影响。我们在网上看到的东西，包括一些大师讲的，都是坟地对我有影响、住宅对我有影响，全部都是讲地理自然环境对人的影响。

那我讲的是伦常与运气，就是人对环境的影响，人定胜天呀。为什么讲人定胜天，人定胜天就是你的善念与天和，与地和，天地护佑，你一辈子胜天了，天地都与你的善念共振，来帮助你，助你成德，是你成就霸业的良师益友了，我们要借天地之力呀。这就是我讲的话，你是被工具利用还是你在用工具。

大家在网上看到形势派，如何到山脉上去寻找龙脉旺穴，如何去找太极晕，就这些知识，几年也讲不完，因为各种派系是非常多的，俗话说三年寻龙十年点穴，光你寻这个龙脉就要用三年时间呢，十年才能找到一个好的穴位，要学会寻龙点穴需要很长时间。

可是我告诉大家，最简单的一个方法，找到自己的心念这个源点，你用孝心，对活着的父母你做到了厚养，老人去世以后再薄葬。我告诉你，你把老人葬在哪里，哪里就是好墓地。因为你没亏孝啊。

所以我不讲阴阳、不讲五行、不讲干支、不讲八卦九宫等等，各种相生相克的理论分支太多了，如飞星派呀、五行派呀、阳宅三要派呀，都不是普通人两三年能学会的。

我只找人心的问题，你是不是好人，这个很重要。你是真人还是假人，真人真享福，假人享假福。

▪ 上等运气学最适合普通人，最简单、最有道理

我为什么讲上乘运气学?

第一，上乘就是最简单、最有道理的。

你看，微笑谁不会，是不是，我这一说，你当下就能笑。就算你是假笑，你笑个一年也变成真笑了。就这么简单。你要学三年寻龙十年点穴，那可怕得很。你学多少年都学不会呀，甚至你越学越糊涂。

有的人学了以后，今天改门，明天挪沙发，后天改厕所。很多人在学的过程中，看哪儿都不对，在家里翻箱倒柜，还不起作用，这就完全错了。

我为什么要给大家讲最易懂的运气学？其实包含了两个意思：第一个意思就是，理论是经过精心选取的，最根源的，归到我们自己的心念，掌握住自己的心念，那你就通神了。你既然通神的话，就不会受到五行、阴阳、住宅、坟地等等这种形式上的东西来影响你了。你只管抓住天性来指挥习性，掐死禀性，你的祖坟气场就会自然来旺你。

我们都知道有一句话叫锦上添花，你要把自己做好以后，你的祖坟你的住宅，都会变成锦上添花，你要把自己变坏了，你的祖坟你的住宅，就会变成落井下石，就这么简单。

有次我去一个人家，这家人正好请了个大师给他们看房子，他们不知

道我也能看，我就说我也跟大师学习学习。这大师一进门就说："你看你们家倒霉成什么样了。"这家人说："哎呀，我们家就因为倒霉所以请你来呢。"大师就说："你看，你们门口还栽个柿子树，这柿子树柿子树，事多倒霉啊。"这家人一听，原来是我们家那个树没栽好呀，就准备赶快把它砍了去。

这时我就说话了，我说："请问你们邻居怎么样？"他们说："邻居家里非常好，三个大学生，老大现在已经工作了。"

我说："你们一墙之隔啊，人家就非常好，你们这么倒霉。我看到他们家门前也栽了一棵柿子树，跟你们家栽的位置一样，请问是不是柿子树的原因啊？"大师愣住了，那一家人也愣住了。

我说："你要让我讲的话，你栽个柿子树，事多倒霉呢，那人家那一家为什么好，也栽个柿子树，却事事如意呢，你们家就事事倒霉。这说明不怨这个树啊，要怨人啊。"

就像我们人一样，明明自己没做好，一倒霉就怨天、怨地、怨八字、怨坟地，就不怨自己，其实毛病在自己身上出的。

要不我说你要把自己变好了，你的祖坟、你的住宅就会起到锦上添花的作用。可是你一旦违背了天律、违背了地律，你的祖坟再好都会变坏，你的住宅再好都会变坏，它会落井下石让你死得更惨，真的是这样。

如果你的气质非常好，穿什么衣服都遮不住你的气质。但如果你面黄肌瘦的，你穿个龙袍人家看你也像乞丐，就是这个道理呀。

我讲的上等运气学就在自己身上，你如何改变你自己，你如何把你变成好人，用好心念去与世界共振，这个很重要。

现在很多人都要把祖坟调整调整，把住宅调整调整，我说心里话，最该调整的是你自己，这就是上乘运气学。你自身有问题就如同你带了个毒瘤到处跑，你必须把你自身的毒瘤扔掉。

当你真能把我讲的话听明白以后，你所有周边的人，所有的环境，所有的祖坟，所住的住宅，全部都会变成锦上添花来帮助你，助你成德，助你成就霸业。如果你自身坏了，你就算是老板，你找个员工都要把你气死，你就算是领导，来个下属还得把你举报了，还得把你拉下马。这就是你自身出的问题。

所以我讲的运气学是最适合普通人的，最易懂的，能深能浅，大家都能掌握。我记得我有很多文章，在网上转发量最大的一篇就是讲思人恩德想人好处的。这叫聚光，光则上扬，招财、招贵。财是天上降的，贵是地上给的。天天思人恩德想人好处的人，正好享受财与贵的福报。

那你天天想人不好，嫉妒人、憎恨人，就会招病招祸，祸是天上降的，病是地里给的。因为地产五谷，你只要吃五谷就会得百病，就是这么招来的。

就像我刚才给大家讲的几个例子一样。因为老太太起了对人的善心，就算大师给他家选了个绝户的坟地，都没把人家害死，反而越害越旺啊。老天爷就通过泥石流下来，给坟地周边，不偏不倚地围了一个圈。泥石流也可以变成直的呀，也可以把那个坟地全部埋了呀，它都没有。这就叫人善人欺天不欺，人在做事天在看啊。所以我们不要外怨，有些人认为自己家的坟地不好，挖了刨了重新埋，这样也不对。

▪ 上乘运气学在生活中绝对用得上

我讲的运气学，为什么讲上乘？

第二，上乘运气学是最易操作、最方便的。我给大家讲的东西在生活中绝对用得上，不玄不妙，没有什么特别的。我讲的方法最真实最有效果，就看你用不用，你要一用百发百中。

精气神，精生气，气生神。精是肾脏，先天之精来自于父母。后天之精呢，就是精生的气，在胃脏，吃五谷吸取精华。气生神，神在肺脏。所以精气神就是我们的肾脏、胃脏和肺脏，这叫精气神啊。

我们古人有一句话讲得非常好，我经常重复这一句话：天有三宝日月星，地有三宝风火水，人有三宝精气神，养得三宝天地通。你只需要把你的三宝养好了，天和地你就能通。你不要管天是不是晴的，地是不是烂的，与你都没有任何关系。你只需要把你的精气神养足，你就能通天彻地。

好的运气还是在你自己身上，这个是非常重要的。我给大家讲过最简单的几句话，男人是风女人是水，夫妻和谐就是上等运气，这是其中一个总结。冬天穿棉衣夏天穿短袖就是符合天时。你要顺应自然呀。你非要夏天穿个大棉袄出去，人家说你这神经病，你冬天穿个短袖，人家就会说你要风度不要温度，这叫犯病，没有符合自然之道啊。

那人与自然相符是自然之道，那人与父母呢，父用慈就在父道里，子用孝也就在子道里面，君用义臣用忠，这都是在道里，一旦出道你就逆，一逆就克，君就克臣，臣就克君，父就克子，子就克父，夫就克妻，妻就克夫啊，和则不克，逆则相克。要不古人讲：天时不如地利，地利不如人和。人和能主导天地。所以我说上等运气在你自己身上，所有的五福都在你自己身上。

▪ 运气就是能量，人周围就是正负两种能量

我们要明白一个道理，从道的层面来讲，运气就是能量，你看一个人的能量强，那真是顺风顺水啊。如果你自身全是负能量，没有正能量，你肯定招病、招祸、招灾。如果你充满正能量呢，就会招吉、招如意、招贵人，所有的天地万物全部都会来锦上添花。

百鸟朝凤就是说：你要是只凤凰，不用你叫，所有的鸟都要来朝拜你；那你如果不是凤凰，你求人家，人家都来不了。

因为你的这个能量波，不能和别人相处，人家是有福的，你是祸的，祸和福本身就是抵触的。你是灾的能量波，人家是吉庆的，吉庆和灾也就分离了。你即使有机缘碰到有福的人，你也享不了人家的福。

比如我们在谈生意过程中，遇到挣钱的机会，别人看到的是机会，你

看到的就是赔钱栽跟头，就这么简单。为什么，你是负能量波嘛。

父慈子孝就是正能量，夫妇有别就是正能量，朋友有义就是正能量，君义臣忠就是正能量。你会做儿子、你会做丈夫、你会做父亲、你会做老板、你会做员工，我们在我们的本职工作里面，对得起我们的良心、对得起别人给我们的工资、对得起这个国家和社会，在这个过程中，你就是正能量波。

你要是天天想着害人、嫉妒人、仇视人、埋怨人，不是怨妇就是怨夫，你这一怨，正能量波就变成负能量波，那你就要负债，你的子孙就要不孝顺，你的家族就要不兴旺。当你明白了这个道理以后，我们就能当自己命运的设计师。

我讲过最简单的一句话叫：碰见好人干好事，我和他的好就和了；碰见能人干大事，我和他的能就和了；碰见坏人不坏事，我和他这个恶缘就断掉了。

可是我们现在很多人呢，碰见好人，怀疑人家：这人真这么好吗，是不是意有所图啊。碰见能人，我们还看不起人家：他不就运气好点嘛，他那点能力还不如我呢。碰见坏人光坏事，人家喝酒他喝了，人家嫖娼他嫖了，净和人家同流合污了。这是不是我们错了？

所以，我只想告诉大家一个事实，你今天所遇到的好事坏事、好人坏人、发财不发财、倒霉不倒霉，所有的种种现象，不要怨天、不要怨地、不要怨八字、不要怨命运，也不要怨小人，要回归到自己的身上来找自己的毛病。

人身上无非就是两种能量，一种正能量一种负能量。你现在释放负能量，你所遇到的就全是负能量的笼罩。你去住个宾馆都可能会没水，你租个房子买个房子也会有问题。

我遇到个人，和别人打个麻将被抓进去了，因为和他打麻将那人是杀人犯，警察说他是同犯，给抓进去待半年。你说冤不冤枉，人在家中坐，祸从天外来。这个祸真是从天外来的吗？不是，是你感召的。

他就问我，他说：“秦老师，我怎么和人打个麻将，就遇个杀人犯，抓进去半年呀？”我说：“你原来告诉我，你在做直销产品的时候，为了发展下线夸大其词，把人家的钱全拢到你这个地方来，你犯了这个毛病了。”他说：“哦，是因为这个啊。”

我说：“那杀人犯为什么杀人，据说他是为钱杀的人，你也是为钱骗了人，所以你们在一块儿打麻将就产生这个共振，导致你就进去了。就这么简单。你说你巧不巧，和他认识那么久了，你都不知道他是杀人犯。”

我们想一想，你怪谁呀？

第六章

万物皆能量——初讲第二大法则：能量法则

▪ 物质是等待释放的能量，能量是被释放的物质

这次，我们要详细讲解第二大法则——能量法则。

我们所处的宇宙中，能量是万物的源泉，万事万物都是能量不同的表现形式。物质是等待被释放的能量，能量是被释放的物质。

这个就比较深一些了，按我们现在的知识，我们很多人可能就比较难理解这个道理了。

我们可以用一个简单的常识来给大家说明，你看，火烧木材，木材成灰后释放出来的热量，就是所谓的能量。木材在未被火烧之前，就是等待释放的能量，热量则是被释放了的木材。

你看，太阳的能量可以照万物，雨的能量、云的能量、月亮的能量，我们所有的东西都有能量。我们人是一个吸收器，我们都知道小孩要晒太阳补钙，那这个钙从哪儿来的，是太阳的能量和自身的能量相结合来的。

要不我经常说，脸上有黑痣的人要尽量把痣去掉，因为那个黑痣吸热

量。我们有没有注意，虽然百花齐放，但花里面黑花最少，好像牡丹花里边有黑牡丹，可那黑牡丹吸热量一大以后，花瓣自然就散掉了。白花、红花什么颜色花都有，就是黑花基本没有，为什么呀？它和太阳的能量一对照，就把自己克掉了。

这是自然的能量法则，能量是万物的源泉，万事万物都是有能量的，不同表现形式下释放出来不同的能量。锅碗瓢盆，我们的所有的工具，包括我们的眼耳鼻舌，我们的形体，都蕴含着等待我们释放的能量。

比如肥皂的能量是什么，搓手上就有泡沫了，它能量就出来了；水的能量是什么，喝到身体里面就能滋润内脏，浇树，树就能生根发芽。所以，物质是等待被释放的能量。你看，树有根它就生根发芽，你要砍掉根，它就死了，因为它的能量被断掉了，按现在话来讲就是营养被断掉了。

那人也一样，人高兴的时候是正能量进来了，人消极的时候是负能量进来了，我们只需要管好负能量，不要让负能量进到我们的体内。你的正能量不会被消耗，如果正能量被逼出去，被消耗，就是因为我们的负能量太多了，把正能量压制住了，就这么简单。

我最近碰到一个道长，他说自己多少天不用喝水，我问他水从哪里来的？他就讲了："《道德经》上有一句话，叫'天一生水'。"我们一般人喝水的时间，都要拿杯子喝，他不需要，他头往上一仰，用他的那种方法，空气中的水珠就自然进到嘴里，你就听到他咽水的声音。人家真是用他的那种方式，把天上的水直接取到嘴里，这也是一种能量吸收。

▪ 无形的精神和情绪也是能量

上面讲的是物质与能量的关系。

那么，再深一步看，无形的精神也是能量。我们的眼耳鼻舌，我们的形体，都蕴含着能量。

我们的七情，喜、怒、忧、思、悲、恐、惊，这七种情绪变化，其实也是能量。各种情绪能量与脏腑的功能活动有着密切的关系。七种情绪能量一旦释放过度，比如大喜大悲，大惊大恐，都会对身体这个物质体产生强烈的冲击，可能导致阴阳失调、气血不周而引发各种疾病。

最简单的，我们看《白发魔女传》，一个女人伤心得一个晚上就把头发全部白了。实际上，要我说，就是把肾气全部伤了。

当我们人在微笑的时候，是一种能量的释放；当我们暴怒的时候，实际也是一种能量的释放。可是你在微笑的时候，你的细胞是处于一种兴奋、欢乐的状态里；要是暴怒呢？它是处于悲哀消极、被压抑的状态中。

科学家研究，说我们生三分钟气，得三天才能恢复。我们想一想，我们在生气暴怒的时候，对我们自身的能量场的破坏有多大？

按运气学上我讲的，你火要旺的话，命里有座金山，都会变成水流掉。

运气本身，也是环绕在我们周边的无形能量场，会受到我们的各种思想能量波影响，会受我们各种情绪能量波影响。

我们用不同的思想和情绪波，可以开启我们内部自带的不同能量场。

你看，汶川地震的时候，我看到一个例子，一个女士本来没有那么大的力气，可当孩子被压下去以后，她竟然把楼板扛起来，把孩子救出来了。你想她那个能量是不是被释放了？就是母爱的那种能量让她释放了巨大的力量。要是过后你再让她再去弄个楼板，她肯定弄不动，她那个能量场就是超常地发挥出来了。

我也给大家讲过，我们每个人天生身体里就带了五福的能量来，也带了五毒的能量来。实际我给大家教的方法，就是开启我们自性的五福。用宽容、珍惜这样的情绪去生活。

你用什么样的钥匙开什么样的能量场，是不是？

儒家用孝开启；道家用普度群灵开启；佛家用慈悲心开启。

▪ 万事万物都有辐射，辐射就是能量的散发

很多人说，怎么证明万事万物都有能量呢？

很简单，现在有个科学名词叫辐射。辐射在生活中无所不在，我们就生活在被辐射包围的世界里面。我们生活环境中，从太阳光到各式电器乃至物品，甚至包括我们自己的身体、蔬菜、大理石都有辐射。

按照标准的科学定义，辐射指的是由场源发出的电磁能量中一部分脱离场源向远处传播，而后再返回场源的现象。能量以电磁波或粒子（如α粒子、β粒子等）的形式向外扩散。自然界中的一切物体，只要温度在绝对温度零度以上，都以电磁波和粒子的形式时刻不停地向外传送能量，这种传送能量的方式称为辐射。

正因为万事万物都是能量组成，所以万事万物都有辐射，辐射就是能量的散发。每个物体都在接受辐射和辐射别人，都在进行能量交换。

从定义上看，在这个自然界中，只要是本身温度大于绝对零度的物体，都可以发射电磁辐射。然而，世界上并不存在温度等于或低于绝对零度的物体。因此，人们周边所有的物体时刻都在进行电磁辐射。

电磁辐射可以按照频率分类，从低频率到高频率，包括无线电波、微波、红外线、可见光、紫外线、X 射线和伽马射线等等。人眼可接收到的电磁辐射，波长大约在 380 至 780 纳米之间，称为可见光。

电磁辐射场区一般分为远区场和近区场。对于一个电磁辐射源来说，近区场辐射的电磁场强度较大，远区场为弱场，其电磁场强度均较小。

▪ 释放情绪时，就是你在向外辐射能量

上面主要详细从科学的角度讲了一些辐射的特征。其实，科学目前主

要研究的是物质的能量释放和辐射。我们都很好理解，你看，很多电器都有辐射，包括手机、微波炉。很多怀孕的妈妈都穿什么防辐射服，怕辐射影响孩子。

包括有些人的体质对紫外线过敏，大夏天的穿个长袖，还戴个帽子。

我说："你怎么穿这么厚啊？""我紫外线过敏不敢晒，一晒就过敏。"

他被太阳辐射很严重，他不能把太阳所照的东西转化成钙，或者转化成温暖自己的物质，反而被它的辐射伤害了。

但是，科学目前对于无形精神能量和情绪能量的辐射，还没有开始深入研究。刚刚我们讲了，万事万物都是能量，情绪也是能量。我们会被物质辐射影响，也会被情绪辐射影响。

当我们和对方吵架的时候，就是在互相用愤怒的情绪能量去辐射对方。

实际我们人随时随地，都在吸收和释放能量，可是你释放的微笑会给你带来效益，你释放的脾气会给你带来灾祸。

你说圣贤教诲就是正能量，那你如果说话尖酸刻薄，就是负能量了。

我在这讲课，如果你坐这睡着了，你的耳朵也在听呢，可是你听不进去我讲的话，你接受不了我的能量，因为它是工具。

我们只要会用工具，拿这个工具做利国利民的事情，传播正能量的事情，那你全身都是正能量。所有的灾难、所有阴暗的东西、所有倒霉的人、倒霉的事，完完全全都会被你化掉，不会伤害你，这个时候你就是有福的人。

▪ 所有的人都是一个信息和能量接收器

正因为万事万物都由能量组成，所以万事万物都有辐射，辐射就是能量的散发。每个物体和人在接收辐射的同时，也在辐射别人。辐射就是能量的交叉影响。

我们可以理解的是，首先，所有的人都是一个接收器，就像电视机一样，我可以拿遥控器遥控，你今天收的这个台是娱乐台、还是道德台、还是新闻台、还是国学台？这些频道里，有善的信息，也有恶的信息。信息本身也是能量，你选择接受什么样的信息能量场辐射你，这个你可以选。

我们在看电视的过程中，你是在吸收它的正能量还是负能量？

你在交往朋友的过程中，你是在吸收他的正能量还是负能量？

同时，我的信息能量场也能辐射到你。有人听我话以后，他学好了不做坏事了，按现代词语来讲的话，你是被我辐射了。你看完我的东西以后，你孝敬父母了，不离婚了，不违法乱纪了，不违背伦理道德了，那你就被我辐射了嘛。

为啥每个人影响不同呢？我的能量场没变，不同的人接收程度不一样。有的人心动了，有的人心没动。就像我这个频道一直在播这些信息，有的看了以后看进去了，有的人听听，就成耳旁风了，就换台了。

▪ 每个人不仅是接收器，还是一个转换器

我们人都在接受辐射，和辐射别人。

你今天在接受谁辐射？是福报大的人辐射，还是苦命人辐射？我们多接收正能量辐射，少接收负能量辐射就好了。这个很关键。

不过，我们的身体除了是一个接收器之外，还是一个转换器，过滤器。这个更重要。

他在辐射你的时候，你还有一个接不接受的问题。比如吵架，你接受了，愤怒了，反射回去愤怒了，你就中了对方的毒，你要不接受的话不会被他辐射。

佛教有个故事就很有意思。佛成道以后在讲法，一个外道看见佛陀，站那个地方就骂了一中午，佛始终是以微笑对他。当那个外道骂累了以

后，就坐下休息。

佛陀就问他：“请问一个人来给你送礼了，你没接收，这个礼物是谁的？”

那个外道就说：“我要没接收这个礼物，就是送礼的人自己带回家嘛。”

佛说：“你今天给我送了一中午的礼物，我没有接收，请你带走吧。”

外道听到这一句话，就赶快跪在那个地方礼拜佛陀了，他知道佛陀是圣者。

还有一位很有德行的先生，有一次到一个慈善会的时候，人家看不起他，他也不接招。他在野外放声大笑，他用笑的方式把负能量排出去了。

还有人问孔老夫子：“你的学生谁最得意？”孔老夫子讲了：“颜回最得意。”颜回只用半个葫芦瓢舀水来饮，也不改他内心的快乐。

这都需要什么呀？我们的内心世界不受所有外在东西的干扰，他可以辐射你，关键在于你接不接受，这个很重要。是负能量我不接你的，你是正能量我马上接过来。

所以，最高级的，不受辐射影响的情况，就是稳定自己的能量场，不接招，外面的能量场对你的影响就微乎其微了。

我们用最简单的一个蔬菜来比喻：莲藕被污泥包围，可是莲藕的特征是什么？在污泥里面生长吸取污泥的正能量，也叫营养，却不被污泥负能量所污染，莲藕总是洁白的。

我们把社会比喻成污泥，我们在这个社会中如何取其精华去其糟粕，这个很关键。你肯定会遇到污泥，也可能会遇到精华。那你要是能向莲藕学习的话，那你总是洁白的。你开出的荷花很美，荷叶连水都不沾，水在荷叶上就成水珠了，了不得啊！

你看，佛教、道教的宝座很多都是莲花。佛是觉悟了的人，我们是没有觉悟的人，凡圣之别，就是迷和觉之间的区别。古人用莲花代表净而无染，因为莲花从污泥中来的。

上乘运气学也就是告诉大家，在这个社会中，我们要取其精华去其糟粕，不被污染，这就是我们自己可以转换的，起转换器的作用。

我们的身体就是一个转换器，也可以说是个过滤器。别人骂你，你不接招就完了。甚至你能量强的话，别人在骂你的过程中，没有把你骂动，反而最后把别人转化了。就像佛转化了那个外道一样。

你看，韩信受胯下之辱的时候，我们认为是被辱了，可是韩信有没有接受呢？韩信实际心里并没有接招。他要是怕的话，他就不钻了。就因为韩信受了胯下之辱，他的定力帮他才成了未来的大将。最后，韩信当了大将以后，还很宽容，竟然把欺负他的那一帮人又叫去，给他当了士兵了。

你看他肚量大不大？这就是古人讲的：水低成海，人低成王。低则成王，高就有问题了。

▪ 辐射对环境的影响，取决于距离远近

我们每天都在被各种能量辐射和影响。你被孔老夫子辐射多，你成圣贤了；你今天要是被黑社会辐射了，你就贩毒去了。就是看你在被谁影响，这个很关键。佛陀的信息就在经典里记录着呢，他的教诲辐射我们几千年啊，老子的教诲、孔老夫子的教诲，也是辐射了我们几千年。

科学也说了，电磁辐射场区一般分为远区场和近区场。近处的强，远处的弱。我们古人有一句话：近墨者黑近朱者赤。每个人和每个群体都有他们自己的能量场，你会受这个能量场的辐射影响。就看你愿意接收什么能量场的辐射，你选择和谁走得近。

▪ 辐射对环境的影响，还取决于能量的强弱

同时，我们还要知道，辐射对环境的影响还取决于能量的强弱。

我们打个比方，为什么世界上百分之八十的人，只掌握了百分之二十的财富呢？

原因在于百分之八十的人，只被别人辐射，他自己的能量太弱，对别人的影响太小，甚至不起任何作用。那剩余百分之二十的人，为什么能掌握百分之八十的财富呢？就是因为他的场能太强，让所有人都会被他的能量场影响，都能为他所用，他的能量场具有感召作用，可以把很多人的能量场聚合在一起。

举个例子，就像太阳的能量场最强，产生的引力，就非常强大，所有太阳系的星球都围绕着太阳进行旋转。这是一个道理。

你看，武当山的能量场就很强，有很多洋人都跑来练太极。

如果你是一个老板，你能不能把你员工的能量场调动起来？你如果是一个丈夫，你能不能调动你老婆的能量场，让你的老婆旺你？你是一个妻子，你能不能让你的丈夫旺你？

这就需要我们互相赞美，互相想对方的好处，你吸收他优点的辐射，不接受他缺点的辐射，慢慢地，家庭的能量场就很和谐了。

夫妻为什么失和？我们人生为什么出现波折？因为我们自己能量场太弱，还老接收负能量辐射，不能用自己的正能量辐射别人，原因在这个地方。

大家在这听我讲课，也是因为我的能量场比较强，你只能接受我的辐射。你自己能量太弱了，辐射不了我。

如何增加自己的能量场呀？那我告诉大家的方法就是：你可以选择多接收、多发射正能量呀，少接收、少发射负能量呀。你用天性做事，你所发射的全部是正能量，感召的也是正能量；你要用禀性做事，你所发射的东西都是负能量，感召的都是负能量的回报，这个是非常关键的

事情。

很多老板跟我说："我这员工不听话。"我说："你能量太差了，影响不了员工，就是这样。"你想想，为什么别的公司，员工那么乖啊？还是你能量弱，镇不住场面呀，就这么简单。

▪ 世界上最珍贵的能量，都不需要钱

所以，万事万物都是能量组成，万事万物有辐射，辐射就是能量的散发。

能量强是好事，但是不能过度。释放过度了，也会物极必反。你看，风的能量释放过度了就产生了台风、龙卷风，不过度的话，微风来了以后，我们会感觉非常舒服凉爽。

那呼吸呢？呼吸是维系生命的根本，实际呼吸空气也是能量。

大家有没有注意，这个世界上最珍贵的能量，都不需要钱。

你看，我们的阳光不需要钱、空气不需要钱，爱心也不需要钱。大自然付出给我们最正的能量，它是不需要钱的。这种东西也是拿钱没有办法衡量的。

水也是能量，我们身体的百分之七十都是水，我们必须每天喝水来补充能量。当我们笑的时候，笑的这种情绪能量产生辐射，影响到你身上的水分子都是活跃的、向上的，当你暴怒的时候，情绪产生的负能量辐射，会导致身上的水分子，都是下降的、抑郁的。

医生总是对我们说，要多开心，保持欢乐。实际上，就是这个道理。

情绪能量会直接作用于我们的身体。当你欢乐的时候，细胞能量都是上扬的，所以，身体免疫力就提升。当你抑郁的时候，细胞能量都下降，身体免疫力下降，你就容易得病。

日本有个江本胜博士，做水的试验，研究表明，水能听也能看。而且，还不光是水，其他含水分子的物体，都有类似效果。

我遇到一个教授跟我说，他做了一个试验，同样是两个苹果放在两个

房间，每一个人进去对着苹果，说一句祝福的话，连续十天；另一个苹果，每一个人进去对苹果骂一句，也是连续十天。最后，被骂的苹果蔫了，被祝福的苹果还和当初放在那个地方是一模一样。这是这个教授看到了《水知道答案》这本书以后，他延伸做的一个试验。

在这上面，我们就明白，我们的能量场在被人赞美、包容、感恩、珍惜、祝福的过程中，能量场就上扬了，当被攻击谩骂的时候，能量场就下降了。

妻子在认可丈夫的时候，那丈夫内心世界的能量是上扬的，在不认可的时候，那丈夫的能量场就下降了。所以，夫妻互旺是从内心上认可起步的，夫妻互克也是从内心中攻击抱怨上来的。

但是，以上都是对一般人来讲的。古圣先贤，不会因为别人的谩骂，或者别人的赞美，而改变他自身的能量场。

所以，我为什么要给大家揭秘最上乘的运气学。从最上乘的角度讲，运气学就是宇宙能量学。万物皆能量，情绪即能量，当我们学会了用天性生活，学会了不接收负能量，只接收正能量，学会了莲藕的生存法则，那么，你的运气，就完全由你掌握。

▪ 人生就是五个能量场

要是你不懂上乘运气学，你天天去搞什么八字、算卦、坟地，你就很辛苦。

我有个朋友喜好算卦，老爱给人家算卦，我每次劝他都说：“你别给人家算了。”他说：“为什么呀？”

我说：“算卦如同磨刀之石，不见其亏，日渐损耗。”你看，磨刀石在磨的时候没有感觉到它有变化，时间一长就磨得越来越少了，犹如水滴石穿一样。

我说：“当你在给人家算命的时候，你的命也在变薄，相互在磨呀。”

他就不听，结果他运气一直不好。

我告诉他，人一到二十岁是个能量场，那个能量场是尽孝的能量场，这个孝的能量场亏了，我就知道你二十岁到四十岁的时候，事业肯定栽跟头。

二十岁到四十岁的时候，是尽责任的能量场。如果你责任有亏，对太太、父母、子女不好了，或者你换老婆了，那你四十岁到六十岁的时候，就容易财富流失，甚至要命坐牢，竹篮打水一场空。

四十岁到六十岁的时候，你要想再忏悔改正的话，有没有机会呢？佛讲得很好："放下屠刀立地成佛。"儒家也讲："浪子回头金不换。"你那个时候要是再不改的话，六十岁到八十岁的时候，你肯定非常悲哀。

要是你在八十岁到一百岁的时候，能量场有亏，你的后代可能就要面临绝不绝的问题。

人生就是五个能量场，一到二十岁、二十岁到四十岁，四十岁到六十岁、六十岁到八十岁，八十岁到一百岁。

▪ 人能接收天地间的能量

上乘运气学，就是宇宙的能量学，研究的是宇宙间物体的能量交换和交换之后的影响。

你看，我上个小学三年级为何能讲这么多东西啊？其实，我开启了天性，是接收了天性中的能量场来的。

从人和物的角度看，我们看见绿叶非常漂亮的时候，我告诉你，你被绿叶的能量影响了；当你看见垃圾心情非常不好的时候，告诉你，你被垃圾的能量影响了。

从人和人的角度看，简单来说，当我们看见别人不好的时候，你就是被负能量辐射了；当我们看见别人好的时候，就是被正能量辐射了。

要不我经常在讲，当我们发现别人不好的时候，你就是缺德啊，发现别人优点的时候，就是开悟。

到底去吸收什么，看什么，你自己可以选择的呀。这就是方法呀。

好人好自己，坏人坏自己啊，修行修自己嘛。你只要要求自己就可以了。

能量法则，可以说，你的生活中无处不在。

而且，在你的生活中，还存在着能量场的传承和感召现象。

你看，你妈脾气不好，遇个儿媳妇肯定脾气不好，这叫娶媳妇踩婆脚。你在你娘家脾气不好，我告诉你，你肯定遇个丈夫脾气不好，这叫吸引。

我们经常在讲，这孩子遗传他爸或者遗传他妈，是不是遗传啊？其实，也是被能量场影响。你要是懂了道理，也可以不遗传，你完全可以改。就像我爸爱打我妈，我绝不动手打太太。你改了就行了，你的能量场就转化了。

为什么我总是拿莲藕给大家做比喻？大家就明白了，一旦你学会了转化，那你可以选择接收什么样的能量影响。那你的命运风水，你的自身完完全全都被你掌握。

所以，我们要从理上去明白，能量法则是无处不在的，我们每时每刻都在和宇宙万物进行能量交换。

▪ 人具备转换能量的特殊能力

能量法则，蕴含了庞大的信息量，希望我们大家能多思考，多用在生活中去观察，那样的话就会提高自己的悟性和理解能力，你就不觉得它是迷信了。

其实，人的身体就是转换器，天地人为何能并称三才？因为人有特殊能力，能接收并转换天和地的能量。所以，人这个身体，可以成圣成贤。

当你知道，自己是个能量转换器，你就想，你今天能不能把负能量也转成正能量，你要起到这个作用，这个很重要。

当别人在杀人的时候，是一个负能量来了。你一想：他怎么把人都杀了，这人也太坏了啊！你就成了负能量里面的一分子。

你看到以后，应该要这样转换：他以杀人的方式提醒我，不要和他犯同样的错误，不然我杀人也被抓了。感恩他！你看，这样你就把负能量转成正能量了，完全不被他害。

当人家夫妻在打架的时候，你也要转换能量啊：第一我要帮他，让他们不要再打了；第二，打架很可怕，我和我的另一半一定不打架。感恩他们表演给我看。真正的孝顺就是不让父母的缺点在自己身上重演！

我们家过去本来还过得不错，在我印象中我还在宝鸡市上过幼儿园呢，我爸也在外地经贸局工作，就因为赌博，被单位开除回家种地了。最后我可怜到什么程度？我还去要过一段时间饭，捡过一段时间破烂，就惨到那种程度了。

就因为我爸爱吃肉，所以我不吃肉，他喝酒，我不喝酒，他爱赌博，我不赌博，我父亲和母亲身上恶的东西，我全部都没学，我没有被他们辐射，我反而把他们转化了。在他的负能量里头，我吸收正能量，把能量转化了就完了。

我们经常都说人命天注定。但是，天能注定命，不能注定运。

运是活的，可以推动命，一推，命就活了！我们的相貌、五官、血统，我们没有办法改变。可是，我可以幸福快乐地生活每一天，也可以痛苦地生活每一天。你看，这些是可以选择的。

就像我们走在小区里，我看到小区绿化这么漂亮，幼儿园建造得这么好，我就很快乐。而你可能比较忙，戴个耳机、戴个口罩，你光从住的地方匆匆走到公交车站，这一路的风景你都不看它，不去享受它。

当我明白我这个身体是工具的时候，我就知道：工具是可以转换的。同样是一个桶，能装屎尿，也能装水，也能装酒。那装什么，由你去选择。你可以选择和你老公生气，可是，你也可以选择和他不生气，这就是能量场的转换。

我们在这个世间，不可能什么事都顺利。可是我们要学会在逆境中、大灾难的境界中转换正能量，把负能量排出去，这个是非常重要的。我们经常扮演的角色，就是助纣为虐。其实，我们要多扬善隐恶，这是我们要做的事情。

最后，我们再想一想，我们在每一天的生活中，有没有在接受正能量的辐射？自己有没有发射正能量给别人？这个很关键。

第七章

从能量到能量场——能量法则讲解二

▪ 物体自身能量的表现是一种场，运气即是能量场

前面一课，我们主要讲解了宇宙万物都是能量，都有辐射，辐射就是能量的散发。

无形的情绪也是能量，人类在释放情绪的时候就在散发能量。

每个人和物体，实际都在接受辐射和辐射别人，都在进行能量交换。

能量以电磁波和粒子，如 α 粒子、β 粒子等形式，向外放散，在空间中传播。

这次，我们继续深入讲，对于具体的人和物体来说，自身能量的形态表现为一种场。

场也是一种特殊物质，看不见摸不着，但它确实存在。比如引力场、磁场等等。而对于人体来说，则表现为能量场或运气场。

非要举个例子的话，如果朋友们看过铁屑铺在白纸上形成的磁力线，就会明白，在我们肉眼所看不到的空间里，就存在着各种场。

人类能量场呢，是有一个核心在指挥的。

就自身的能量源来说，就是我们前面讲过的，自己的心念是能量的源头。

就外部的人际能量场来说，就要看谁的能量场最强，还要看他在释放什么。

能量法则介绍过，一般来说，弱的能量场就容易围绕着能量最强的那个场旋转。比如，地球，月亮都围绕着太阳旋转。

手表也是一个小的场。它最中心的地方就是那个轴心，秒针跟着分针转、分针跟着时针转、时针跟着轴心转。

一个公司，也是一个场。老板是这个场的核心能量源。你要是能当一个好老板，你的所有部门经理、你的员工、你的保洁员，包括你的这个生意场所用的水杯、办公室的能量，所有的好的能量都会被你所用，为你服务，所有好的能量都围绕你。

如果，你这个老板自己变坏了，违法乱纪了，我告诉你，等你福气用尽，走衰运的时候，你喝凉水都能塞牙。

你和万物和，万物则兴你。你和万物克，万物则克你。这就叫生与克，生则旺，克则死啊！这生与克，也是场能的表现。

一个场的核心所释放的东西不同，对这个场内的人也影响不同。你看，你在这儿放个论语，那所有人耳朵听的都是论语。你要放的是流行歌曲，大家自然就想蹦跳了，就和这个道理是一样的。

场是一种特殊物质，就像生命磁场一样，你是看不见摸不着的。就像我们经常用的电一样。你能看见它吗？看不见。要通过电线、电灯把它转换成什么呀？能量、照明。

我们的网络信号和电信信号也是不可见的，你要通过手机接收才能通话，这是现代科学的研究成果。要是两百年前我说人能打手机，千里之外、万里之外能通话，别人肯定说你胡说，你迷信封建。现在他不说了。为什么呀？因为这种不可见的信号被发现了，并且被使用了。

所以，还有很多无形的场确实都存在。比如万有引力场，我们都知道是牛顿发现的，地球就有引力场、磁场等。

而对于人体来说，科学家都发现，我们具有生命磁场。但是，科学家还尚未研究的是，我们周边都有的无形能量场，换个更通俗的表述，就是运气场。

这个能量场，决定了你的运气是旺运还是霉运，这很重要啊！你要是旺运，我告诉你，你今天遇的都是旺人，听到的都是喜事、乐事、好事。要是霉运，你听到的不是死人就是重病，都是倒霉的。

这些其实都是根据我们自身的能量场感召来的。

一般人不学习不懂得转换能量的话，就只能被动进入自然循环。好的越来越好，坏的越来越坏。

比如说，你一听到倒霉的事，你就难受，郁闷。你自己心念这个能量发射源，持续发射的就是负能量。一边是给自己的能量场里发射负能量，一边还要把负能量发射到别人的能量场里面去。

大家看，很多爱抱怨的人，一个是内伤自己，一边还要找自己的朋友去倒垃圾，把那些不好的事，那些负能量释放给别人。

所以，上乘运气学强调，你一定要学会转换能量。我经常给朋友说，我这个人最大的特点就是能转换能量。我经常听到的都是负能量，我可以把负能量转换成正能量。不然，我要是天天这么听下去，我早死了！

你看，我听到的不是死人就是车祸，要不就是倒霉，要不就是被抓，到我这儿来没有一件好事能听。为什么呀？倒霉了才找秦东魁呢，人家发达了就不理我了，我真遇到过。

人家没升官的时候还挺好，天天还去看看我，一升官了多少年不见面，一倒霉又来找我来了。要不我说，我这人占不了便宜，尽沾人晦气。好在我有“360 护盾”，把负能量挡出去了，真的是这样。这些人全是悲哀的，甚至还想着沾我的福气！他就不知道自己就能转换能量。

我们现在人最大的毛病就是什么呀？全部外求！爱求佛求神。

我们就不知道，我们自己的心念是一切能量的发射源。自己是转换器，可以把负能量转换成正能量。你要提高自己，改变自己，这个很重要。

▪ 命中有福，不动也枉然

讲到场能，我就给大家讲一个故事。故事说，有一个员外做了很多善事，积了非常多的福，在四十多岁才要了一个儿子，疼爱有加。孩子过完满月后，员外就找了当地非常厉害的一个半仙给孩子测了测八字，半仙写了个条子说：这个孩子一辈子不用动都吃喝不完。这员外一听高兴啊！就给了这个大师很多钱。

可是，这孩子慢慢长大以后，员外已经病死了，他就天天想：我爸都跟我说了，一辈子不用动都吃喝不完。就很懒，啥都不干，到三四十岁了，把家里的家产都卖了，吃光了，最后已经沦落到住破庙里面。

在他饿得要死的时候，就给他老婆说："你就改嫁了吧，你改嫁了以后，拿点钱把我埋了，记着把那个半仙写的条子给我烧了，我要拿着去找阎王爷告他，他说我一辈子不用动都吃喝不完，我怎么就饿死了呢？"

这人死了以后找到阎王爷，阎王爷在生死簿上一翻，这人不该死的，怎么死了呀？还真是人家半仙算的，一辈子吃喝不完。他父亲手里面积了很多德，那这个人怎么就饿死了？

这阎王爷也着急了，把冥界的群臣聚集在一起商量，最后把文财神叫来。

文财神来了后，阎王爷就问："文财神，你管着这个人的文财命呢，这个人应该不用动就有吃喝不完的财富，你把人家钱送哪儿去了？"文财神就说："我冤枉啊，我背了个钱袋子，在文场上面我找了他五年，看不到他人。本来他一考试就考个状元嘛，可是连续五年，他都没有来参加文状元考试。我没有办法，我把这个钱就给武财神了，我想这人是不是练武呢？"

阎王就把武财神叫来了，武财神就说："我也背着钱找他五年没找到呀！我在整个武场连续去了五年，每一届的武状元，他只要一考就考个第一，但就是看不见他人，那没办法，我就把钱给土地爷了。”

最后土地爷来了，土地爷说：“我把这个钱放他房屋里面，各个角落都塞得满满的。我一想，他要没啥吃的了，是不是就要拆房卖啊？谁知道他连拆都不拆，把一栋房直接就卖完了！我还辛辛苦苦地，又把钱全部收起来，背着跟着他走啊，一直跟到他在破庙里面去，我把那个钱又埋在破庙底下的草里面，他拿手一拨，钱就出来了，结果人家到死连草都不拨一下，害得我们把钱都送不出去啊，你怪谁啊！”这个人听完，才知道为什么，原来是自己懒死的。

你想挣五百万，是不是需要买个两块钱的彩票？那你不买的话，如何能把钱得到？这就是我给大家讲的，每一个人生下来都是有福的，需要现实中的缘分才能实现。

最后阎王爷一商量，对未来好吃懒做，光想靠祖宗之德的这些人，都投身到富人家里当小狗小猫去吧。

▪ 人是万物之灵，你要开启万物的正能量

人和动物的区别在于，人可以转换能量。

但你不要说，秦老师讲的，我天天在家转换能量吧，这就麻烦了！我跟你讲，你照样饿死。

在这个世界上，你该做则做。做事情要符合国家法律，不违背伦理道德。我遇到很多人，命里财很旺，五官也长得很好，就是穷。为啥？他不动脑子，脑袋里面装的豆花脑，装的糠！他光想天上掉馅饼，这就麻烦了。

我经常在讲，做不做在你，成不成在天，你首先要做啊！这个很关键。

不然，你命里有座金山，你也开发不出来，一个矿山，还需要有东西去开发，就是这个道理。就像我常说，思人恩德，想人好处。我们必须有这两把钥匙才能开启你命中的财库。

我们每一个人一出生都有场能，那你这个场能如何去开发？最好的钥匙是圣贤的经典。

儒家、佛家、道家的所有圣贤学说，都能帮助我们开启五福，压制五毒，成就我们，就是这么大的道理。

各个宗教的这些圣贤，他们全部发现了开启正能量的钥匙。那我们呢？只需要拿着这把钥匙，把自己的正能量，我们所谓的五福，开启出来就好了。

人在这个世间，最多活一百岁，三万六千五百天，活一天少一天。那我们每一天都要干什么呀？开启正能量，散发你的这种场能，这个是非常重要的。

你看，那个吸铁石的场能。拿一块吸铁石，在沙子里面都能吸出来非常多的铁渣。那你想一想，你现在这个身体，是一个吸金石、吸银石、吸铜石还是吸铁石？这就是能量的共振吸引。当你转变成吸金石的时候，我告诉你，你周边遇到的全部是贵星、福星、财星，助你成就霸业。那今天你要是个吸铁石，我告诉你，你今天所吸的都是臭铁，烂铜你都吸不进来，你要明白这个道理。

当我们真正明白了以后，我们就知道，我们只需要把自身的精气神养好，就能通天彻地。

万物的能量，都是等待着人来开发的。人是万物之灵，你要开启万物的灵啊！你好了，就能吸引万物的好。这很重要。你一坏，就开启万物的霉，你身上散发的就是霉气，倒霉之气，招灾之气，招病之气。

这人都发霉了能不死吗？要不人说，你看你那倒霉样，是不是？

▪ 笑效孝可以开启一个正能量螺旋循环

我经常在讲，感召正能量最简单的一个方法，就是微笑。你看这个笑，是能量波的释放啊！一笑，就可以给自己的能量场增加正能量，同时笑释放的能量波，还可以增强别人的能量场，别人看见你笑，心情是不是就容易变好呀，俗话说，伸手不打笑脸人，对不对？

再然后呢，别人心情好，对你印象好，别人心里反射回来的正能量波，又可以增强你的自身运气场。对不对？表现在生活中，就是别人以后会帮助你成就各种事情。

这一笑，就开启了一个正能量螺旋上升循环。互相推动，生生不息呀。

所以，笑，是天给我们增加正能量、感召正能量的最简单的方法。

那别人对我们发射负能量，你怎么转换？

我这个转换的方法最简单了：别人骂你的时候，你以笑而对，你不接招，心中不动怒，不动气就好了。别人说是非的时候，我们的耳朵听而不闻，不听就好了。

第二个方法是学习圣贤，效仿他们以及借助他们的学识，把我们自身的正能量激发出来。学习他的经典，落实在我们自己的生活中。因为他们的场能，能开启我们的天性，克制我们的禀性，指挥我们的习性。

第三个就是和祖先沟通，对父母行孝道。古人讲百善孝为先。我也讲，孝是开启万福之门的钥匙。孝顺是开启祖先和我们之间的正能量通道的方法。

这就是我讲的笑、效、孝人生。你别认为这笑效孝很简单啊，有的人做到死都做不圆满。

作为一个人，用笑效孝这三个密码，可以转换自身能量。先让自己接收正能量辐射，然后把我们自己的正能量又发射出去，能影响到员工，影响到领导，影响到同事，影响到夫妻，影响到父母，影响到祖坟。

你用这三个字，你就转变了外在的场能。

可是我们现在大部分的人把自己的场能，变成了什么呀？忙盲茫。

第一个忙，竖心旁一个亡，忙着找死。我们很多人一打电话就说：我忙死了，累死了！你看，他自己都说他要死了，你说他能不死吗？这种暗示的场能很可怕，你这种念头多了以后，我告诉你，在工作中就容易猝死。

第二个盲，是盲目的盲。你不知道挣钱为什么，你不知道活着为什么。当你有了一堆钱的时候，孩子失去了最佳的教育时段，父母也失去了让你尽孝的机会，你那个时候就盲目了，你的人生没有方向，还是死路一条。

第三个茫，茫然的茫，草字头，三点水底下还是个亡。我对这个字的解说是什么呀？你这一辈子是草包，光会挣钱找死。那三点水代表的财。你20岁的时候挣钱，到六七十岁，你都在贪财里面，你和草包一样。到最后你的下场是子女为抢你的钱，把你送到敬老院去。

所以我们一定要笑效孝人生，不要忙茫盲人生啊！我们随时随地要把自己的能量场建立在笑效孝上面，不要把自己的能量场建在忙盲茫上面。

我们自己要学会掌握并设计我们的场能。

▪ 变化的电磁场以波动的形式在空间传播

场能是我们的眼睛没有办法看到的，因为人类眼睛能看到的东西太少了，像电磁场我们就看不见。

麦克斯韦方程表明，电磁场是电磁作用的媒介传递物，是统一的整体，不仅磁场的变化产生电场，而且电场的变化也产生磁场。这种场称时变场，在时变场这种相互作用下，变化的电磁场以波动形式在空间传播，产生电磁辐射，即为电磁波。这种电磁波从场源处以光速向周围传播，在空间各处按照距场源的远近有相应的时间滞后现象。

按照坡印廷定理，电磁波在传播中携有能量，可以作为信息的载体。这就为无线电通信、广播、电视、遥感等技术开阔了道路。

大家看，我们的手机没有一根线，它是如何接收到对方的言语呢？因为，手机信号就是电磁波形式传递的，是波长在750nm至1mm之间的高频电磁波。

中医里面也有个理论，和信息感应有关。你千里之外的亲人，要是病重出现病危，你在这边就会烦躁不安。这也是一种生命磁场的电磁波传递，因为是至亲的人，本来你们的生命磁场就有连接，所以你能接收到。

▪ 心静能接收所有场能

有个词叫定能生慧。定，就是我们的心达到一心不乱时，我们会接收到宇宙更多信息，懂得多了，我们就会有更多智慧。

其实，我们每个人的心念，既是一切能量的发射源，也是一切能量的接收器。每个人就像电视机，都能接收不同频道的信号，有的人能收几百个台，你的天线不好，接收能力太弱，只能收几个台而已。

虽然我们看不见，但是我们每个人的身边，其实都环绕着一个能量场，这个能量场里也蕴含着你的很多信息。

当你经常接收的信息是正能量的时候，你的能量场就在增强。当你眼睛爱微笑，你耳朵听圣贤教诲，你的行为端正，心存感恩，那你的能量场就非常强。当你心里有抱怨，眼睛不笑了，耳朵爱听是非了，告诉你，你的能量场就弱了。

当你能量场强的时候，你会吸引很多能量好的人和你合作，当你能量场弱的时候，你不光是吸引不了强的人跟你合作，你还会感召很多倒霉的人，甚至比你更倒霉的人。

所以，你要致力于改变自身的无形能量场。不需要挖祖坟，不需要换房子，只需要改变自己就行，你要回到自己身上，不要外求。

原来，我在北京租了一个房子，房子呈三角形，两头都漏气。前两任老板全部出事，第二任更惨，家里四个老人三个癌症，他儿子还出车祸成了植物人。他很真诚的，不说谎话。他跟我说："这个地方不好，你要租它，我得把这个事情讲给你，你就当可怜我，你帮助帮助我，把这儿转出去吧！"

我一听，这家里三个癌症患者一个植物人，我说："那我给你点钱，转给我吧，至于好坏我就不管它了。”谁知道我在那个地方以后，店里经常人满为患，带动了周边的生意都很好。

这说明你自身转变以后，凶宅都会变吉宅护你，万物则锦上添花来滋润你。

▪ 人要学莲藕和松柏的能力，可以不受外境干扰

地球也有能量场，地球会根据阴阳四时不同，释放不同的能量场。我们都知道春季百花开，树叶就长芽了，那个时候地球是释放能量的。

到秋天了，它是能量内收的，一内收树叶就掉了。到冬天了，地球能量是隐藏于地下的，所以，地表是冷的，可是地下是热的，这是为了储存能量，到春天进行再一次的释放。我们古人讲，春生夏长，秋收冬藏，就是讲了地球的能量循环方法。

不过，到了冬天，唯独一种树不会掉叶子，松柏。我们有没有注意？松柏不会随着四季变换而落叶，它会长叶，它绝对不会落叶，它的落叶是不受地球的四季场能影响的。

那我们人就要像谁学习呀？第一学藕。生于污泥，吸取精华，去其糟粕。第二学松柏。不受四季的影响，长盛不衰。你看，上千年的松柏树特别多，别的树就很少。

当我们人学到了莲藕和松柏的这种能力的话，我告诉你，你周边的所有人事物，就对你不产生任何干扰了。

有些人为什么运气非常好，一直不受波折，就是学到了这个！孔老夫子做到了，旺了他家族两千多年。张天师的家族跟孔子家族一样，也是两千多年了，好像现在的天师都已经第六十五代了，家族是非常兴旺的。

你今天学了这个东西以后，你的自身兴旺与否，你的家族兴旺与否？

方法教给你了，接下来需要的是自己落实改变。我们看，范仲淹家族、曾国藩家族、梁启超家族、孔子家族、张天师家族，他们都是因为掌

握了这种秘密才兴旺，因为他们用的都是入世法。

老子和佛没有表现后代多么兴旺的这种场景出来。因为方式不同，他们主要讲的是出世法。

■ 人的运气场是开放的，与外界能量在不停交换

除了四季能量变化以外，一天之内，地球也释放不同的能量场。最简单的，我们可以看到：白天阳性能量场，夜间是阴性能量场，这是所谓的阴阳。

人在自身的运气场比较弱的时候，在夜晚的时候，就比较容易被阴性能量场入侵。你看，很多人感冒，都是夜间受凉感冒的。大家有没有注意？被寒、被湿、被燥、被热所侵入得的病，大多数是在夜间。

我们的能量场的特点是什么呀？开放式的，不是一成不变的，能量场每天都在增加或者减少。我们每时每刻都在改变，真的是在改变。你看，早晨好好的，被人劈头盖脸骂一顿，马上你能量就下来了，一赞美，你马上能量就起来了，就这么快。

不过，这是对一般人来讲的。对圣贤来讲，你骂也好赞美也好，他不动心，就不会影响他。人一旦达到了不动心，就不会受五行克，不会受万物克，就是我们古人讲的：跳出三界外，不在五行中。

那么，对普通人而言，首先，能量场增减取决于你自己内心在吸收和发射什么。这个道理我们前面讲了很多，例子也讲了很多。

其次，你的能量场会产生一个运气圈。能量场具有共振效应，会形成螺旋循环。当你强的时候，你会吸引很多好的东西，来增加你的强。有钱的人越有钱，没钱的人越没钱。你看，买彩票那个地方，都是穷人在那儿买的，没有富人。这是我们讲过的能量螺旋循环。穷人越买彩票越穷，这个能量螺旋向下走的，恶性循环。

过去的一些大的帝王，跟前能聚集贤才之人，就是因为他的能量场非

常地旺，带动了好能量场的聚集。一个国家是这样，一个公司也是这样，一个家庭都是这样，这是运气圈。

那倒霉的运气圈也是这样。

你是在好运圈里还是在霉运圈里？这个很重要，这取决于你选择的那个圈子的核心是正能量还是负能量。

当你能学习圣贤的教诲，你的运气场就会更强。当你遇到了吸毒、赌博、嫖娼，参加了这些负面活动圈子，你的运气场就会变得更弱。

▪ 常思人恩德，想人好处，会得天地护佑

不管是能量场还是运气圈，核心是什么？就是我们自己的心念，这是一切能量的源头。

有的人听完我的东西，一两个小时能改命，就是因为他从心地上改了，能量立刻就转了。有些人听完以后在家里干什么？挪沙发、挪床、改门，可是他就没想到我要改自己的心念，这就学错了。

你最需要的就是：过去的眼睛，怒目改成微笑；过去的耳朵，听是非改成不听是非；过去的嘴巴，说话尖酸刻薄改成、不尖酸刻薄；过去爱生气，爱怨人，今天不生气，不怨人；过去的内心世界抱屈后悔，今天懂得珍惜感恩。

只需要把自己这个能量源转换一下，你周边的万物则来旺你助你，众星捧月。你要是没有转变，所有的万物则来欺你害你，对你落井下石。

我们人要是常思人恩德，想人好处。用好这两把利剑，你就能和天地融为一体，会得天地护佑，你既然都得天地护佑了，那你的祖坟、你的住宅能不护佑你？能不帮助你？我们想一想，就是这个道理呀！

所以人的运气不是一成不变的，它是可以变化的。那既然能变化，我们就有可操作性，这个很关键。

就像我一样，小学三年级，我能坐这个地方给大家讲，就是因为我在

用纯善无恶的天性讲话，我时常保持天性，没有自私自利，没有五欲六尘，没有贪嗔痴慢。我没想要收多少钱，能传多大的名，所以，我的能量场在不断上升，运气不断增加。

人一旦产生了名利思想，马上天性就关闭，禀性就出来说话了。很多教授学者，你邀请他去讲课的时候，他首先问你多少钱。当他提到钱的时候，话里面有私，他的能量场立刻就下降，他的天性就关闭了。

▪ 为他人着想场能上扬，有私心则场能下降

我听过六祖大师的故事，有句话对我影响非常大。他给老师讲：弟子心中常生智慧。

有时候我也会发现自己突然间就想讲，管他对错，先讲出来再说，满肚子都是话。我给一个朋友说："我每天讲几小时。"他说："你哪有那么多话讲，你讲什么呢？"我说："我也不知道，我就是想讲，我也不知道话从哪儿来的。"

其实，我小学三年级，真没学什么东西。很多人说："你是不是爱看书啊？"我其实也不爱看书，没有这习惯。

我有一个感悟：你的内心世界里面都是正能量的话，万物来助你，那你就能讲了。你要自身有贪嗔痴慢疑，有名有利，那讲出来的，也不会是好东西。

你看，卖保险的为什么别人反感？因为他老站在自己的立场，要把保险卖给你，看谁都像客户。就是因为他的场能里面有自私自利。

这就是发射不同能量波的区别。

我遇到一个做销售的，他说："秦老师，你如何帮助我能销售好？我紧张啊！说话都结巴，还动不动脸红，说得人家反感。"

在我们说话的时候我看见两个人，似乎是需要帮助的样子，我就跟他说："你看，那边有两个人，你现在去问问他们，需不需要帮助。"

去完以后回来，我问他："你刚才紧张了吗？"他说："没有。"

我说："你刚才去的时候是想要帮助他，你的能量场是上扬的。你针对客户的时候呢，你有求他的念，所以能量场下来了。"

我们大家有没有注意，当你给乞丐钱的时候，你的能量场唰就上来。当你要想向别人借钱的时候，特别不好意思，开不了嘴，能量场就下来。

你求人的时候，想给领导打电话，想给朋友打电话。你就会想：人家是不是睡着呢、休息呢，他开没开机呀？你看，我们内心世界就会徘徊非常久。

可是你要是想："秦老师讲的这个例子很好，我有个朋友现在正在受这个磨难呢，我赶快给他打电话救他一下吧。"我告诉你，你的能量场非常强，你马上就给他打了，管他睡不睡，半夜都想给他打过去。

我们在这些事上面就能感受到我们的能量场，是强的还是弱的。

我遇到很多企业家，一开口就说："我开了很多店啊。"我说："你现在开的有几个店赔钱，赶快关掉。"他说："为什么呀？"

我说："那赔钱的店是负能量场，你几十个盈利的店你不考虑，你天天全神贯注想着赔钱的那个店，今天赔了多少，明天赔了多少，我告诉你，天天赔赔赔，久而久之，把你那些盈利的店铺，也会抹杀掉。"

不赢利肯定要关，不能硬撑。因为负能量会传染，正能量也会传染。

你不挣钱你还不关，你天天为它寝食不安，影响自己的能量，还不如调整自己能量，把毒瘤扔出去，就是这样。

所以，我们要随时关注自己的能量场，这一点不迷信。

第八章

两类运气场的区别——能量法则讲解三

▪ 古今运气学的差别

那么我们再深一步思考一下，无论阴宅阳宅还是山形地势，其实简单一句话说，实际都是宇宙环境能量场对我们自身的能量场，所形成的好坏影响。主要是外在环境对人的影响。

可是，今天，我要把它倒过来讲，讲我们人对外在环境和地理的影响，你对妻子丈夫、你对家族、你对父母、你对朋友的影响是什么。

这就是我提到的一个理念：上等运气在自己身上。我们过去都关注祖坟在龙脉，住宅在龙脉。可是我们反过来想想，你自己有没有在龙脉上面？就是这个道理。

根据吸引法则，你自身要是好的，天地间好的能量场就来了，你的能量场要是坏的，就完完全全是坏的能量场就来了。

就像过去讲的：孝子生的贤孝孙。你很孝顺，子女从你的行为模式中学会了孝顺，代代相传下去。那你要是忤逆，你就碰到忤逆子孙，这也是一种感召。

你自身的好对应了祖坟的好，你自身的坏对应了祖坟的坏。你要是自身非常有福，非常善。我告诉你，你的祖坟埋哪儿，哪儿就好，祖坟周边的形态都会因为你而改变，就像绝户坟被泥石流改变成了玉带缠身的好格局一样。

当你知道这个原理以后，你就会在自己身上找原因，那就好改。

你要是一直去找坟地的原因，住宅的原因，我告诉你，改不了。

要想改变世界，必须先要改变自己。

我们经常听到一个故事，在英国有一个非常出名的墓碑，墓碑上就一句话，大意是：我过去想着要改变世界，改变国家，改变家庭。可是，到我临死的时候才明白，只有改变了自己，才能改变家庭，改变了家庭才能改变社会，改变了社会就能改变国家，这样才能改变世界。

很明显，还是从自己改变下手，是最有用的。

▪ 我们现在看到的大多是外运气学

所以，运气学总体来说，分为两类。我们现在在网上，在书籍上看到的大多是第一类，这一类叫做外部运气学，也即宇宙环境运气学，也是我们古时候讲的堪舆学，阴阳宅运气学。

这部分知识，介绍的作用力都是由外而内的。介绍这儿摆放什么，那儿摆放什么，我如何把它去动一动。目前这也很流行，因为很多大师都靠这个吃饭。

我遇个大师，我说："如果人家家里你没发现问题怎么办？"

他说："没问题我也给他动一动。不然他不给我钱。就算是好的格局，也动，哪怕我把他这个凳子从东边挪西边来，动一动证明我起作用了。"

就像我们现在医生一样，为了挣外快，没病也给你开药，你吃吧，反正吃不死，实际真是这样。

我们现在看到，很多大师用犁铧，用过去的大碾子布置格局。还有的在给人家安阳宅或者阴宅的时候，埋蓝色的砖头和石头。

▪ 一般人确实会受到外部气场的影响

其实，古人补地气的方法和现代是不一样的，古人用酵面。埋人的时候，阴宅里面都要放发好的那种酵面。蒸馒头的那个酵面，放在地底下以后，它有个发和推动地气的作用。古人用这个东西是百利无一害，它能和大地融为一体。

中医里面有十全大补丸，有很多好一点的堪舆大师，调整阴宅的时候，看这家子孙不兴旺，他会埋十全大补丸。

他还会分类，因为坟地分脚的地方和头的地方左右，墓碑这个地方取为中间。那你在埋大补丸的时候，看你想旺老几。

旺老大的时候，可能是面对的右侧的边缘，就是老大的位置，中间就是老二，左侧就是老三，你按姊妹不同，那你埋的位置不一样，你旺的人就不一样。

我们有时候会发现，一个家庭要是姊妹多的话，有的是单数旺，有的是双数旺，或者一三五七旺，有的是二四六八旺。

你会很奇怪，一娘生的，为什么命运不同，这也是受运气场约束，祖坟的影响，或者住宅的影响。

一般正常人确实会受影响。我给大家过去讲过，祖坟要栽龙柏，旺男孩左侧的离墓近一点，旺女孩右侧这棵树离墓地近一点，它也是分左右的，墓地的左右正好和人面对的方向是反的。

过去的堪舆学家，大部分用的化解的方式，都是按方位来布置的。可以说坟地、住宅的格局，精确到一头发丝远的地方，就会截然不同。我们农村在安葬老人的时候，就会给大师说，希望你让我们的后代子孙家家都旺，不要偏谁，那这个棺材放下去的时间就要正，偏左老大旺，偏右老小旺，中间就全旺了。

打比方，你种庄稼的时候，同样在一块地里面，这个肥料上得多，那个没上肥料，这个就很旺，那个就黄，和这个道理一样。

▪ 我讲的方法是内运气场学

外部能量场，的确对人存在影响。所以非常流行的就是第一种，就叫外部运气场学。大家对这个要有个了解。外部运气场学，讲的人比较多，书也比较多，但是一般人没办法掌握，因为里面的各种条条框框太多了，一个一个，位置都不一样。大家想了解可以在网上，书籍上去看，我只是抛砖引玉。

一般不为人知的，是内部运气场学。我讲的是内部运气场学。

顾名思义，即是人体内部运气能量学。

那外运气场学和内运气场学的区别是，一个我们要借助外力，这不是一般人能掌控的。可是，我告诉你，内运气场，所有人都能掌控。真的是这样，所有人都能掌控，主要研究内部能量对我们的运气场的影响。

打比方，我们心情非常愉悦，笑比较灿烂，就增运。这就是内运气场学。

当我们的肾脏非常健康，那你的耳朵就会非常灵敏。当我们的心情非常平静，那大脑思维就非常清晰。当我们的内脏都非常和谐，你的身体就会健康。

当我们生病了，免疫力下降了，都是我们的内脏在较劲，就是我们内在的运气场，产生了相克作用导致的。相克就是五马分尸，你的五脏六腑不和，全是分开的，你身上的气血就全是分开的。

关于内运气场，我告诉大家，一般古代以及现代的大师都知道，但几千年来，运气学派里，对此都是秘而不宣的。因为宣传出去他就失业了，吃不到饭了。你都会改运了，你找我干什么呀？

如果人们都不懂内部运气场学运作，那么人将只能依靠外部环境，来改变格局，必须依赖于懂格局的大师来调理，就必须给钱给大师。就是我们讲的，你给我起个名字多少钱，你给我看个住宅多少钱。

那古时候的大师，不能说人家都不好，有的大师确实也很好。只是，现在的大师有一部分把这变成了敛财手段了，这个是非常可怕的。

我今天给大家讲的内运气学，一般书本上你一定找不到。要不我说：我现在讲这个，攻击我的人还少。若干年以后，我会被攻击得一塌糊涂，这个毫无疑问。因为砸了很多人的饭碗，人家都知道都不讲，那我来讲吧，反正我这人无名无分不怕攻击，你愿咋骂我咋骂我。

▪ 节约加施舍，增强能量场

真是这个道理，当你掌握了改变内部运气场这个秘密的话，求财得财、求寿得寿、求子得子，求什么得什么，你想见谁非常容易，想干什么都能如愿。

可是你在求的过程中，有一个原则，必须符合天道、地道、人道。要是你出了道，你求不来就招祸了，你要明白这个道理。

你要求：给我来个贤孝子孙，能利国利民。我告诉你，你求就能来，因为你发的这个心念是利国利民，贤孝子孙。那你求个冰箱，求个洗衣机，求中个五百万，我告诉你，都来不了，这是不符合道的。

我认识一个人问我，用什么方法可以升职。

我说："你在单位管什么？"他说："管招待。"

我说："那告诉你一个方法你可以试试。第一，招待的时候，你可以避免杀活物。你点菜的时候，可以买成品的。第二，你每次吃剩的饭菜要打包，自己家能吃的自己家吃。自己家不能吃的，在街道碰到打扫卫生的环卫工人、保安看门房的，就给他们。你还可以把它给流浪猫流浪狗。我告诉你，这样你能升官，你要不试试。”

他说：“这简单。”也不知道是不是巧合，一年时间竟然升职了。

他激动得很：“我一个农民的孩子，没想到把剩饭剩菜收起来给捐赠出去，竟然升官了。”

我说：“你只是变废为宝就行了，不需要外求。起善心，珍惜了五谷，就得到了五谷的能量场，你又帮助了乞丐和保安这些底层人民，他们对你感恩的心念，也是正能量波，会增强你的能量场呀。你能量一强，很容易就运气好，就升官了，就这么简单。”

▪ 内外两种运气系统中，内运气系统起决定作用

通过上面的例子，我们就明白了。虽然内外两种运气系统都有作用，但是，两者有明显的主次关系。

从规则上说，内在的力量能影响外在的环境改变，一旦我们学会了掌握内部运气场，外在的能量对你的影响就太弱了，真是太弱了。

打比方，你们夫妻两个自己不想吵架，别人再怎么挑唆你们，你们也吵不起来。你要真想吵架，就是再多外在力量参与，比如你爸你妈参与让你们不离婚，你们还是照离不误。

再打个比方，同样是吃饭，别人喝水都胖，你吃肉都不胖。为什么？是你的肠胃转化能力有问题，是内在的，与食物的营养高低关系很小，就和这个道理一样。不怪食物，你怪食物就错了。这就是内在和外在力量的区别。

内在为主，外在为辅。外面环境起的作用就是锦上添花，要不就是落井下石，就起这个效果的。

按照宇宙法则，一切能量的提高，都以内部能量为指针。古人说的一句话：会怪怪自己，不会怪才怪别人。一切的运气不好，一切的命运安排不顺，我们一定要找到自身的原因。

▪ 亏孝导致自身和父母的能量场断裂，导致孩子出问题

我过去遇到一个人，我说："你们家孩子要出问题，小心点。"

人家立即就说："你胡说啥。"我就再没敢说话。

才半年时间，因为夏天热得很，我们那边有渭河吸沙子，他们家孩子不知道有这个漩坑，跳下去没上来，孩子淹死了。

他就问我为什么这么讲。

我说："因为你们家都亏孝，你们爱孩子爱到百分之百，对父母孝顺零点一都没有。"

我看到他对他妈的态度，像对奴仆一样。我知道孝顺父母是长养天命，他没有长养天命，他只顾了自己的孩子，这是长养了阴命，阴命就短命了，天命就长寿了，这是规则。

老人是树根，浇水只要把根浇好了，这个根深枝叶自然就茂盛。

我给大家讲过孝字怎么写，上面是个土，底下是个子。这一撇是个锄头，老人拿锄头挖坑埋种子，这是孝的第一种解释。但是，他作为一个父亲，他不孝，这个土就坏了，那他的子孙就容易短命。

那第二种解释就是，孝字上半部分是个老底下是个子，老要护子以幼时，子要养老以终时。你爸妈把他的责任尽到了，已经尽到了慈，现在，你爸妈都已经老了，可是你亏了孝，那你的孩子肯定要出问题。

这并不迷信，因为这涉及我后面要讲的一个宇宙法则，干支法则。老人是树根，我们是树干，孩子是树枝。这个能量场是一个整体，一旦亏孝了，他的能量场和父母的能量场就断裂了，他的孩子的能量场就也是断裂的，断裂了肯定就容易出祸，就招灾了要命了。

▪ 内部能量太弱的人，别人都帮不上他

亏孝也是坏了自己内部的能量场。所以，很明显，内运气学的作用力是要远远大于外运气学的作用力的。其实，古人也说过这个秘密：福人居福地，福地福人居。我还有一本书叫《做个有福人》，实际《做个有福人》里面，也透露了非常多的密码。里面有内五福和外五福，包括家庭五福公司五福。古时候讲的五福，跟我讲的五福完全不一样，词都不一样，完全是两个体系。你不要认为这是很简单的一本书，大家要详细看，最少看四五十遍，你才能解开里面的密码。

所以，福人居福地，这句话说的就是内运气场是核心这个道理。

那我们再举个生活中最简单的例子。大家都明白，一个好吃懒做的孩子，就算是一堆亲戚，到处帮他找工作，也会最后倒霉受灾。这是我在我们家一个亲戚身上发现的。我做任何事情，都想着给他省钱，让他好。我越帮他越倒霉，越帮他越出事。人家是我长辈，借我钱去买彩票，也没中。

古时候，有一个典故叫扶不起的阿斗。三国时期，阿斗身边有诸葛亮、五虎将辅佐。诸葛亮厉不厉害？很厉害。可是，结果谁都扶不起来他，越扶越倒霉，越扶他越弱。这就是因为阿斗内在能量场太弱，外面的能量场帮不上忙。故事流传到今天，成了扶不起的阿斗。

▪ 不要娇惯孩子，越爱他越弱

我告诉非常多的父母，在教育孩子的时候，一定要藏富显贫，惯子如杀子。在帮助你孩子的过程中，要救急不要救穷，一定要放开让他去闯。

很多富人给子女存了那么多钱，其实用处不大。我们古人有一句话叫：子孙不如你，留财又有何用。子孙超过你，那你留钱又有何用！

你反过来再想想，就算是孤儿，也生活得很好。你把孩子，含在嘴里怕化了，捧在手里怕掉了，我告诉你，你早晚把孩子克死。

要不我去监狱，看到年轻人在那里面以后，我非常难过。这些孩子是谁推进来的？是爸爸妈妈，不是别人。你看，我爸是李刚，我娘是兰玉。这都是父母推进去的嘛！孩子在上大学的时候，给孩子买辆车，结果孩子开车把人撞死，最后孩子被枪毙。请问，这孩子是谁害死的，爸妈呀！他是学生，学生的任务是学习，别那么早买车。

我去完监狱以后，太痛心了，真是惯子如杀子。很多父母就错在这个地方，把孩子变成了扶不起的阿斗！越爱他越弱，完全摧毁了孩子的内部能量场。

▪ 一切外部环境都会随着内部能量场转变

我最近看到一个报道，一个没有双腿的残疾人，跑成冠军。他的这个能量场非常强，他能被万物所滋润，不因为身残，就影响他的气场。

我们经常说的一句话叫身残志不残。所以，内部运气场的重要性是不容置疑的，完全可以对生命能量起到决定性作用。

有的高人，比如一些修行人，包括儒家的一些圣贤，他们的内部能量场都太强了，几乎不受外部运气场影响。

我们都知道，孔老夫子墓被挖了，并没有影响孔子家族命脉。

所有古代皇帝，把龙脉全部占完了，可是没有保住他的王朝。

要不我经常说：上等运气在自己身上。你自己要是真龙，那你走哪儿都是龙穴。皇帝不一定是在宫殿里面称皇帝，他在任何地方都是皇帝。那你要是乞丐，你坐在金銮殿上你也是乞丐，改变不了的事实。

这些例子都说明，内外关系的主次很分明。

我们现在很多人都爱关注外在：他对我不好，他害我，他是小人。

我告诉你：你自欺欺人，你自己害自己，你怨谁呀。苍蝇不叮无缝的蛋，苍蝇叮你了，证明你自己就不是好蛋，你怪谁呀，怪你自己吧！

一切要从自身找原因，一定要从自身找原因。

所以，内部运气学的重要性是不容置疑的。

你一旦掌握了内运气场以后，你的内脏和，六腑和，你的五官和，你的四肢和，一切外部环境都会随着你的内部能量场进行转变。

我就遇到过一个老板，家里坟地格局不是太好。不过，我发现，他很孝顺，妈妈重病，他要把自己的寿命给妈妈。去寺庙捐钱眉头都不皱，自己就吃碗面条，剩下饭还打包回家热一热。

结果，有一天，他打电话告诉我，他的祖坟在坡上，没想到坟地边儿自然冒出一眼泉水来！格局顿时变得很好。这让他很惊讶。

我说："不用惊讶，是你尽孝的程度，感召了外部环境的改变。"

我们总爱怪这不好，那不好，生我的时间不好，住宅不好。我告诉你，都是你害的，你是罪魁祸首，都是你不好。所以你要明白这个道理，一旦明白了，你就不犯错误了。

▪ 做好自己的本分，就能增强内部能量

上面讲到内外部运气场的关系。内部运气场，起决定性的作用。但也有高人，内部能量强到几乎可以忽略任何外部运气场。

什么样的人是高人？这个很关键！是古圣先贤。

我们很多人就在想了：那我们没有那么厉害，我们怎么办？

要我说，也很简单，做好自己的本分，做好自己的道，努力增强自己的内部能量场就好了，你自己的运气越来越好，外部对你的影响也自然越来越小。

就像我最近遇到一个朋友，夫妻两个人对父母都非常孝顺，在北京开

了几家药店，生意还可以，在燕郊和通州都买了房。他们想尽量多给老人提供方便，像他在通州这个房，是个两居室，就想卖了以后，换一个三居室，为的是老人来了以后，也有地方住。

没想到，发生了一个奇异的事情。他卖两居室时，对方交了五十万的订金，他拿着这五十万，就直接当首付买了三居室的房子。谁知道，他的新三居室的房产证都马上要办下来了，可是买两居室的那一家人全部失联了。

最后他着急，找到中介以后才知道，这一家买他们家房子的人，给他们五十万以后，因为家庭闹矛盾，这个丈夫把妻子和丈母娘全杀了，自己被抓进监狱了。

结果是，他自己把三居已经买了，他的两居没卖出去。

出这个事情以后，我见到他们夫妻两个。我说："这是天在帮你，因为你尽孝。请问你现在的房子再卖，是不是比先前要多卖几十万？"

他说："真要多卖几十万。"

挣钱容不容易？这是别人的例子。所以我们听到这个例子以后，就明白一个道理：孝是开启万福之门的。你看，就是因为一个孝心，希望老人在这个地方能安心居住，这样的奇事他们能碰到。我们想想，这是神话吗？不是。

我们不能当圣贤。那我们普通人如何来改变我们的命运？做好本分，就这么简单。是儿子尽好孝、是丈夫尽好责、是老板尽好义、是员工尽好忠。你只需要在道内，人在做事天在看。

▪ 内部运气场强，就容易碰见好事

我再讲我们家的一个增强内部运气场例子，我太太的一个亲姨父，他们家也出现以孝得福的事情。

这个姨父是个小军官，一辈子没有信仰。他妈妈有信仰，临走的时候老太太身体很好，去到庙里，把庙里卫生都打扫完，把女儿儿子和该看的人全部看完以后，在家里睡了一晚上就走了。因为这件事情，我姨父就开始在想：这人肯定有灵魂，妈走之前的所有举动，都是给人的一种告别，就睡一晚上就走了。

我姨父也很孝顺，本来两个人的女儿在深圳，退休以后也是一直在城里居住，竟然遵守孔老夫子讲的，老人去世以后要守孝三年。因为这一件事情，夫妻两个人就待在了一个小镇上，待了三年。

我当时还问他："姨父，你怎么不回城里去了？"我姨父说："人家都说老人去世守孝三年。我要走了，你说我妈妈这三年里面要回来，看不见我们，不是很孤单吗？所以我跟你姨妈商量，我们在家里就待三年吧。"

直到给他妈妈过完了三周年以后，他们才跟女儿回到深圳。他们在深圳也是有一个小两居房子，有孩子有我姐夫表姐和我姨父姨妈，要是她公公婆婆去了以后，就实在没有地方住。

我姐夫见我时就说："我有个想法跟你商量，我想把深圳的房子卖掉。你姨妈跟我父母，年龄也大了，他们都喜欢落叶归根，都喜欢回当地。我想给双方的老人，都交首付，一人买一套房。"我说："非常赞成，赶快买。"

他说："你姐和你姨妈都不同意。"我说："她们怎么能同意呀？我姐还想呢，你想给她爸妈买房，还不如把这旧房装修装修算了，也别卖了，位置这么好。"我姐历来性格比较要强，她是当家的，唯独这件事没当得了家，奇怪得很。我姐夫就把这个房卖了，卖完以后，给我姨妈这边交首付，就把房子买了，是个四居室还挺大的，老人来了都能住下。

刚买完也就一个月，因为我姨妈买房的那个地方划自贸区了，这个房子突然涨到三百万。我就说："因为孝所以天降福。刚买一个月就涨价了，还买了个四居。"

▪ 内部运气场对人生运气的影响力占八九成

你起心动念，只需在道中，不要出道，就会增强内部运气场，就会自然得福。什么叫在道中呢？为子尽子道、为夫尽夫道、为臣尽臣道。你只需尽到你的本分，至于你发财与否、升官与否不用过分关注，因为，好事情自然会感召发生。

很多人招灾遇难，只是因为你出了道而已。比如你打伞，伞打在中间，雨再大也淋不着你。你如果打着伞，伞在边上，雨把你就淋湿了。

所以，内部运气场对人的影响是非常大的。

我再给大家举个例子，现在大人小孩都非常喜欢玩游戏，比如玩网络游戏，内部运气场就是我们游戏人物各项属性的高低，外部运气场就是游戏装备的好坏。你穿好的装备，能力就会有所提升。但根本的人物级别和属性值，还是需要靠自己练习才能提上去。

就像你今天开奥迪、开宝马、开奔驰，也不能保证你不出车祸。我可以这么说，你的装备非常好，可是，开车的技术与车没有任何关系。你不要把你的生命安全，建立在好车上。你要是技术很臭，照样要命。

所以，外在运气就是起到一个装备的辅助作用。就像我们北京故宫一样，就是一个极好的运气装备。你看它整体的布局很好，据说是九百九十九间半，而天上的天宫宝殿是一千间，凡间的宫殿要比天上的宫殿少半间。

但是，故宫再好，也只能帮助延续朝代的气运，但不能决定朝代的气运。就像我们生病了，你有钱可能在医院插氧气，能多活两天而已。没钱的人，可能得这个病，就早死了。

对普通人而言，很多人的自我掌控能力很弱。所以非要划分个比例的话，内部运气场对人生运气的影响力，大概就是八九成，外部运气场一般也就一两成左右。很多人改祖坟改住宅，改来改去好像没有太多效果。原因就在于我们自己没有改变。

在这一两成的外部运气场中再细分，主要是住宅运气影响人的运气，但只影响人的一生，你一搬走就不影响，占比例大概就是六成左右。祖坟运气场也影响人的运气，但影响五代，占比例大概四成左右，就是这样。

我们在祭祖的过程中，在烧香供水果烧纸的过程中，实际也是对我们祖先起一个共振作用。你和他们产生的连接，是一种场能的效应。

但是，在祭祖的过程中也要配合内外，外就是形式上烧香烧纸祭祖，内在就是我们内心的孝心，感恩祖先。

最上等的运气场是内部运气场，内部运气场好，即使外部遇到恶的运气场格局，也是可以化解的。如果内部运气场很恶，心性没有往好的地方转，再加上外部运气场犯了明显的禁忌，那运气肯定糟糕，诸事不顺。

就像我碰到一个人，他去山上一个庙里抽签，抽个上上签。下山的时间非常高兴。谁知道走路没走好，蹿下去把腿骨就骨折了。他说："我这上上签也骨折呀？"

我说："这叫得意忘形，自找的，你以为有上上签就是尚方宝剑呀？"

当前我们很多人将自己的运气，百分之百地寄托在外部运气场方面，也就是我们讲的交给大师，你很容易上当受骗，花了很多冤枉钱，并没有给自己带来好运，还怪大师不灵。这个是非常可怕的事情。

▪ 做好事也会损害部分人利益，要考虑更周全

所以，我给大家讲了这个秘密，虽然是为大家好，但也是对人家大师的饭碗产生了影响！为什么呀？人家会少很多客户。我在给大家讲的过程中，帮助了不少人，但是也损害了部分人，这个是毫无疑问的！

讲到这个地方，我就想起了一个故事。道教讲过很多神，其中包括滩神，这个滩是三点水河滩的滩。过去，因为富人要拿船运物资，可是河滩

的滩面比较宽广，船到了浅水区以后，就需要人拿绳把船用力地拉到岸边，才能把物资给卸下来。

有一个人就想：可以聚集大家的钱在这个地方修一个坝，船有了专门停靠的地方，就不需要人再拉了，拉这个多费力，而且还是一笔不少的花销。

当这个人起这个念的时候，晚上就做了个梦，梦见了滩神来给他显圣说："我就是管河滩的滩神，你不能产生这个念，你会犯下非常大的过失！"

这人说："我认为是做好事，你怎么能说我犯过失呢？"

滩神就给他讲了："很多穷苦的人就指望着拉船，挣点钱养家糊口，对贩运货物的这些人来讲，他们的钱已经很多了，如果你修建一个这样的坝，会葬送很多穷人挣钱的机会，让他们失去了养家的钱财。"

这个人第二天想来想去，觉得有道理，就把这个计划给放下了。我们想想，贩货物的人他很有钱了，对他来说付几个工人的工资，那真是九牛一毛的事情，可是，对这些工人来说，这九牛一毛的钱，却能养活全家，这是不一样的。

在这个事情上，我们也要想到，我们人在做很多事情的过程中，你一定会影响到不同利益群体。因为，有很多以看外部运气场为生的人，我可能就影响人家命运了。因为有的大师是骗人的，还有大师是以这个为生的。

但是，毕竟讲出来，利益了更多人。所以，我只希望大家懂得内部运气场运作以后，多调整自己，运气命运掌握在自己的手中，能让你更好地懂得孝顺父母，夫妻和谐。

▪ 你只要做到不害人，你自身的运气都会很好

我讲的《命运设计师》，包括《做个有福人》，我的很多书里面，大家可以去看，只是没有太明确地给大家把这些词汇抛出来，实际完全涵盖了

这些内容。

而且，我讲的外部运气场和别人讲的都不一样，我发现，住宅的运气场实际是和人体联系在一起的。就像我给大家讲的：窗户的运气场连着人的眼睛，入户门的运气场连着人的嘴巴，客厅的运气场连着人的存心，厨房的运气场连着人的肠胃。

这叫人体运气学也是人体环境学，你的内在环境非常好以后，你的五脏六腑的运气场，和外在的对应是完全是联系贯通的。在《命运设计师》里面，我讲了一句话："家和能化解一切灾难。"你家里只要能做到和，夫妻和，还能孝顺父母厚爱手足，完全照着五伦关系的方式去做，那你的内部能量场肯定很强，你也是高人。

所以，每个人要做到的层次是不同的。甚至，你都不是非要当好人，你只要做到不害人，就行了，你自身的运气都会很好，这个是非常重要的事情。

▪ 人身实际就是一个小宇宙五行八卦系统

最上等的运气学主要讲内部能量场，因为，我们的身体是个能量系统，内部运气场就是人身体内部的能量系统。

运气学与阴阳、五行联系很紧。我简略给大家说几点。

比如，看我们的五官。首先看到鼻子，相学里面称鼻子是财锦宫，财是财富，锦是衣食无忧，宫是宫殿。当真正有内在能力的相学家，一看这个人的鼻子，就知道这个人一生的福报大小。

那眼睛是监察宫，当看到这个人的眼睛的大小、眼睛的形状、眼睛的亮度、黑眼珠和眼白的大小，就能断定这个人的忠厚或者奸诈。

我们都知道，数字里面单数为阳双数为阴。我们想一想，我们的鼻子是一个，可是有两个鼻孔；嘴巴是一张，可是有上下两个嘴唇，它里面就代表了阴阳合一。我们的人体，实际就是一个阴阳体。

要往深了讲，人身实际就是一个小宇宙，小五行八卦系统。我们的头部也有五行，我们讲的五官，我们的五脏也是内脏五行，它是一个小的宇宙，是人身体内部的能量系统，就看你会不会用它，这个非常重要！

我们头顶这个地方，学中医的人都知道，头顶有五个特别的穴位。头顶正中是百会穴，百会穴的东南西北一指宽的地方，这四个穴位的名字叫四神聪穴，它通的是五方，中央是百会穴。

再看我们的手，手也是个阴阳合一体。左手为阳右手为阴。手里面，大拇指我们称为阳指，因为它是单独出来的，其余四个手指头是平行的称为阴指，它都是双的。这四个手指头又有不同的特点，单数为阳双数为阴，这四个手指头都是三个指节，那三节代表阳，这里面就是属于阴中有阳；我们的大拇指是一个，可是只有两个节，是阳中有阴。你看，很神奇，我们的手指也是阴阳合一体。

我们的身体本身就具备阴阳，就是一个内部能量系统，当我们对身体有一个深刻的了解以后，我们就知道，我们的内心世界、内脏、五官、一举一动，对外在的环境都能产生大的影响。你今天是负能量还是正能量？你今天所聚集的这些人，是善的或者是恶的，都是由你自己掌握，这个是毫无疑问的。

为什么古圣先贤都是人成的。人在浩瀚天地里面，为什么能并称为三才？人的特点就在于人能替天行道，替地行德，这是我们应该知道的。

在道教的修行人来看，内部运气场系统的主修在什么地方？实际就是任督二脉。很多修行人任督二脉是通了的，可是一般人的任督二脉是不大通的。人身上有任督二脉还有七经八脉，脉络是非常多的。

而在西藏一些修行人看来，主修的是身体的三脉七轮。我提一提，抛砖引玉，大家要是想了解，要专门找老师去学，我就不多讲了。

中医对人体的能量系统也有研究。我爷爷当时是军医，给我教过针灸。我爷爷当时讲，一个好的针灸老师，是先从自己身上练习的。

当时我爷爷给我讲面口合谷收，人面部的所有疾病，在手的合谷穴这个地方，压下去这个点，大家可以感受，压的时候这个胳膊像过电一样，气就来了。用力压是泄，慢揉是补，你要是牙痛的话就要用力压，把火就泄了；你要身体虚的话，要揉得按，就是补。以后大家要有牙痛的感觉，这个你试一试一压，你牙痛就会变轻。这就叫身体的气场。

所以我经常在讲，中国的中医了不得。像经络穴位这些人体能量线路，西医就没有办法了解。当时我爷爷给我讲：面口合谷收，腰背委中求。就是腰背上的病在委中穴上面；头痛的病在太冲，就是脚大拇指和二拇指的中间有个位置，大家就可以压，头不舒服你可以去压。

实际上，我们人身体有很多地方都代表的是一个人的体形。我们的耳朵，是一个倒胎儿形，耳坠这个地方就是头部，包括耳轮里面的所有的布局，正好是一个胎儿，要出生的时候头朝下的这种形状，一模一样。那你在这个上面就发现，原来人真的是精密度非常高的一个小宇宙。

当我们头不舒服怎么办？耳坠连续揪二百下，头就好了，头上就没病了。要不古人讲：揉耳治百病。你经常把耳朵揉揉，我告诉你，什么病慢慢就通了。为什么呀？一个耳朵上面，都具备了人身体上的所有穴位，它是非常了不得的事情。

以上全是简略介绍，我们要讲七经八脉的话，简直几个月都讲不完，所以大概提一下。

第九章

心念是一切能量的源头——心念法则与能量法则综合讲解一

▪ 心念畅通，脉络必畅通，心里都是事，修什么脉都不通

上一章我们讲了内外部运气场，大家明白了，我们的任务是什么呀？掌握更核心的东西。前面我们讲过，这里把重要的东西重复三遍：内部运气场学的核心在于心念！

宇宙法则之二，心念法则——心念是一切能量的源头！

心念畅通，则脉络必然畅通。心里都是事，修什么脉都不通。当你要达到清净无为以后，我告诉你，你都能感觉到你的心跳、你的五脏六腑的共振、你脉络的流通。

有很多人在打坐的时候，就可以感觉到经脉气息的流转。能量流从你头顶流下去，让你静坐到心里都是空的，脉气自然就通畅了。

所以修心即是修脉，那你要是都能达心里非常清净的话，那么，你还会接收越来越多的宇宙空间中能量场所携带的信息，也会感受到更多人的信息，就像科学说的心电感应一样。

就像我们中医号脉一样，一号这个脉，就知道你这个脉是浮沉还是稳

健，就知道你的内脏是虚还是实。厉害的中医，一号脉就能知道你怀的是男孩女孩，这都不是神话，都是现世中存在的事情。

▪ 心念就是能量的发射器

对于普通人来说，内部运气场，就是自己的心念运气场。这就是我们反复讲的一个宇宙法则：心念法则。心念是一切能量的源头。我们肉体只是一部机器，是根据心念去运作的，我们的心念就是能量的发射器。

我们的心念是能量发射器，每时每刻都在发散能量波。心念的善恶，决定了你的世界好坏和快乐程度的高低。上等运气场的核心，都由心念掌握，所以，我们自己一定是自己命运的设计师啊！

你今天心里发出的一念是善，宇宙法则反射给你的都是善；你要是发射的是恶念，那宇宙法则反射给你的就是恶。你是什么能量，它回报你就是什么能量。所以，你的能量场好坏，都是因为你的心念和言行举止导致的，没有一个神或者一个佛来左右你。

这就是我给大家讲的话，我们经常要被阳光所照射，那你就阳光灿烂；那你要天天被仇恨、嫉妒怨气所辐射，那你的内在环境就坏了。你要观察自己，你的心是不是善的？肝是不是平和的？你的五脏六腑，是不是在和谐地工作？

▪ 给佛装藏，不如给人装藏

密宗里面，很多大活佛讲过如何给佛像装藏：要装经文，装五金——金银铜铁锡。我就在想：给佛装藏，不如给人装藏。

内在运气学，就是给自己装藏的一个过程。我们在学习文化知识、学习古圣先贤经典的过程，实际是在给我们的脑袋装思想，给我们的身体装正能量。

给心装什么？不恨人，感恩啊！

给肝装什么？不发怒啊！

给肾装什么？不烦人啊！

给肺装什么？不恼人啊！

怒恨怨恼烦，就通的是我们的五脏。跟内亲生气伤五脏，跟外亲生气伤六腑，就是这样啊！

我们给自己装什么？装善，装理解，装包容、装看别人的长处，装宽容，宽容所有人，尤其要宽容对我们不好的人。谁都不是圣贤，都会犯错，你可以宽容。

你还要学会宽容自己。现在很多人别说宽容别人，连自己都不宽容。恨自己，恨得咬牙切齿跳楼自杀。你看，现在自杀人多少？

我经常在讲：你有啥资格自杀？汶川地震一夜之间，所有亲人尽逝，人家都活得那么好；孤儿院的孤儿生下来，都不知道有个男的叫爸有个女的叫妈，更不知道有个地方叫家，人家都活得很快乐，你有爹有妈的有啥资格自杀？

爆炸、地震、泥石流，我们都没有碰到，我告诉大家，我们都是太有福的人了，你有啥资格放弃生命？你要好好活着，服务社会，服务国家，服务家庭啊！这才对。

那我们自己还要保持什么？平和心态。对喜的事情，不要得意忘形。对悲的事情，也不要乐极生悲，保持平和。你要是能做到宽容平和，那你的心念就受你掌控，不然的话你控制不住，暴喜暴怒，都是情绪在控制你。

你看，有些人，员工犯个错误他就暴跳如雷。那员工犯错误与你有啥关系？夫妻两人生气，你本来在和你丈夫生气，把你自己气得要死，你到底在和谁生气？你既然和你丈夫生气要让他生气呀。

可是，我们很多人生气说："我跟你生气，把我气得要死。"我说："活该。"

你本来就是跟自己生气嘛，你还要找个借口：我在跟你生气。

▪ 起心动念一旦错了，结果一定不好

佛学里面有一句话：菩萨畏因，众生畏果。

这个因是什么？就是我们的心念。

你今天在谈恋爱的时候，你产生的这一念，如果是喜欢他（她）的漂亮。我告诉你，漂亮容易衰老；如果你喜欢他们家的权势，这个权势可以退休；如果你喜欢他（她）的优美身材，我告诉你，这个身材可以发福发胖变形。

你这个因就错了，心念错了，那肯定感召的结果就不会好。

我们应该要喜欢他的什么？要喜欢他这个人的德行，这个德行一旦养成了轻易不会变。与他服装没关系、与他家庭背景没关系、与他们家的权势钱财都没关系。

这就是为什么现在离婚率特别高。很多人在心念上，就错了，和对方谈恋爱的时候，他就选择了权势钱财、家庭背景，而不是选择了这个人。因错了，果肯定就歪了。

谈生意的时候也是这样，如果光想把对方骗了坑了，占对方的便宜。你起这个念的时候，能量场就全坏了，你未来的结果，一定是不得好死、下场悲惨。

在做事情的过程中，我们要观察，自己的心念是善的还是恶的？善恶不是你捐了多少钱这个行为，而是存心。存心为善，打你骂你都是善；存心为恶，恭敬你给你钱请你吃饭都是恶。所以善恶在心念上面，不是在行为上面。

我们现在很多人傻啊，别人对你好，是因为你有权势、你有钱，他才对你好，实际不是对你这个人好。你们被虚妄的位置、钱财所控制，不是真实的。不像父母爱孩子，他是无私的。

▪ 现在的婚礼把百年好合变成了敛财之合

明白了心念的重要性以后，我们就要往心念里面装什么？要装宽容、平和、博爱、慈祥、喜悦等各种好念头，要明白我们自身是一个小的宇宙，我们要用这些正能量来装备我们的内五脏六腑，可以改变内在的环境，还能增强我们周边的能量场，所有恶的、不善的能量，进入不到你这个能量场里来。

我给大家也讲过更简单的方法，就是调动我们的眼耳鼻舌身意。要给自己装微笑，笑就是喜从天降喜神临门，这个是非常重要的事情。

我给大家讲，过去结婚的时候，这男人娶老婆不是娶人，是娶神呢。

女子在出嫁的那一天，就是喜神临门，是带五福来的，我们大家要明白。

我们农村按传统的礼节办婚礼，要贴大红喜字，要待客六亲，送红包恭喜恭喜。进村大喜、下车大喜、坐床大喜、进门大喜，这个喜字都没有断过。

农村有的传统的婚礼还要写个祖宗牌位、天地牌位，向天地、祖宗报告。

一拜天地，二拜高堂（父母和祖先），三拜夫妻对拜。这种传统，主要表达的都是“人和”文化，是人与各种周边能量场的沟通。

拜天地，是给天地汇报，我们家里头添了一个喜人；拜高堂是给祖先和父母报告，我们家添人了；夫妻对拜是相互尊敬，从今天开始起你们夫妻两个人就成一家人了，要齐心协力。

可是我们现在很多婚礼一点内涵都没有。不少婚礼成了敛财的手段，也不查日子，只要放到周六周日，要不就是节假日。为什么呀？放假来的人多，他收红包多，他是这种念头。

古时候的传统结婚是让你心念想到，如何夫妻两个人能百年好合白头到老。可是现在人结婚的时候，把天作之合变成了人为之合；第二，把处处为夫妻两个人着想的百年好合，变成了敛财之合，完全不管结婚日子好与坏。

所以，这个心念发射出去的能量就是不好的，起心动念时，掺杂了自私自利。这也是我们现在离婚率高的原因之一。这种婚姻一旦有孩子以后，孩子容易得抑郁症、精神病。

过去人选对象是选人品、选德行、选修养，按现在话，我们经常讲这是一支潜力股。可是现在很多人，选家庭、选财富。谁知道嫁到人家家里以后，这男的不是赌博就是吸毒，把这女的还打得不行。可是，我们现在人糊涂愚痴，还说什么宁在宝马车里哭，不在自行车后面笑。你看，愚痴成什么样了？这个能量场就凌乱了，遭万物所欺。

▪ 能量场减弱运气下降的原因

一旦我们把正能量的心念反过来，我们的运气就衰了。

比如，我们对外嘲笑、憎恨、埋怨、羞辱别人，再加上对内的愤怒、悲伤、委屈等负能量念头，将直接导致我们的能量场减弱，就是运气下降。

我看一个人爱嘲笑人，我就说："这人要倒霉了。"朋友说："你怎么知道？"

我说："他的运气场能量减下去了。因为他老爱嘲笑人。"

我遇到一个画家，有高傲的心思，爱去评论别人的字画。我就给我朋友说："他出不了名。"

这个画家一开口就是：什么什么画家就是炒作出的名，哪有真才实学呀？要不然评论别人写的东西：这个人写不好，还能得奖？

你看，他起这个念就错了，真错了。这就是负能量了，嘲笑别人。到现在，我认识他都十几年了，没有变化，真的是没有变化。这种运气衰败，实际就是他心念中的嫉妒、憎恨、嘲笑导致的自身运气场减弱。

人完全可以掌握自己的命运，被天地所护佑，被人所帮助。要建立一个好的能量场，那你心念里一定要减少嘲笑、憎恨、埋怨这种负能量波。

就像我坐地铁一样，我在那儿坐着，几个民工穿得很脏，周边人因为嫌他们脏都起身了，他衣服都挨着我，我没动。我当时心里想：这民工不容易，穿得这么脏坐在这里，我也是农民，我要是在地里干活和他们一样，说不上来还不如人家呢。再加上我一看，人家还会用手机上网，比我强，我连网都不会上。我在这种环境中，我都能吸取正能量，那我的能量场立即就起来了。

如果你当时要是在想：这民工太脏了，臭的，这衣服脏成这样，把我衣服弄脏了。我告诉你，这瞬息间你能量场唰唰唰就减弱了。这叫神出鬼就没了，鬼就进来了，就这么快，实际调节能量场，就是这么快的一个事情。

▪ 开启自性五福，能量场强，影响力就大

其实，我反复说过，我们只需要修正自己心念，不用管别人。

实际上，我还可以给大家讲得更简单一些：我们要多笑，微笑谁都会，耳朵听圣贤教诲，嘴巴说圣贤教诲，行为端正，存感恩心。

你看，你只要用了这五个方法以后，就开启了自性五福，就这么简单，就这么有效果，我们的运气场立即就强大了。

你这一强大以后，我告诉你，你和别人坐在这儿谈生意，只有你说话的份，对方没话可说。你坐在家里都有很多人跟你联系，想跟你合作，做生意也找你，钱财和贵人全自动找你了。

当你的能量场弱的时候，我告诉你，你追着别人的屁股转圈，别人还不愿意搭理你，连你的电话都不接，短信都不回，理都不愿理你，因为你的能量场已经弱到了对别人不产生影响。

打个比方，蚂蚁说话你能听见吗？你听不见啊。那要一只牛在那儿叫

呢？你肯定就听见了，就和这个道理是一样的。

你不要觉得我的方法简单，简单背后有深刻的道理。

你看，五官里面，我用了三个地方装正能量，眼睛、耳朵、嘴巴。

眼睛直接通的是心，我们都知道，眼睛是心灵的窗户。心脏是五脏之君王，推动血液，流通我们的身体。

耳朵通的就是肾脏，肾脏是精所聚的地方，里面有先天精和后天精。先天精来自于父母，后天精来自于五谷，通过胃消化进去的。当我们的耳朵只听正能量，不听负能量的时候，你肾气就很足。肾气一足以后，滋养你身体的五脏六腑、头发、骨骼和骨髓，全部能滋润到位。

你看，很多人未老先衰，牙齿掉了，头发容易白、容易掉，包括骨质增生，这一类的疾病全部是肾气不足导致的，所以耳朵听圣贤教诲是长养肾气的。

嘴巴是通胃脏的，主气。你看，我们吃的东西全进入胃脏了，五谷后天的精华能生气，气一生以后，那自然神就来了。

你把你的眼睛、耳朵、嘴巴这三个改变，要是能落实，我告诉你，接下来的行为端正和心存感恩就是顺理成章了，五福就全开启了。

我告诉你，我讲的这三个都是在调整你内在运气最简单最有用的方法。

▪ 方法简单，做到并不容易

你不要认为我讲这话很简单，其实，古人讲过，大道至简，大道都是非常简单的。就像我听到一个故事一样，好像是白居易问一个禅师：“佛教讲什么呀？”禅师就讲了：“诸恶莫做，众善奉行。”白居易就说：“这三岁小孩都知道。”禅师回了一句话，说：“八十岁的老翁都做不到啊。”

你不要认为我说的简单，你能保持常微笑下去？不容易啊。

你今天听了我讲的话：“哎呀，我笑呢。”很快，老天爷，这个自然宇宙规则就会来考考你。比如，你回去以后，你丈夫劈头盖脸说你一顿："你这天天听课，也不回来做饭。"你会不会生气?

再比如，你的一个员工，给你记账记错了，让你还亏了钱，你内心里面动不动气?

你要真不动气，老公说你的时候还能笑脸相迎，员工做错事了，你还能宽容平和慈祥。我告诉你，你考试过关了，你的笑是真的。不然，是假的。

我们古人把一些修道的人称为真人，还把真正有道德学识的人称为真人。

你看，吕洞宾称为吕真人，孙思邈称为孙真人，那是真人。我们现在都是假人，所以不能得万物之福，反而受万物所克。还别说受万物克，你都受你自己克，自己把自己都气得消化都不好了，腰也痛了，身体都不舒服了。

其实，我讲的这五个看似简单的方法，是通东南西北中这五方的，也推转了五行金木水火土。一旦你的内在五行要是真能做到，外在的五行能量场，你也全部推动了。五行只能相生，一相生就顺利，你的人生肯定会很顺利。

你看，我只做到了十分之一，我都这么顺了，做什么都容易成功，真的是这样，很有意思。

▪ 不求反而得到，越付出还拥有越多

我给大家讲过，我在新疆讲课。有一个卖油的人，过去造的食用油里面掺杂了很多对人体不好的东西，学完传统文化以后，他说他改了，可这油怎么还卖不动啊?

我说："你坏的时候已经积得太严重了，所以你这个油卖不出去。"

我就给他说了："你想卖出去啊？告诉你一个方法，你先付出。"

我说："你看，你是新疆人我是外地的，在座的各位还都是你的朋友。你不是会唱歌吗？你给我们唱个歌吧。"

他说："我唱歌唱得蛮好的。就唱《新疆是个好地方》。"

我说："那你就唱这首歌吧。"

他连续唱了三首歌，唱完以后，他几个开饭店的老板朋友就说："从明天开始起，我们所有用的食用油，你给供吧。"他朋友新疆那个饭店可不像北京，一个庄园就是两千亩地大，里面全是别墅，又是湖泊，大得很。你看，就三首歌听完以后，二十分钟左右，几个老板当场表态要用他的油了。

为啥这么快？因为，那个时候，他的心念能量场变了。

唱歌的时候，他心里没有想卖油，他想的是：我要把歌唱好。

他一开始，心念老想卖油卖油卖油，这就完了。就像卖保险的一样，见谁都想卖保险，麻烦了。你的所有朋友亲戚见到你，退避三舍，不愿见你，就和这个道理是一样。为什么呀？

你发射的一开始都是自私自利的念，能量源低落，你这个能量场就很低。

你想唱好歌的时候，是付出的念头，希望大家快乐的念头，自己喜悦引发了别人的喜悦，这个能量场就很强，立刻就有了效果，就是这样，你要照游戏规则去做。

要想顺运，按游戏规则来，看你发射啥念头，这个最关键。凡是利益他人、利益国家、利益社会的这些念头，全部都是正能量，最后反而利益了自己。这就是不求反而得到，越付出还拥有越多的背后原理所在。

▪ 情绪即能量，负情绪产生负能量

我还要强调的是，对内的愤怒、悲伤、冷漠、忧虑、羞愧等等负能量情绪，会直接把我们的能量场给降得没了。按现在话来讲，把免疫力给杀下去了。

比如，现代医学证明，如果你心情总不好，一定会得各种病。因为心情不好，代表我们运气场的核心能量源出了问题。

你为什么笑不出来了？心里有恨。

为什么耳朵聋了耳鸣了？肾脏起烦了。

为什么皮肤不好了？肺脏起恼了。

为什么肠胃不好了？是窝气了。

你看看，病完全表现出来了，情绪即能量，负情绪产生负能量。

我们这个身体产生了问题，就是能量系统产生了问题。

要是我们的心念出问题了，就是运气场的核心能量源出问题了。那外面的所有负能量都会被感召来。打比方，我们走路因为心情不好摔跤了，开车出车祸了，被老板骂了，和同事之间产生矛盾了，种种负能量，不断地往你的身心上增加，把五福克制住。我告诉你，慢慢就形成抑郁、精神病、自杀。

很多人没有了正能量的供应，还总发射负能量。苦瓜脸冬瓜嘴，不笑了，嘴爱说是非了，耳朵爱听是非了。

别人说什么话你都会想：这是不是说我呢？他是不是看不起我，他是不是想骗我？连你谈个对象都觉得：这人是不是为我钱？他是不是来占我便宜了？

总之，你要是不改，你随时随地会感觉到你的周边全部是恶的能量。甚至还有比你更倒霉的人，向你倒负能量，给你说：谁死了，谁被抓了，谁赔钱了。不光朋友给你倒垃圾，你老婆，你丈夫，你父母，你周边的所有人，都开始给你倒负能量，他们完全都加入了负能量运气圈，被你感召来，把你控制住。

你就一边自己发射负能量，还天天接收负能量，进入恶性循环。到最后你就精神崩溃，开始不自信了，自卑了，你慢慢不愿意和人再交流了。

你这个状态，就是因为断了正能量的心念，被负能量完全控制住了。

再下去，你就觉得活着没意思了，爱叹气了，怎么活得这么苦？这种念头一多以后，就有很多人开始跳楼、喝农药，很可怜，被负能量完全控制住了。

你必须要吸收正能量，你必须要有一个正能量场的供应场。不然，你周边全是负能量的供应，你突破不了这个口子。

我告诉你，你怎么突破？去读佛教、道教、儒家经典，他们是完全可以破除负能量的上等方法。

我给你讲的开启五福的方法，也可以。你能不能坚持笑下去？你去听和说圣贤教诲，也是破负能量场的。慢慢地，你的内在五行就开始增加正能量场了，这个能量场就自然产生了，它会保护你，并慢慢吸引更多正能量的人，来给你灌输正能量的思想，良师益友就多了。

这是最简单的一个方法，效果是非常好的。

▪ 能量场会同类相吸，形成一个更大的运气圈

你要思考，为什么你的朋友、你的家人都在给你发负能量？因为他们也断了缺了正能量的供应，你也断了，所以负能量就聚在一块，这就是我前面讲过的运气圈的聚集。

所以好运的人和运不好的人，你的周边都有一个能量场，并同类相吸，形成一个更大的运气圈。

这个能量场我们自己可以改变，就是你的心念所散发的那一刹那，一定要是用天性的，是正的。大家可以试，效果非常好。

我常说，你要思人恩德想人好处。思人恩德在脑袋，想人好处在心，一个是温暖我们的脑海，一个是温暖我们的五脏六腑。

思人恩德想人好处，叫聚阳，也是聚光，光则上扬招财招贵。那在外面对应的就是，财和贵就在你这儿来了。财字怎么写？贝才也。第一种解释意思就是，你会遇到宝贝性的人才，助你成功。第二会影响到孩子。我们把孩子这个宝贝，培养成对社会国家有用的人才的时候，你才是最有财的人。不是说你存了多少钱，我们要明白这个道理。贵是什么呀？贵人。那你既然贵人都来了，肯定是没有小人，没有仇人，没有敌人。

那天天想人不好，嘲笑人憎恨人，埋怨人羞辱人，愤怒悲哀冷漠，这

就是招阴气。阴则下沉，脑海里面就没智慧了。

下沉在什么地方？下沉在我们的五脏六腑就开始生病，下沉在肢体就开始冰冷，在末梢神经就开始麻木。这个时候就会招病，自己的身体受苦，还招祸，外在的所有的意外，不如意的事，逆境，全部都会来收拾你，就是这样。

抑郁久了呢？我们人周边的能量运气场，就全是灰色的。简直就灰暗得不行了，天天听到的是哀讯没有喜讯，连你开个车，都会碰到车祸。

我经常在讲，要善用你的慈悲心。你只要慈悲心一起，我告诉你，善的正的能量，立即进到你的心里来，进到你的身体来，就这么快。

心念是一切能量的源头，这种力量是非常非常大的。你是善的心念，得到的全部是善的。我就用这种方法，得到的全是对我的尊敬、感恩、厚爱。

那我们今天所遇到的所有逆境，我告诉大家，都是你过去用不择手段的方式对付了别人，所以反弹过来了，这叫自食其果。

自食其果不是骂人。你今天所得的顺境，也是自食其果。

讲了这么多，重点重复三遍：起点，就看你的心念每天发射什么能量。

能量源发射的能量善恶，影响我们周边的能量场，产生负能量场和正能量场。能量场也会同类相吸，螺旋循环。好的越好，差的越差。

这个核心是你的心念，产生的场能，就是你的命运，你完全可以掌握。

第十章

走好人生十二部运——心念法则与能量法则综合讲解二

▪ 在相同环境下，正负能量场的人遭遇完全不同

我们大家要明白一个道理，《太上感应篇》上讲：祸福无门，惟人自召。我们要对今天所遇到的任何境遇，负百分之百的责任，不怪别人。

你今天为什么遇到不好的老板？为什么遇到不听话的员工？为什么遇到出轨的老公和出轨的老婆？什么原因？

你自食其果，不怨八字，不怨运气命运，是你的内运气场产生了问题。

那个时候，就是有人起善念想帮你，我告诉你，都把你带沟里去了。比如，有人说这个事挣钱你去吧，你一去，就赔钱。这就叫：贵人相帮无力。错也不在贵人，而在于你自己，这是我们自己产生的问题。

▪ 心念细则一：起点决定终点，公心与私心，结果大不同

我们这个肉体实际只是一部机器，会根据心念进行运作。

你想偷窃、想抢劫、想害人，首先都必须有这个念头，你才能去做，在现在的法院叫动机不良。那你想帮人，想做好事，你这个动机就非常好。

动机就是心念。而在心念法则里，深度讲，有几条细则。

第一条细则：心念的起点决定终点。你是善心，还是恶心，是公心，还是私心，这个起点，会决定未来的终点。

心念分三层，天性、禀性和习性。不同层面的心念，所得的结果是不一样的。用天性散发出去的东西，纯善无恶，结果可以说大吉大利。

禀性纯恶无善，要是出去的话，大灾呀！你挣钱也有灾，这钱都是凶财！

要是习性的心念散发的话，我告诉你，结果你变成身体的奴隶，吃喝嫖赌吸，完完全全被控制了。

从天性出来的念头，真是大吉大利。我首先说我自己的例子，一个农民，小学三年级没毕业。可是大家都知道，我社会职务现在兼得非常多了，包括在国际儒联，还有很多协会里面当副理事长、副会长，讲师。

这种身份是我要求来的吗？不是，强行给的，你不要都不行。可是有些人头削尖了，想得就是得不到。

我遇到一个出书的就说："别人都想出书，自己花钱出书，无非最多就是一两千册、一两万册。"

可是我并没想出书，我的所有书都是被动出的，是别人帮我把讲课资料编辑的，反而销量都很好。你看，《命运设计师》已经第十一次印刷了，《精讲弟子规》都已经第九次印刷了。很多书印一次那都不是一万册，一次大多都上十万册。有时候，这十万册还都被一个人买走了。

所以说，我的讲课心念是为公的，没有私心。那这个能量场就很强，能量场非常旺气，周边所有的东西，都会随着你而动，会来成就你！

我们就要反思：我想了很多念头，为什么都没成？我想当官咋没成？我想发财咋没成？我告诉你，两个原因。第一个，是你的福气不够，能量场不强。你想干什么和能干什么，是不一样的。你今天想挣一百万，你要具备挣一百万的能力和福报，你产生的这种心念，一定不要超出自己的能力范围，超出这叫妄想。你看，很多人之所以出大问题，就是超出了。你违法乱纪了，违背伦理道德了，不择手段了，最后导致自己出问题了。

如果，你的念头里面有自私，自私的能量场就很低，影响事物的实现。

就像我给大家讲的，你拜菩萨想要个冰箱，那肯定成不了。求上帝中个五百万，那肯定也中不了。

你换一下，用公心和善愿来做起点，那么，你的这个能量场立刻就变得很强很强。比如，你买彩票的动机，不是为了自己，是为了把所有的钱都服务大众。服务大众的念头，超过了自私自利的念头，你这就叫依愿力而行；你要是自私自利的念头超过了服务大众的念头，你这就叫带业之身。

我们想要个好孩子的话，起念如果是：我要个孩子要让他挣大钱。我告诉你，肯定不挣大钱，你动机就错了。

你看，有的人方法就很好，求老天爷给自己送一个利国利民的、为社会国家做贡献的孩子来。这个念头的起点就很好，为公所求不为私所求，这就反而会得到好的孩子。

你要随时注意，你起的是公心还是私心。你看，毛主席起的就是公心：全心全意为人民服务。爱占便宜的人就是私心，是乞丐念。

我经常说，手心朝下的人得福无量，手心朝上的人得罪无量。

有一个故事就很有趣。阎王爷说了："两个小鬼，你们都有机会投胎，可以选择你投胎的家庭和环境。一个投胎的，可以选择从别人跟前得到好处；一个人投胎，要把自己的好处给人。"

其中一个小鬼很聪明，他说："阎王爷，我上辈子就很可怜，我这一辈子要从别人跟前得到好处。"

另一个小鬼就说：“好吧，我再投胎，要把自己的好处给别人。”

阎王爷不慌不忙就说：“想从别人跟前得到好处的人，投生在城角下的那个桥洞底下，有一对乞丐他们想要孩子，你投生到乞丐家里吧。”

这小鬼就愣了，说：“我想从别人那里得好处，怎么让我投生乞丐家？”

阎王爷说：“乞丐就是从别人那里得到好处的，你当鬼的时候你是乞丐鬼，你上一辈子是乞丐人，所以你再投生也当乞丐儿。”

你动这个心念，就种了乞丐的这种场能了。

阎王爷指着另一个小鬼说：“这个愿意把自己好处给别人的人，投生到这个城中，最大的员外首富家里去，给他们家当孩子，他们家福多，有钱给人。”

所以，我们想一想，你的念头是公的还是私的，你今天这种场能是正的还是负的？正的一定是利国利民，自然利己；正的一定是常为他人着想，常看对方的好处，找自己的不足；正的一定不会生气，不会怨人，不会嫉妒人，不会害人。这个存心我们是完全可以掌握的。

那你要是念头邪了呢？我经常在讲，你要是老板，想占员工的便宜，这叫贵中有贱，贵命变成了贱命。男的也好女的也好，有了自己的老公或老婆，你要不懂得知足，我告诉你，不是受对方的打，就是对方会吃喝嫖赌，让你就要受苦。因为你不知足，福命变成了穷命、苦命。

邪的念头一起，你立即决定了自己的未来，快得很。

所以，古圣先贤的东西里面，都教给过我们这种法则。我们看《弟子规》上讲：待婢仆慈而宽。你看，简单一句话，你要待婢仆真正做到了慈而宽，我告诉你，你就贵中还增福了。你看，所有的话语里面都有密码的。

我们在人生道路上要由贱命转贵命，由穷命转富命，由短命转长寿命。我们要建立自己善的能量场，运就顺了，要建了恶的能量场，你命就悲惨了。

▪ 心念细则二：念头的强度影响结果成熟的快慢

还有很多人说："我想什么事为什么没成？"

原因在这里，心念法则的细则二：你的念头不够强烈。

你要干啥，这个念头一定要强烈的。你的善的念头强烈，这叫愿力坚定。你的恶的念头要是强烈的话，也叫愿力坚定。

想了，没干成。除了受公心私心的影响之外，重要因素，就一定是念头的强度不足。当你说非如此不可的时候，这件事就很容易成为现实。

我们有时候，心里会有好几个对立的念头，如果一个念头没有超过对立念头的束缚，就不足以产生影响。

打比方我给大家讲的，来了个乞丐，你天性想：我要给乞丐一块钱。那禀性就讲了：这乞丐是不是骗人的。当你天性的念头，想给乞丐捐钱的这种念头，要是超过了禀性的这个念头，你的行为就会听到天性的指挥，从口袋掏一块钱就给他了。要是禀性念头超过了天性以后，你这个行为就会附和禀性，就不掏钱了。

你会想：我挣钱也辛苦得跟啥一样，我不给他。

这个时候，你的天性念就不当家了，禀性念当家了。

我们随时随地要看：这个念头，是天性的念头还是禀性的念头？是天性的念头强还是禀性的念头强？哪个强就会促使你成就善或恶，也就是我们讲的是善的念头强还是恶的念头强，就是这个道理导致的。

比如你想干活，但是你懒惰的习惯，强过了干活的念头，最后你懒得工作，心懒，你就成了懒汉了。这都是心念导致的。

大家来听我讲课也是一样，你能不能坚持听完？你是不是能放得下？你听完以后是不是能落实？这个都在于你自己。

要不我说，成功人士和失败人士的区别在于：成功人士能坚持坚持再坚持！就是这个道理。他能坚持，这个念头很强，这是他的特点。

▪ 心念细则三：同样的外境，我们可以用不同的念头去对待

接着讲第三个细则：我们对同一件事情，生发出的认同不同、念头不同，也会导致自己的运气不同。

比如我们当前很多人对现状不满，但是有的人，生出努力改变的念头，越来越努力，你就把自己改变了。有些人就不会这么想，生出讨厌社会、憎恨社会的念头，结果导致自己不好好工作，每天受委屈，难受，让父母朋友总为你担心。

你看，同样的事情，不同的心念，感召不同的结果。

同样是我们买菜的时候，你去菜市场，你要是想：哎呀，这卖菜的太辛苦了，这么冷的天还卖菜，一家人指望菜摊生活呢，我要帮帮他。

你起这种念再去买菜，我告诉你，你贵中有福了。

要是你动一个念头：你给我便宜点，少要点钱，你怎么怎么样。人家没有给你便宜，转身就走了。你看，贪嗔痴全部出现了，你这个时候就是贵变贱了，能量场就弱了。实际这都是念头的转变，我们完完全全是可以掌握的。

我们自身的能量场，是开放的，每时每刻都在增减。我们的能量场需要充能量，就像充电一样，才能强大起来。你要观察，你的能量场经常接收的是负能量，还是正能量？

充负能量，你就减弱正能量，你就会充死自己。充正能量，就把你充发财了，充兴旺了。

所有的万物，因为念头不同，都会让我们产生能量增减。

当我们看见树，绿叶这么漂亮，你就把正能量就充上了。增强！

你一想，这树这么阴，叶子把我窗户挡住了，你这负能量就进来了。减弱！

比如晒太阳，你说："这叫佛光普照，太暖和了。"增强！

你说："太阳把我晒死了。"告诉你，减弱。

外境没变，外境对我们来说，没有任何关系，你只需要改变你自己的念头就完了。我们首先给这个社会不添堵，不添负能量，就好了。

你是随着外境转的？还是外境随着你转的？

你看，孔老夫子、孟老夫子他们是转变外境，转变别人。可是我们现在很多人被外境转，被人转，这个就可怕了。你被人转，被事转，被境转，都被转了。你控制不住你的念头，导致自己越来越不好。

▪ 孝的心念，可以连接父母和祖先的能量场

所以人生的一切福祸关口，都在于我们自己的心念，你今天所受的任何事情，都是你自作自受的，一点都不怨别人。

再细分讲的话，不同的心念，对能量场的增强程度还不一样。我告诉大家，孝顺的这个心念，直接可以让我们的能量场连接上父母和祖先的能量场，这个很不得了。但是，邪淫的心念，是损害能量场最厉害的。

我遇到非常多的人，就因为把孝做好了，万事则顺了。我也遇到很多人，命里有很好的财富，就因为谈恋爱的过程中不懂得节制，随便与人同居，随便打胎，把运气场坏了。

就像我给大家讲过，一个人发财有他的原因。我在西安有个朋友，很多人就跟我讲："他脾气也不好，又没结婚，为什么能当亿万富翁？想不通。"

我就说了："他孝悌做得好啊。"一个土匪要是义字不倒，都不会被抓。"温良恭俭让，仁义礼智信。"我们只要能守住一条，你在这个世间，能量场都不会完全断掉。

那个朋友有个特点，都四十岁的人了，每次出差，要给他妈妈来个拥抱，还要对他妈说："你放心，我这出门听话得很，一定不学坏。"就走了。

对他姊妹都好得不行。别人说："这人也没做啥大善事。"

我说："人不需要做善，只需要把自己的本分做好，运气自然好。可是我们现在很多人，本分没做好。"

▪ 走好内三运，一辈子兴旺不衰

一个人的心念决定了自己能量场的好坏。这是核心。

同时，你作为一个人，与其他人的能量场有交集。这些不同类的能量场会如何影响我们呢？接下来，我要为大家讲自身能量场与周边能量场的连接。

比如，我们可以这么说，孔子讲的五伦关系就是教我们如何连接其他的能量场。夫妇做得好了以后，产生一个能量场；朋友之间有信，也是一个能量场；君臣之间也是个能量场；父子之间更是个能量场。

我就遇到有的老板，一辈子不走衰运。为什么？他以孝侍奉父母，他的能量场和父母的能量场产生了连接；和妻子不失和，不嫖娼，他和妻子的能量场又相融；最后得子，正儿八经变成了贵子，又走子运。等于他走父母运，走妻子运，走孩子运。你会看到他一辈子不倒霉。

古代的皇帝，走父运的时候走得很好，要是走子运、妻运没走好的话，他就倒霉了。你看，离我们最近的清朝，康乾盛世就是父运、子运都走得很好。乾隆以后，嘉庆就不好了，子运就没走好。

实际一个人的运气场的连接有很多讲究。

我们先讲内三运。第一是父母运。父母他们是树根。那我们要想走父母运，就是以孝的心念波去连通他们的能量场，就走他们的运。你要是不孝的话，你和父母的能量场是断的，一断以后，还反过来受父母怨念能量波的克制，等于你这个树没有营养，根断掉了，是无根之木。

第二运是妻运或者夫运。别人总问我说："秦老师，你看我老婆旺不旺夫？"我没有正面给他回答，我就说了："天下女人都旺夫，关键旺不旺你这个夫我不知道。”

那反过来说，天下男人没有不旺妻的。我们要是懂得了这个道理以后，我们就知道，夫妇有别，你们各自尽到了不同的家庭职责，那么，就会夫妇和，这一旦和了以后，夫妻两个人的能量场就贯通了，你就能走妻运或者走夫运。

第三是子女运。你看，有些人，很穷苦很倒霉，怪了，要一个儿子以后就显贵了，这个儿子还当宰相或者当大官。这个人实际是走了子运了。或者是走了女运了，他有个女儿以后，嫁了个好丈夫，这个丈夫对他们家也很好，他们家里也起来了。

我们看到过去，皇帝的嫔妃非常多，生了儿子就贵了。母凭子贵，母亲借助子得了贵了，就是这个道理。

内三运就是：以孝走父母运，夫妇间以和走对方运，对孩子，以慈走孩子运，你要慈孩子一定就旺你了。

外三运是，君臣运，就是我们所谓的员工和老板的能量场连接，你以“忠”这个念力波贯通，你就走了老板的运了，老板以“义”的念头，你就走了员工的运了。

朋友运，朋友以“信”这个念力波贯通，你就走了朋友的运了，一诚信你们就可以合作了。我们有没有注意，大的老板，大的企业都是共赢合作了，越合作越好。

那下来，外三运里面，其中还有一运，就是家族祖先运。

▪ 六亲运怎么走

除了这个，人还要走六亲运。

我们为什么说你都六亲不认？六亲是谁，大家可能有的人还不清楚。

内三亲就是姑姐舅。外三亲，娘姨，表亲，堂兄弟。

娘姨是妈妈的妹妹或者姐姐，表亲是我们跟舅舅家的孩子称为表兄弟，还有一个就是堂兄弟是我们同族的堂兄弟。

所以，六亲运里面有姑姑运、姐姐运、舅舅运、娘姨运、表亲运、堂兄弟运。你有没有走?

别的不说，你要真能把你的内三运：父母运、妻子运、孩子运走了，我告诉你，你这一生都不会衰的，非常兴旺。

有些人之所以衰，因为这个运断了。他走了父母运，妻子运没走好，他败掉了；要不就是丈夫运没走好，她败掉了；要不然就是孩子运没走好，孩子吃喝嫖赌忤逆，把家败掉了。

你在这个运气波上，为何产生了这种祸患？为什么我们能碰到？其实，还是你自身的心念，这个运气场的核心能量源出现了缺陷导致的，也不怪外面，你没用对心呀。

当你走运时，父母运、妻子运，孩子运都会旺你，你的内在运气能量场非常强，那你这一生很兴旺。

再加上祖先运，君臣运，朋友运，都是和你合作的，助你成功的。

再加上六亲运，如果你也走好了。我告诉你，你这个家族最少是旺六代，不是五代，一定是。你哪一运都不缺，你都可以走到。

所以我讲的这十二部运，你连一部运都没走到的话，你就知道你这个人已经无可救药了，真的是这样。那你为什么没有走他们的运呢？是你和他不合拍，是你的场能不能聚万灵，你是聚了万邪。

▪ 人生能行十二部运，不同念头连通不同能量场

过去的皇朝，之所以能传几百年，都是走运所致。

我们看到周朝八百多年，除了自己的父母运，我们的周朝的三位贤王都走妻子运，是三个太太贤母辅助的，还走孩子运和大臣运，周朝的君王都很贤明，对民众，对大臣都很好，所以都走的是顺运。

周朝等于是走了家里的内三运，加上外三运，君臣、朋友、家族祖

先，这就是六运了。再加上内三亲、外三亲这也是六运。加起来正好是十二部运，也代表一年十二个月。

我们把这个运波理解一下。你就要想想，你今天发财你在走谁的运？你在享谁的福？你看，我现在走的就是妻子运。我还走岳父岳母运，都帮我带孩子。接下来，老板运我也走了。除非公司安排事我出差，老板一定不为难我，所以我有时间能给大家讲课。

按八字，按名字，命运来的话，我告诉你，我是贱命。我是由贱命转贵的，由穷命转富的，由短命转长寿的。

单从属相上看，我们老大、老二克我。因为属相上我属鸡，我们老大属狗，都说我们家大儿子克我，可是我家老大对我非常好。我太太还说："你看，你对两个孩子接触得都少，对孩子管得也少，这孩子怎么都爱你？有什么好吃的都给你。"按命理上，我们老二属龙，是直接克我的，可是从我有完老二以后，我工资真是翻倍涨，我把子运也走了。

我连朋友运都走上了。有很多人我不认识，但却自发地在送我的书，赠我的光盘。我在山东讲了一堂课，连这个大姐都没见过，这个大姐竟然发心流通我的音频讲座，她做的播课机，就上千台，那一千台下来都是七八万，我都不知道是谁，到现在我们没有通过话。现在，她手里已经都做了三四千台了。

有个朋友，他们家就种一棵杏树，把所有杏摘了给我。我睡着觉呢，一个老阿姨把我脚量量，能做双布鞋、鞋垫送给我。

你看，我把周边的所有人的运，都走上了。我们想一想，你能不能走到这十二部运？父母运，妻子运，孩子运，姑姑运，姐姐运，舅舅运，还有君臣运，朋友运，祖先运，我们的表亲、娘姨、堂兄弟运。你哪一部运没走上，那你享受不了这边的能量场增益效果。

我们再想，你和他们是和的，还是克的？你为什么发了一年财就倒霉了，公司破产了？你想想，到底哪部运你没走上，还是一部都没走上？

那你和这十二部运的能量场要连接，就要用好自己的能量源发射器，用对了念头，你才能贯通。走父母运就是用孝；走子运就是用慈；走兄弟姊妹运就是用悌；走姑姑姐姐这些运就是用尊。

▪ 走亲戚，看父母，就是去连接能量场

我给大家讲过，过年是个走和合运的时候。从腊月二十三走灶王运。大年三十祭祖就是尽孝走祖运的。大年初一敬神，去寺院道观，这是走天地运的。初二走丈母娘家，是走岳父岳母运的，再去姨家舅家串门，走六亲运的。

我们现在很多人不走亲戚，给朋友送礼比给亲戚送礼多。要不我说，你六亲不走动，你的六步运都已经断掉了。你想想，我们亏得太多了。

虽然忙，你再忙能不能打个电话问候一下？你过年给舅舅家打个电话行不行？给娘姨家打个电话行不行？现在快递这么方便，我给她送包糖行不行？

关键你有没有这个心念？很多人，连这个心都没有，这个就可怕了，太可怕了！我们跟父母都不联系，亏孝。夫妻相互冷漠，都找情人去了，同床异梦，有的人还对孩子凶。

我讲过增加运气有两种简单方法：一个是多抱孩子，一个是多抱老人。

你看，老人是根，孩子是你的果实，你肯定要保护他们。

我们想一想，爸妈抱我们一到三岁，我们有多长时间没抱父母了？你光抱你孩子去了，那你就没连通父母运，你还想要回报？

你要知道，人在什么地方有亏了，什么运就不好。用这十二部运，我就会判断，人哪一年开始倒霉？哪一年开始发财？为什么他倒霉？为什么发财？他出什么事儿？我都用这种细节去对照的。

大家有没有注意，很多疾病越来越年轻化。我遇到四岁得糖尿病的，十七岁得半身不遂的，二十几岁三十多岁，得心梗死了的，已经非常多了。

为什么？我把他归结为六亲亏空病。亏是亏，空是空闲了。为什么叫

亏空病？六亲不走动，血脉不通，原因在这儿。在你这里，你可能还知道谁是你的娘姨，谁是你的舅舅，谁是你的姑姑，可是到你孩子那里，他连知道都不知道了，不来往了，你因为一个忙字，绝了自己的六亲运。

实际我们在和人家走动，送点东西的时候，我告诉你，这叫连接能量场，能量会产生交流和相融。这种行为，会为彼此增加正能量。

我们需要有一个能量场，就像我给大家讲的肾脏，肾脏的先天之精来自于父母，可是我们需要后天的精补充，需要五谷。

我们自身能量场要想强大，补充场能在哪里？在六亲，在父母，在妻子，在丈夫，在孩子，在老板，在员工，在朋友，他们的能量场都会为我们自身带来能量的交流和增益效果。

▪ 感动可以连通并调动全部能量场

如果我们对别人好，好到能感动别人，那么，不得了，他的全部能量场都会被你连通，被你调动。

我说了一句话：世界上最厉害的武器，不是核子弹是感动。真的是这样啊！

有个古代故事说，一个君王的妃子比较漂亮，在一个酒宴上，被一个醉酒的大臣调戏了，这个妃子顺手把大臣的衣领撕破了一块。这个妃子就向国王告状。没想到，国王先下令把所有灯都灭掉，再下令让酒席所有人把衣领都撕破，再把灯全部掌起来，这个举动等于不露痕迹地赦免了那个大臣。

最后，有一次在国王受困时，有一个大臣非常勇猛地冲杀，帮助他解了围，这个大臣告诉国王说："我就是那一天调戏了您妃子的人。我向您忏悔。"你看，就因为国王原谅了这个大臣，最后他所得到的回报，是被这个大臣救了。

我再给大家讲一个现代的例子，一个董事长告诉我的。他只要看见保洁员就会表扬："你看，这大姐，干活干得真好，地拖得真干净。"

他无非就是经常表扬这一句话。最后，他的财务室遇盗，碰上这个保洁员来得早，打扫卫生，拼命和偷盗的人对打，最后把财务室给保护起来了。

最后，记者采访她的时候说："你怎么这样不要命地去追这个人啊。"她说："这叫知遇之恩，我工作这么低贱，他能这样表扬我，我很感动。"

我在福建还碰到一个老板，他的员工都是老员工，十几年二十年不离岗。我最后问他的保洁员为啥不走，保洁员说："我们董事长有三件事，让我们所有员工都特别感动。我们老板即使坐着宝马奔驰，在路上只要碰到单位的员工，都会下车问候，从来没有高傲地不理我们。这是第一个动作。第二个动作，我们老板会亲自在员工食堂吃饭，他觉得自己吃得可口舒服了，他就放心了。他要觉得自己都吃不下去，一定不给员工吃。第三个动作，员工家里只要有人生病，父母兄弟姊妹需要帮助，你直接可以找董事长批钱，不需要经过财务，因为这个时候是救命的。我们老板说，如果借钱先写报告，再通过财务，再到我这儿以后，人家要是生病严重去世了怎么办？所以，只要有员工家里遇到困难，急需钱的话，可以直接去董事长办公室。"

要不我经常说：世界上最厉害的武器，不是核子弹是感动。

大家想一想，你要善用感动呀。你今天没走谁的运，你就亏了谁了。你要用好了感动，我告诉你，十二部运，全部都通！你一辈子兴旺。

我就用这种方法，由贱命变成了贵命，由穷命变成了富命。我们单位的研究生工资都没我高，我们想一想，我和他学历要差多少？

算命的算我活不长，我今年都35岁了，多活10年了。我每多活一天，我就在想：我只要有时间，就要把我发现的秘密，懂得的道理，无私地给大家讲出去。你看我，说太多了，眼睛都不好了，我还要给大家讲。

我发现了人生的十二部运，六亲运，父母运，妻子运，孩子运。

当你的能量场非常强的时候，你所有的六亲，所有的朋友，所遇到的员工老板，全部都是助你成德的。而且，你还会把对方的正能量激发出来，和你的正能量产生共振。当你的负能量场非常强的时候，你就把人家的负能量全部吸收进来了，他们就成了供你吸收负能量场的场源。

所以，我反复说，我们要为自己遇到的丈夫妻子，要为自己遇到的老板员工，要为自己遇到的所有逆境顺境，负百分之百的责任，不怨天、不怨地、不怨祖坟、不怨八字，就怨自己，回去好好改自己就行了。

第十一章

运用万物的能量场——心念法则与能量法则综合讲解三

▪ 能量场强大，影响力就大

上一章讲到，我们要开始观察自己的每一个念头，看看自己的心，这个一切能量的源头，在往自己的运气场内发射什么能量？这个能量有喜、有悲、有怒、有恨。当你发射的都是喜乐、感恩、包容的时候，你的能量场就会越来越强大。我们可以把这个过程想成如同充电一样。

当一个人的运气场非常强大，在和别人谈生意时，就会给很多人这种感觉：很奇怪，怎么他说很多话，我连反驳的力量都没有。

我们很多人认为，这是因为人家的官职高，或者人家有钱，或者能力强，导致我们有自卑感，被压制。实际不完全是。

我们都知道，唐朝的李世民，他的能量场是非常强的。可是他的大臣魏征比他还厉害，那真的是不害怕，什么话都敢说。我们都知道，最出名的清官包拯也是这样，管你什么皇亲国戚，只要犯了法我都要把你收拾掉。在这个事情上面，我们就可以感觉到他的气场是非常厉害的。

我们回过头再看看雷锋，雷锋是一个小士兵。可是大家对雷锋精神很欣赏，包括国外很多教科书上，都在宣扬雷锋的精神。实际，人这种能量场，不会因为人的去世而消失。

▪ 人的能量场不会因为去世而消失

有一个例子是我亲身经历的，是在我们眉县。眉县号称张载故里，张载就是宋朝时候的大儒之一。他最出名的四句话就是："为天地立心，为生民立命，为往圣继绝学，为万世开太平。"所以我们经常称之为张载的"四为句"。到现在为止，张载祠都有上千年的树木，张载的祠堂，包括他的墓地，都还保存得非常好，很多人都去参观。

我记得去年还组织了一次张载学说讨论会，效果还非常好。我比较惭愧，我出生的那个地方离张载夫子教学的地方也就四里路，可是我对张载夫子的东西几乎是没看过，过去也没了解过，光知道那是一个祠堂。这几年才发现，张载夫子有很多东西，这么值得大家学习，就因为这个原因做了一次探讨会。

我给大家说过，传统文化真正的两条根，一个是孝道，一个是师道。古时候父母去世我们要守孝三年，老师去世要心丧三年。可是，现在还有尊师的迹象没有？都没有了。

我去中国政法大学听课，国学大师钱穆之子钱逊教授在讲《论语》，我一看，整个教室加上我也就四五个学生。你想，当时钱老也都八十岁的人了，还问："学生呢？"学生说："出去玩去了，买东西去了。"钱老当时还说："上课要紧啊，怎么不上课都跑了？"

为什么学生在大学里面反而没学到东西呢？你让我讲的话，就是在尊师上面做得不好，这个能量场没连通，你就无法接收老师的智慧。

▪ 乱挖古树，乱拿墓地东西，都会影响自己

不光是我们讲的圣贤的像，包括一切古树，凡是上百年的古树都有自身的能量场。国家林业系统就要求，上百年的古树都不许再移动了，它们就称为活体文物。

无形能量场这种事情，现在的科学还研究很浅，还没真深入。有一些实例，我们很难用现代科学解释。因为科学称为否定学的学科，发现一个新东西，就推翻了以前发现的东西，科学现在还有很多东西不懂，知道的还很少，很多还有待于研究。

可是，我们有亘古不变的真理。你看，太阳是不是从东边出来？这应该经历了不知道多少万年了，这叫亘古不变。古圣人讲东西有一个特点，比如《易经》，他讲的就是遵守自然亘古不变的定律。

过去常说开卷有益，现在开卷不见得有益，我们现在的文学作品，包括网络信息，实话说，你都不敢看。因为今人讲东西都用私心讲，不用公心和纯善的天性讲。天性纯善，讲的东西，是不分国界、不分民族、不分宗教信仰的，谁用都会对谁有帮助。

现在人做事也很乱，像大树就被轻易地移栽，导致自己莫名其妙地减弱了能量场。还有的人爱拿墓地挖出来的东西。我有个朋友，拿了死人头底下枕着的铜镜，一个陪葬品，导致自己的能量场每天减少。

你看，这个铜镜上聚了阴的能量场。很多古墓没有接收阳光的照射，镜子长期在地底下这种阴暗的环境中储存，就会聚集阴性能量场。长期放在你身边，就会削弱你的阳性生命能量。

▪ 字词也是蕴含正负信息的能量

你的名字被人叫久了以后，都是有能量的，可能都会有影响。只是外

在的能量和内在的能量，一定要一致，这样就会锦上添花，要不一致的话，光有个好名字，没有好心，可能就没效果。

我有一个表嫂，孩子经常生病，问我说："这孩子老生病怎么办？"

我就说了："试试给孩子改个名吧。不是孩子爱生病吗，要不起个佑佑。"她说："为什么叫佑佑？"

我说："单人旁一个右嘛，单人旁这个佑是人护佑。有些孩子是一娘生两娘养，你这不用拜干亲了。"

我说："再加一个字叫天佑，天也佑，人也佑，这孩子可能就好了。"

有时候我就在想，古人讲的这些字里面也有能量的。包括喜字、吉字、吉祥，一些比较美好的字词里面，它也是有能量的。这些字词的能量，可以调动我们看到字词时的心念能量，这是其一。

其二，字词本身是无形能量场中蕴含的信息。这个信息，可以被人感知，也可引发其他能量的共振。

我们可以看到江本胜博士《水知道答案》的那本书上写到的：感恩、珍惜，宗教的用词，包括讨厌你这种用词，水对应的结晶是不一样的。

我记得当时北京自来水公司的一个副总，看到这本书以后，他们自来水公司也做了一次实验，结果和江博士做的结果差不多。他就觉得，水真的是能说、能听、能看，很有意思。所以他告诉我，每次喝水他就要对水感恩半天才喝，他觉得水分子都非常了不得，这都是科学近几年的一些研究。

所以，我们要深刻地明白，万事万物都是能量！物质是等待释放的能量，无形的情绪也是释放了的能量，字词也是蕴含正负信息的能量。

▪ 万物皆有能量场，我们要惜福

你吸收什么能量，释放什么能量，你浪费了什么能量，都决定了你自己的能量场的强弱，决定了你人生的运气好坏！

你不要轻视任何一个人，除了人，连物都不要轻视它。

要知道，我们用的纸笔，我们坐的凳子，我们吃的五谷，都是能量的组合体，你起的心念都要珍惜它们，不可浪费啊。

你恭敬就享它的福，和它的能量场能连通。

你要浪费轻慢呢？被它的能量场反射回来，伤害自己。

过去的神枪手神箭手，因为他能和物融为一体，他能贯通这个物体的能量场，就能享物的福。你看，咱们的奥运冠军张山，那真的是神枪手啊，百发百中，打破奥运记录的。

她说她与枪就是成为一体的，没有分开，所以才能打破世界纪录。

武侠小说里，也经常说人剑合一，就和这个道理是一样的。

当你在轻视别人，用言语攻击别人的时候，已经在贬低了自己。因为你的心念能量源，在发射低能量和负能量波，你自己的能量立即就下来，还下来非常快。所以，我们要高看一切人，还要高看一切物。

我们能容人，就能享人之福，能容物，就能享物之福。你要试着和万物的能量场去融合。

你看，农民如果对土地有感恩的心的话，这个地，打的庄稼都很多，就这么怪。

包括一粒米你都不要去浪费它，因为它里面也有能量。

▪ 企业不浪费，生意好很多

我遇到一个企业，学传统文化，把员工都感化得很好。一千多员工吃饭，几乎很少浪费米粒。这几年经济不好，很多企业都没有活干，甚至停产，唯独他的企业加班，生意好得不得了。

我就对这老板说，你享了物的福，一千多人不浪费粮食，不浪费水，不浪费电，电、水、五谷里面都是有能量场的，这种场来助你，叫物助。

我们一定要享万物之福，不要受万物之害。

当我们浪费水、浪费电，浪费五谷的时候，我们就会被万物的负能量场反射伤害，导致你的能量减弱，并导致你的员工跳槽，导致你的生意衰败，导致你出现种种压力。可是，这个原理，很多人都不知道。

我去深圳，有个亲戚就告诉我，深圳有很多大企业倒闭，说是因为经济萧条。我告诉大家，经济萧条是外因，内因里，浪费五谷、水、电也是重要的原因。

首先，员工自己浪费的时候，会导致他在一个好的单位待不住，会跳槽走。那如果很多员工都在浪费，那么这个场，慢慢就会影响一个企业的中层管理人员的跳槽流失。

虽然是由员工自身先产生的浪费。与老板和企业却有一个连带关系。因为根源是老板的管理不善，你作为一个老板，没有办法及时地提醒员工停止浪费。

我们去很多厂子，大家有没有注意，那饭堂的垃圾桶里面，米饭、馒头、面条，整桶整桶往外倒，这是非常可怕的一件事情。你倒得越多，这种负能量场就越厉害，最后肯定把你伤了。

有德的名人，都非常珍惜五谷。比如印光大师看到他的学生在吃饭，掉了一粒米粒，就说："你有多大的福报敢如此地浪费？"

我们还看到，深圳的本焕老和尚，一张餐巾纸用三天，活到106岁。我们想想，我们一天用多少餐巾纸？

弘一大师，一个毛巾用二十年。他们都懂得惜物之福啊！

古代唐王李世民还有一个故事，也很有教育意义。

唐王李世民和两个算命大师聊天的时候，就问："你看朕能活多大年龄。"这两位大师一看，说："陛下你活不过今晚。"

谁知道第二天，李世民并没有死，还活得很好。这两位大师正打算跑路，碰到一个大师更厉害，告诉了他们俩李世民没死的原因。

听完这个大师讲以后，他们两个人就回去了，拜见皇上。皇上就说："你不是说我要死了吗，为何我今天还活得挺好？"

这两个大师就说："你贵为皇上，能疼惜一粒小米，所以没死。"

说完这话以后，唐王李世民惊讶了："你们是真大师，我晚上在喝小米粥的时候，一粒小米掉在靴子上面，我拿手指，把这一粒小米粘了起来，塞在嘴里吃了。"

▪ 浪费就会产生负能量场

我们在这个故事里面听到了珍惜五谷的好处。那反过来看，浪费五谷也会聚积成恶的循环呀！为什么呀？民以食为天，五谷是养人的。你可以少点少吃，但是你千万别浪费，真没有资格浪费。

很多老太太，子女也并不孝顺，生活很辛苦，却还能自理。为什么呀？

因为她那锅洗完以后，洗锅水剩下那个根儿是粮食，我遇到很多老太太，直接倒在碗里就喝了，所以，有这样习惯的人都容易长寿。

我告诉大家，五谷是养人的。谷字怎么写？上面两个人，下面一个口，代表五谷是养人和养己之口的。五谷是接受天地精华而生，根是在地上长着，可是又接受天上阳光照射生长。

完整的种子就是一个完整的生命体，种在地里以后，它能生根发芽，它的生命力非常强，力量是非常大的，能把地穿透了长出来。小小的一个种子，能长成参天大树。所以，五谷的能量场是很强大的。

很多企业倒闭，老板出现问题，与浪费很有关。不能借助五谷之力。

我告诉大家，五谷也是通五行的。我们人和五是太有缘分了，我们的手指是五个，脚趾是五个，我们的五官、五脏、五方、五谷，都是五。

有人享了五谷的福，有很多人就受了五谷的害。粮食里面都有能量场，有农民的耕种、机器的打磨，饭店里厨师配于五味五色，加上火烧，要经过非常多的程序，会混合很多能量在里面。

你若无德浪费五谷，你吃五谷就会得百病。

当你在浪费它的时候，能量场就变成负的，当你在珍惜它的时候，能量场就变成正的了，这个很关键的。你不要小看这样的一个东西，它能量是非常大的，你想想，五谷这个能量场是滋养全球人的，谁都要吃东西的。

▪ 浪费水容易导致财富流失

你认为只是浪费你那一点能量呢？你以为，就是在你们家水龙头浪费水呢？我告诉你，水能量是和整个地球上的水贯通的，你一浪费就受这个克。

我遇到很多人浪费水，干啥都不能发财，就是这原因，浪费水也代表财聚集不了。

我们和五谷、水、电，和所有的万物都要结善缘，不结恶缘，要吸取它的正能量。大家把我讲的这个话，你可以详细地去观察，凡是浪费水的人，浪费五谷的人，家里多出败家子，要不就是容易得那些稀奇古怪的病，这个是非常可怕的一件事。

为什么我要给大家讲出来？因为这个是大家最容易犯的，也是犯得最多的。很多人随时随地都在浪费，剩点儿东西就扔了吧，立即你的场能就减弱，你不要小看它，这个一点儿都不敢轻视，非常可怕的一件事情。

还有我们出差的人，住宾馆的时候，容易浪费一次性牙刷、肥皂沐浴这些东西。不过，我看现在有很多宾馆非常好。为了节约用水，给你放个卡。你需要洗了，你就放在框里，不需要了，就可以把卡拿走。

这种方式是非常好的，值得提倡，因为我们大家可以使用资源，可以共享资源，但是没有资格去浪费资源，各种资源都是宇宙能量。

很多人一辈子郁郁不得志的根源，都是自己一点一滴，把自己运气中的正能量场浪费光的。从水、从电、从五谷，这是我们平常百姓都经常浪费的，穷人还穷大方，他之所以穷，不挣钱还花钱，就是不懂得惜福。

钱不能让人尊敬，德能让人尊敬。就像孔老夫子一样，他没当过皇帝，官职又很小，可是被万世之人所尊敬。所有的皇帝还要借他的势，给他封号，还要尊孔，到我们现在的社会，包括欧洲美洲，谁不尊敬孔子啊？

我们想一想，了不得的事情啊。他的能量，他被人所尊敬的程度，历代帝王是超不过他的。

▪ 我们要从细节做起，节约资源，物尽其用

千万不要浪费粮食、水、电，这是我们最容易犯的。

很多人都不以为然，你今天浪费一点，明天浪费一点，一点一点把你的运气场的正能量，就浪费出去了。

很多人都容易犯，穷人富人都容易犯。你去饭店看，有的菜连筷子都没动，就倒掉了。包括宾馆的一次性牙刷、牙膏、肥皂，浪费的人多得很，太多太多了。

所以我经常提倡大家出门的时候自带牙刷、牙膏，不用他的就完了。我不参与浪费，我要在一个宾馆住的话，住几天都不让人换床单被罩，也别浪费水，我能节约就节约，能注意就注意。

如果楼梯不是太高，我能不坐电梯就不坐，我走路就下去了，还锻炼身体呢。我不浪费电嘛。我们要随时随地注意这个。千里之堤溃于蚁穴嘛。

为什么我说这一段非常重要啊？我们要更细化地去看，我们在单位中浪费的东西，在公共场所浪费的一些东西，包括纸和笔，都会影响我们运气呀。不能物尽其用，都是一种浪费。

很多人说，双十一我买便宜的东西。

我告诉你，你要买该用的，而不是买便宜的。你用不用？不用，你买来就是垃圾，你放在家里也用不上，买好多衣服穿一次就扔了，这也是一

种浪费。当你浪费多了，你以后的钱财就不聚了，因为你不懂得珍惜它。

我们现在很多人，百分之八十买的东西，都是占用空间的，没有用。有些人买很多衣服放那儿，一年就穿一两次，收拾完一大堆就全部扔了，真是浪费。你浪费你的能量场是小事，你要知道，你孩子的能量场还和你有连接呢，你把孩子未来的能量场都损害了呀。你这一包全扔了，这个可怕。

▪ 现代量子力学表明，宇宙万物都是能量

现代量子力学表明，宇宙万物都是能量。

爱因斯坦的狭义相对论中用公式 $E=mc^2$ 表示的质量（m）和能量（E）之间的关系。公式中 c 为光速，即每秒 30 万公里。

在狭义相对论以前的物理学中，质量和能量被看成是截然不同的。

但在狭义相对论中，物体的质量可以按爱因斯坦的公式转换成能量。由于这种能量的释出，物体的质量将减少。所以，我讲过，物质是等待释放的能量。

我们要明白，现代量子力学表明，宇宙万物都是能量。能量，同时具有波粒二象性，即同时既是粒子也是波，粒子的运动形态是波动态的。

万事万物都是能量，都是能量组成的，物体和人一样，周边都是有能量场的。因为我知道，古的文物，尤其是古的佛像，古的一些寺庙，包括古的一些东西，它都聚集有能量场。当这种能量属于一种纯阳的能量，我们就会被保护。那墓地的所有东西属于什么？阴的能量，我们就会被这种能量伤害。

实际上，我这次讲的大部分东西，结合了一些现代科学名词。我觉得，这些科学名词，可能对一些高学历的人有影响，可是对低学历的人，可能就听不懂了。

▪ 免疫力是能量屏障，有爱的能量场就更强大

你看，我们不说别的，就说非典也一样。我们都知道，非典很严重，很多医护人员都被传染了。当时我听到一个消息。山西省的一个银行，不记得是支行还是总行的，一个副行长的老婆就是非典。这个行长不知道，就和女儿一起照顾老婆。他老婆被发现是非典以后，就隔离了。他自己和女儿竟然没被传染上。

能被非典传染上的人，按现在科学讲，他的免疫力很低。

实际，要按我讲的话，爱的这种念头里，具有最强大的能量，可以为身体提高免疫力。她的老公和她的女儿，在照顾她的时候没被传染上，就是因为爱，产生了一个强大的能量屏障。是你自身的爱加强了免疫力，产生了屏障，帮你把非典挡过去了。

按现在科学讲的话，就是宇宙万物都是能量。能量分负能量和正能量而已，能量是促使一切事物的成因。

▪ 能量是一切事物的成因

所有的物质是能量。

能量是一切事物的成因。

心念是一切能量的发射源和接收源。

今天，我们自身的能量，我们所谓的运气场非常好，那你今天住进这个屋子里以后，我告诉你，你屋子的所有的摆放布局，你会发现都慢慢有大的变化。

能量是促使一切事物的成因。你今天遇到的好人坏人，遇到的好事恶事，包括你们家里突然长了棵树，或者人为修建了一个什么样的东西，这些事物的成因，都是因为，你内在的能量波导致的，是你的心念

导致的。

就像我遇到个老板，他坐在办公室里，经常看到前面有一个尖形的物体，一个房顶。他经常觉得不舒服，弄得心烦意躁的。

我就告诉他，我说："你别看它、你看你的心。你心清净，改正以后，你就可以把它这个尖转化一下。你过去把这个尖称为尖头煞，我们都知道，这尖头煞，对人的运气是有不好影响。你改个念头，你把它称为文昌塔。你心念改一下，说不上来，这个尖就平了。"

他说："不可能吧？" 我说："你试试。"

几个月后，对面这个人突发奇想，就盖了一个玻璃造的阳光蓬，就把那个平台，整个拿阳光蓬给盖起来了，把那个尖就挡在后面了。

他给我说："秦老师，几年都没变化，你给我一教，对方就把这个改了？"

我说："你的心波变了，你天天想它是个尖头煞，那这个尖头煞就越来越牢靠，是你给它充了电，给它充了能量，它就立在那个地方不倒。我告诉你，真的是这样，你要天天想它是个文昌塔，我在这个塔下面，头脑思维清晰。你转一下念，就行了。"

谁知道他一转念，人家好了。他奇怪地说："这么有效？"

我说："你要知道，内在心念起到了关键作用。"

▪ 转变心念，自身能量波马上发生变化

你懂得这个道理以后，你就要明白。当你发现外在的，所有运气不好的时候，你都要在自己的身上和内心找问题。

就像我遇到一个女的一样，怀了九个孩子，最大的六个月就胎死腹中，经常流产。已经到四十多岁了，她老公就想了：可能我们两个的基因有问题，这孩子老要不了，老胎死腹中。

他们俩准备要离婚。正好我西安有个朋友来北京，跟他是好朋友，推荐他两口子见我了。见我以后，他说："秦老师，我们要不了孩子呀。"

我说:“你天天提心吊胆，心里天天提起来，胆也吊，孩子就掉了，我给你说个方法，你要不试试？”她说:“什么方法？”

我说,“你以后再怀孕，你就想，你的孩子是金刚不坏体，你转一下念，不要提心吊胆了。你把提心吊胆的念力转成金刚不坏体的念力波。从今天开始起转。”

她说:“那我就试试。”

果不然就怀孕了，怀孕以后，躺床上三个月都不敢动，给我打电话。

我说:“你转念，金刚不坏体。你怎么又提心吊胆了？”

她说:“那我就下狠心了。”下床了，开始就想：孩子你是金刚不坏体。

她转念以后，最后生了什么？生了对双胞胎，都是儿子。原来她在医院检查都不敢，说一检查就有辐射，别又把孩子照没了。最后一胎生两个孩子，而且，她的孩子一出生，她丈夫竟然还提成大校了。

过去，因为要不了孩子，夫妻两个人关系不好，运气也不好。孩子一来，老公也升职了。后来，两口子见我，激动地说:“你把我命运改了。”我说:“不是我，是你自己，你心念变了。这就是能量波的作用。”

▪ 祸福无门，惟人自召

所以，能量是一切事物的成因，一切你所见到的物质，只是宇宙能量不同的组合状态。

你的能量非常低的时候，负能量非常重的时候，你遇到的人是负能量，你住的屋子是负能量，你遇到的老婆、丈夫、朋友，包括你用的碗、筷子、万物，我告诉你，都是负能量。真的是这样，就是这个导致的。

不是说人家不好，而是我们就只配用不好的东西，我们就只配碰到这些倒霉的人。这是自作自受，是你的负能量波感召来的，就是这样。

老子在《太上感应篇》上讲：祸福无门，惟人自召。祸和福都是没有门的，那如何来的？惟人自召，就是你自己招来的。

很多人一说就是："秦老师，你看，我孩子不听话，我老公不好，我丈夫不好，我老婆不好。"我告诉你，你今天要为你遇到的所有事情，负百分之百的责任。实际是你不好，真是你不好，我们要明白这个道理。

就像很多大师一说，你这房子运气不好。实际上，他只告诉了你表面原因，更深层的原因是你自己的运气不好了。真的是这样，你的内在运气场不好，通过共振现象，外化为房子运气场不好的这个象，给你展现出来。

当我们明白了这种形态的波动以后，我们要想掌握命运就必须转念头，化敌为友，这是我们学习的真正目的。你看，真正的修行人，恶事不入耳，何况临身。连他耳朵都听不到，身上更不可能受这种灾害，一定是这样的。

第十二章

心念能分多少层——心念法则与能量法则综合讲解四

▪ 心念的三个层次是课程轴心

上几章讲了很多心念的重要性，讲了心念如何作用于自己的能量场，如何与周围的人际能量连接，如何与万物能量连接。

接下来，我们还要讲这次课程的轴心，讲心念的三个层次，三个属性，就是天性、禀性、习性，我们细细地深入去剖里面讲什么。

这三性三个层次，是非常重要的。要不我说，你听我讲一堂两堂不起作用。既然要听运气学方面的，就要从我开始讲的听到最后一句话，系统地听完以后，你才能改。

上智的一听，当下就从心上改了，你立即运气就好了。中智的一听，想着我这慢慢改。下智的一听，当故事听完就完了，过个耳朵瘾，在别处没听过，听这老师讲得还蛮好。

我告诉你，这个好是我的，不是你的，没转成你的。你听我的东西，要转成你的，为你所用，就是你的了。不然的话，就如同你在饭店背菜谱一样，不点菜永远不知道菜的味道，这就是能量场。

我前面反复提过，人生的一切福祸关口都在于我们自己的心念。

大家要注意，从严格意义上来讲，心和念是分开的。只是我们平时因为搞不清，所以，两个总混为一谈。

心在禀性里面，禀性是纯恶无善的。可是禀性里面的这个心，它是五脏的君王，它能推行我们内脏功能、血液流通，是全身的主要器官。

可是念在大脑的位置。心、念是两个词，我们要分开看，心是心，念是念。

心念分为三个层次。

天性是君王，在大脑，是给我们带五福的，是天生的，是纯善无恶的。

禀性是臣子，在心，是纯恶无善的，是贪嗔痴慢疑，是带五毒的。

习性是士兵，在身体，在行为，半善半恶的。如果天性思想控制人，习性就善。如果禀性控制人，习性就作恶。

天性纯善无恶，它只有感恩、珍惜、理解、包容、欢乐。

那禀性里面，有自私、自利、多疑、暴怒、争贪不息。

运气好坏就看一条：是天性做主，还是禀性做主？

如果天性君王能做主，你的念头就能很好地控制内心和身体，那你的人生运气全部能自己掌握。如果禀性和习性做主，那你的人生运气只会越来越悲惨。

▪ 三性天天都处于一种互相斗争中

我们一般人的天性禀性习性的念头，天天都处于一种互相斗争中。你看，我们给人打个电话还在想，他是不是休息了，人家方不方便？就这一件小事，你的脑海和你的心就在斗争。可能手机掏出来又装口袋，装口袋又掏出来。你在这个过程中就会感觉到，原来我们整天都是自己在和自己互相斗争。

我们的心念如何能保持一致？这个很关键。

我记得上几次给大家教了一个方法，天性使然，掐死禀性，指挥习性。让禀性就不要动念，你就在天性里面想。

你看，我现在做任何事情就是这样。我今天想做慈善，看到马上去做，让禀性一定不参与一点儿：他是不是骗人的呀？我挣钱也很辛苦啊，我捐了我怎么办呀？

你看，很多人做慈善，第一念天性出来，想到我要做慈善；第二念，禀性来了：这是不是骗人的呀？第三念就被禀性控制了，就会想：我挣钱也很辛苦，要不就别做了。

我记得我有时候捐得口袋剩十几块钱，也没啥感觉。当你想做慈善想孝敬父母，想做种种善事的时候，马上去做，考虑都不要考虑。

当你起了这个善念的时候，马上让你的禀性和行为帮助天性，完成它这种善，成就它这种善。那久而久之，你这个相互斗争的念头慢慢就消失了或者就压制了，用这种方法是特别好的。

▪ 三性带来三种人生

一旦我们认识了它们以后，我们就能明白，原来我们自己经常都是三念交汇。当天性的念头非常强大的时候，你的天性会指挥禀性，这种场能一旦加强，你的禀性和习性就弱，就以天性为王了，这就是很多人能成为圣贤，很多人能天天做慈善的原因。

当一个人的禀性念头要是非常强大，影响了天性、控制了习性的时候，你就知道，这个人会去吃喝嫖赌吸毒，会违法乱纪，为了钱财不择手段，甚至不顾及家人亲情。

在这类现象中我们可以看到，都是贪嗔痴慢疑。为了名利，我们遇到很多进到非法传销里面的人，真是骗亲戚骗朋友啊，要把亲戚不断地骗进去，拉进去让你做。我就遇到个人，把他的哥哥姐姐，他的所有的叔叔，全拉到传销里边，赔得一塌糊涂，谁都劝不过来。跟他说：“那是传销。”

他说："传销咋了？传销也是挣钱。"家里人把他叫回来，不行，他还要跑去。他那个时候就是禀性的念头已经超过了天性，天性已经不当家了。

天性我们可以把它称为皇帝，禀性是大臣，习性是士兵。

当我们禀性的念非常重的时候，就是挟天子以令诸侯。大臣以下犯上，把天子给挟住了。为什么很多人非常痛苦呢？就是生活在了禀性世界。

当我们生活在天性世界里的时候，我给你讲，光明无暗，纯乐无愁；要是生活在禀性世界里面，那给你的生活和人生，带来的都是麻烦、痛苦、黑暗。

这是天性和禀性之间的斗争。

最惨烈的是，当你的习性超过了禀性和天性的话，我告诉你，这叫士兵犯上，不听大臣的，也不听皇帝的，"将在外，君命有所不受"，他就当家了。

你看，我们最简单的表现——抽烟喝酒，脑袋也知道喝酒不好抽烟不好，心也知道抽烟不好喝酒不好，可是行为呢，控制不住，为了身体细胞的贪欲，他会去做，这类人我把他称为行尸走肉。

所以，我们要认识到，我们身体运作的这三种方式。你用习性生活，我们把它称为僵尸生活；用禀性生活，我们把它称为怒恨怨恼烦的生活；要是用天性生活，我们可以把它也称为天堂生活、圣贤的生活。

用天性做事的人，他就能掌握地球上百分之八十的财富，这类人在地球上只占百分之二十，这就是我们的二八定律。你看，百分之二十的人就掌握了那么多财富，有的人富可敌国。剩下的百分之八十的人里面又分禀性和习性了。

所以，三性带来三种人生。我再给大家详细讲下，太重要了。

▪ 人性本善指的是天性，人性本恶指的是禀性

天性是天生的。就像我们《三字经》上讲的，人之初性本善，它这个

性本善，实际就指的是天性。有些古人讲人性本恶，这里的本恶实际就是指禀性。习性是可以善也可以恶的，天性指挥它就是善，禀性指挥它就是恶，它只是工具而已。

天性纯善无恶，也可以说是我们的命运和运气的根，是人生的幸福长寿、安乐的所在，可以开发我们自性的五福。

禀性是纯恶无善的。有的人贪心特别重，有的人特别愚痴，还有的人特别爱怀疑，还有的人特别喜欢生气，不同的禀性的人，有不同类的毛病。

习性是半善半恶的，也是由于环境和生存的需要，而在潜移默化中养成的习惯。你看，南方人爱吃辣椒，深圳广州那边爱喝茶，就是生活习惯。你看，东北人爱穿皮制的衣服，就因为他那边比较冷，他那种习惯，就属于潜移默化的个性。

你看，我就喜欢吃面条。陕西人嘛。陕西十大怪，其中就有一怪，面条像裤带，它那个扯面非常宽，非常长。这就是我的习性，自小就喜欢吃面条，吃米饭感觉吃不饱。南方人就喜欢吃米饭，他就不吃面条。这也就是北方人偏胖，南方人偏瘦的原因。因为米是在水里长的，我们把它称为寒性食品。

天性是一把手，禀性属于二把手，习性属于三把手。

我们对三性有一个深刻的理解以后，设计你的人生就比较容易了。我们要知道，天性是全权负责的，如同像老板一样，像皇帝一样。禀性好像部门经理，他负责营销，他负责招商，他负责文化推广。习性就像手底下的员工，指哪打哪。我们很多人误把禀性当成“我”，把习性当成“我”，这个就错了。

很多人看电视上讲“不在五行中，跳出三界外”。就是你想不在五行中，不受金木水火土的约束，不受家庭的身体的约束，那你必须要把天性超常发挥，用天性做事、天性处事、天性用事，那你得的可能就是万福。

当你天性统一了禀性和习性，这样的话你就不在五行内了，不在三界内了，你就跳出了三界，推转了五行，实际就是一个道理。

▪ 圣贤为开发人类天性而来，教育就是开发天性

当我们的天性念比较重的时候，你和对方交往，能把对方的天性激发出来的话，你就是良师益友。我们人与人之间，如何能共同合作发展成就？实际只需要把对方的天性激发出来。

我们古人讲，妻子能相夫教子。怎么能相夫教子？就是帮助丈夫把天性开发出来，教育孩子把天性开发出来，这是我们唯一需要做的事情。

当你遇到恶友的时候，就开发了你的禀性，吃喝嫖赌吸去了，做坏事了，违法乱纪，违背伦理道德了。当我们的孩子不孝顺的时候，就是父母把孩子的禀性和习性开发出来了，没有开发出来孩子的天性。

我们在这个道理上就明白，古人创造的这个教育的“教”字，就先写“孝”，孝就是他的天性之一，“文”是他的习性。古人把文排在最后，有余力则学文。

古人的目的是什么？当你纯善无恶的天性开启以后，再加上习性善，我告诉你，这就叫如虎添翼。如果你没有把他的天性开发出来，亏了孝，心不善，光教了文，我告诉你，这就叫有才无德，是毒品呀。这种人在社会上不是祸国就是殃民，要不就是造什么瘦肉精、牛肉膏，什么地沟油提炼，他用聪明，没用智慧，就危害这个国家了。

很多人问，你看我老婆旺不旺夫？你看我老公旺不旺妻？实际这种旺，也是用天性则旺，用禀性是不会旺的，习性更不能旺。

▪ 儒释道三家可以开启天性的不同层面

那我们学习儒、释、道三家理论的目的是什么呢？我们这里需要分级别了。也就是前面我们讲过的，天性分三念，上念，中念和下念。不同的

理论开启不同的层面。

人之所以能和浩瀚的天地相并立，称为天地人三才，是因为人可以开启万物的天性，也可以开启万物的禀性，也可以开启万物的习性。

我可以这么讲，世界上一切出世间、在世间的圣贤，他来到人间就只有一个目的，开启我们人的天性，来压制我们的禀性，左右我们的习性，实际上，他来就这一个目的。

只是他们教化的方式不同，佛讲的是出世法，儒讲的入世法，道讲的是人与自然的和谐法，这三教他所讲的内在不同。

儒，解决了人与人之间如何相处的问题，他伟大的地方就是五伦归位。

道，解决了人与自然如何相处的问题，顺应四季。

佛，讲到了我们从哪里来又到哪里去。他讲了人从哪里来，你为什么当人，你为什么有富贵，你为什么当国王，他里面的因果讲得非常清晰。

▪ 天性能改变命运，禀性和习性能共振来灾难

我们在做事情的过程中，你要学会观察，你现在是在动用天性，还是禀性，还是习性。

我们都知道，人性本善，助人为乐，追求快乐，这都是天性层面的事情。

你看，我们看见乞丐想给钱，这也是天性在动。当我们的禀性动的时候，就会想到，他是不是骗人的呀。习性动的时候就会说，我挣钱也很辛苦。

那我们随时随地，要把天性掌握在自己的念头里面，当我们要给乞丐钱的时候，只要天性一动，禀性和习性配合就行了。

这个是非常重要的事情，但是，前提是你要学会观察你的念头。

只有天性能改变我们的命运和运气。当你用天性生活的话，八字属相这些东西对我们就不会产生影响了。可是，你要动用禀性和习性生活，你

肯定就会受到命运八字这些东西的影响。

这就是一个能量场的表现。外国有试验证明：小孩不需要教育，也会主动帮助人，捡起掉落的东西。实际这就是天性的善在发生作用。

我们还可以看到，小孩子的天性保留得比较好。你看，小孩不会偷盗，不会邪淫，不会说谎话，不会赌博，也不会饮酒。这些坏习惯，小孩子都不会。最后长大了犯的这些毛病，都是禀性和习性在作怪，天生都不会这些的。

天性当家做主了以后，你的人生轨迹，你的人生幸福，完全自己可以做主。不然的话，做不了主。你就说，为什么总倒霉呀？我告诉你，倒霉的原因是，你的禀性和习性当家了。

为什么人家做什么事情，都上风上水的？就是因为，人家在用天性做事情，就会上风上水。用禀性做事情，就会下风下水。

当你一旦明白了以后，掌握了开启天性的方法以后，那我们的人生，可以说真是万事呈吉祥。所有我们知道的意外，包括赔钱、不顺这些事情，都不会来。因为它和你不是一个频率，也可以说，它和你不是一个维次空间。那灾难，它们也是聚集在一个维次空间里面。包括疾病，它也是聚集在一个维次空间里。

当你的心念里面产生了这种念力波，就能把病振来，能把灾振来，也能把福振来，也能把吉祥振来。这是共振的效应。

我给大家经常讲，贼认识全是贼，部长认识全是部长，省长认识的全是省长。没有谁一生下来，是省长命，是部长命，是乞丐命，是小偷命。没有的。

其实，那都是后天的，因为禀性当家，习性当家，导致把好命、贵命，变成了贱命、穷命、短命，是这样来的。

抽烟、喝酒、嫖娼、打麻将、打游戏、网瘾、爱吃肉，这些都是属于后天在文化环境中，习性所得的特性。

我们要把它分类，什么是天性的，什么是禀性的，什么是习性的。

这个是非常重要的。因为没有生下来的孩子，就喜欢打麻将的，包括抽烟的、赌博，没有。小孩是绝对不会的，咱们实际都是后天学会的。

大多数时候，我们都是禀性和习性的心念，在当家做主。圣贤是天性在当家做主，他知道做什么，他知道未来要去什么地方，可是我们不知道。

这也就是为什么人世间圣贤稀少。大部分人都落在了自私自利、五欲六尘、贪嗔痴慢里面，这都是开发我们禀性和习性的钥匙。

儒家讲的仁义礼智信、温良恭俭让，佛家讲的生老病死苦，道家讲的金木水火土。实际他们用的这些方法，全部都是为了开启我们的天性，克制甚至消除我们的禀性，调整我们的习性。实际就是这个道理。

▪ 控制念头才能控制人生

实际每个人都想成功，但是我们能否克服各种不好的禀性和习性念头的控制呢？这个，就需要我们大家练习了。

对于普通人来说，自我控制力越强的人，越接近成功。你才能当命运的主宰，运气的主宰。我们之所以现在倒霉，孩子不听话，遇到小人、敌人、仇人，都是我们的控制力非常弱，禀性感召来的。

实际我们的控制力可以练习。我们能控制自己的善念或者恶念，通过控制善恶念来产生后续的共振，以及共振所引发的生活变化。这个很重要。

就像我们发脾气，你能不能控制住？

就像我们贪财，为钱财不择手段，你能不能控制住？

人为什么成功？成功的原因在哪里？就在于自我控制力。

我们现在很多人，自己控制不了自己。被谁控制了？被物质控制了。

什么叫物质？奢侈品。你看，现在很多人，买个奢侈品。非常可怕。甚至我们把奢侈品变成了自己的主导。

我遇到个女士，背个LV包，说：“哎呀，我这是LV。”

我说：“怎么了？”她说：“不能磨损了，我要把它放得高高的。”

你看，她把包，都误认为是自己生命的主导，把自己的内心完全建立在了物品上面。还有的人把衣服都误认为是自己了。非常可怕，这是我们错了。

▪ 很多修行人错得离谱，越学越贪心，越高傲

那对于修行者来说是什么？修行即是修心。修行真正的目的，实际就是为了开发我们的天性。

可是，我现在遇到很多学传统文化的人，没有开发天性。他在修行的过程中，还是在开发禀性。

为什么这么说？他们越学，贪着心越来越重，执着心越来越重。贪名好利的心，比以前还严重。这种现象非常多。

这导致很多修行人，智慧没有增长，烦恼越来越多，波折越来越多，灾难越来越多。这是直接的原因。因为他完全不知道修行是干什么。

实际修行的过程，就是我们天性在与禀性和习性做斗争的过程。

你看，我过去爱说是非，现在不说了。我过去爱发脾气，现在我控制住，不发脾气了。过去我这个人素质修养很低，我现在提升自己的素质和修养。

这才是我们真正修行的目的。实际修行的目的，就是和禀性习性做斗争，回归天性，让天性当家。

有的人，他好像在学传统文化，可实际上一点都没做。一学，高高在上。

孔老夫子讲什么？好为人师，是人一大毛病。这不学还好，一学了，见谁都是拿传统文化框一框，你这不符合传统文化。

要不然就是，我们在学传统文化的过程中，就劝人家学。人家不学，她就说："你看你这没善根的。"你看，把人家训斥一顿。

很多人都犯这个毛病。学圣贤教诲，就是要更好地全心全意服务大众。可是我们很多人，一学，并没有让家庭更幸福，境界德行没提高，反

而给落下去了，还不如以前。这个就是错了。

▪ 禀性和习性当家是假修行

对于修行者来说，修行修心，就是回归天性，和禀性、习性做斗争的。

禀性是什么？贪嗔痴慢疑，怒恨怨恼烦，名闻利养，五欲六尘。

那习性是什么？好吃懒做。顺我者，我就说你好，逆我者，我就说你坏。我们评论人的好坏，都在于人家对我顺，或者对我逆。这错了。这个是非常可怕的事情。

这个很关键。你在修行的时候，你在给谁修？

一个学传统文化的给我讲，他听了四十多场传统文化，什么传统文化里面有名的老师，他也全合影了，拿着照片还让我看，问我："你合过没有？"

我说："我没有。"他说："你看，我跟这个合了，跟那个合了。"炫耀啊！

我说："你这叫赶场子，不是学传统文化。"你这是老油条掉油锅里，不停地炸，炸炸炸，你把这些老师的名词、言语得完以后，你得点牙慧，你就逞了口舌之快，你认为自己很厉害了。错啦，真错啦！

这就是现在修行人，所犯的一个大毛病，不能成就。

我遇的太多太多了，那简直三山五岳他都跑遍了，可是对他自己的命运，对他自己的运气，对他自己的性格，对他自己的子女，对他自己的家庭，没有丝毫的改变。反而，家庭闹离婚，子女攻击他，在家里学得无有立足之地。

什么原因？就是我们违背了道，不是顺道而行。所以，我们要知道修行是什么，这个很关键。修行修天性呀，我们要明明白白，我们要清清楚楚。

我们现在很多人，不知道我们自己到底想做什么，不学还好点，一学高高在上。仗着我们听了多少课，仗着我们跟哪个老师合了个影，招摇撞骗。我们在这里面追求了什么？名利。

修行是为了把天性五福激发出来。可是没有，反而把我们的五毒，把我们的禀性和习性全部给开发了。这是非常可怕的事情。

我们要明白一个道理：好人好自己，坏人坏自己，修行修自己。

第十三章

心念波动规律阐述——初讲第三大法则：共振法则

▪ 心念的运作方式是波

接着，我们主要讲心念的运作方式。我们要知道，心念在宇宙中的运作方式是什么？就是波。

你看，我们说话的声音，出去也是一个波，声波就出去了。包括我们的微笑，我们的脑海中产生的一种善念，或者恶念，都是以波的形式传播出去的。你看，我们网络信息传递，也是波动。

我们的一切行为，都源于我们的心念。心念在科学观察下的运作方式是这样的。比如我们要动手指的时候，先起念头，然后大脑开始发射电波，通过神经传递给手指，手指再按照指令进行运作。

就像我们知道的腰椎间盘突出病一样，压迫神经。腰椎间盘突出把神经一压迫，你下半身就发麻了，走路就行动不便了。因为信息无法通过神经传递给我们的肢体了。包括我们的末梢神经产生的问题，也是这样一个原理。

在现代科学技术领域，美国、日本、包括我国在内，已经都实现了猴子试验，猴子能用脑电波控制机械手运作。这是看到的一个新闻。这个实验的过程是这样的，大脑内充满了神经元和液体，上千亿个神经元之间通过发出微小的电脉冲（也可称为脑电波）相互交流，控制生物的各种运动，大到行走跑步，小到抬抬眉毛。不过一直以来，这些脑电波就像“天书”一样难懂。

动物实验中心研究人员花半年时间训练猴子，让猴子能根据提示做出抓、勾、握、捏四种动作。另外还要给猴子动手术，由浙大医学院附属第二医院神经外科的副教授主刀，在猴子“建辉”的大脑负责运动的皮层中植入两个芯片，与大脑中的200多个神经元相连。猴子在运动时，脑电波会有相应活动，计算机实时记录下它一举一动所发出的脑电波信号。

在实验室电脑屏幕上，可以看到脑电波信号呈现出高低和频率不同的波浪图。研究人员对信号进行实时分析解读，最终掌握了“建辉”抓、勾、握、捏四种不同动作时脑电波的特征和规律等信息。基础工作准备好后，猴子“建辉”大脑中的脑电波传到机械手上时，电脑控制的机械手就能依据之前收集的信息，根据猴子指令做出相应动作。

看完这个实验，大家就明白了，其实我们的一切念头都是波动。

▪ 万物都有能量场

脑电波非常复杂，就像天书一样，很难懂。这还只是个初步的实验。还有待于继续深入下去。实际上，脑电波不仅会指挥人动作，也会发射不同的能量，还会吸引不同类型的能量，进入人体的能量场。人身体真有这种场能，确实有。包括我们身体有电，我们最明显就是静电。有时候你看，两个人手一碰，就被电击一下。

这个东西是现在科学没深入研究的领域。可是我们身上确实有这种能量场。之前我们举例很多。可以说，有些人能量场强到，他即使去世几千年、上万年，对他来说，他的能量场还在，甚至比以前还厉害，比他活着的时候还强大。

为什么？因为过去他在世的时候，知道他的东西的人很少。

佛教中经常说回向，其实回向就是一种能量波的发射。

要是所有人都在回向，这种场能就非常大了。就像我们的这一滴水，融到了大海里面，百河交汇，全部把水归到海里去。

刚刚讲的这个猴子实验，是我们国家做的，就是在测试脑波。猴子在运动时，脑电波会有相应活动，计算机实时记录下它的一举一动，所发出的脑电波的信号。

你看，脑电波的形态是可以记录下来的。这和佛教的理论有共通之处。

佛教说阿赖耶识里面储存了你这个灵魂，累生累世中的善业和恶业。阿赖耶识只负责记录。那么，当你在这个世间生活时，你的思维和行为会开发原来阿赖耶识里存储过的善业或者恶业，进而产生相应的善和恶的行为，并引发相应的结果，导致你受福或者受罪。你看，佛经上，把福祸的运作过程已经讲得很清楚了。

我们继续看这个实验。在实验室计算机屏幕上，可以看到脑电波信号，呈现出高低和频率不同的波浪图。

实际生活中，我们看心脏的心电图，也是波浪运作，心电图的那个线，它的高低是不一样的。

▪ 爱和恨都是一种特定的波动形式

我给大家经常在讲，上等运气在自己身上。当一个人的命运不好了，是你自身运气不好了，不在祖坟、不在住宅。为什么？住宅和祖坟只是外在因素，关键在于你内在因素，你内在所产生的这种波，它所吸引的场，是善是恶，强大与否。

我在外地有一个学生，很有意思。我跟他都没见过面，人家跟我通了个电话就说："我要当你学生了。"

我说："为什么？"他说："我听完你讲话，我立即觉得，身心轻松。"

这实际也是一种能量的对接，我说话的这个能量波发射过去了。

每一个人都是有能量场的，当我们的这种场能和他可以对接的时候，我就把它称为和。

你看，一个公司，之所以能做大，也是老板和员工的磁场非常和，我们讲的叫相生。当你遇到一个贪污的员工，遇到一个不能对老板尽忠的员工，或者当你遇到一个非常地恶劣的老板，都是老板和员工之间，产生了克。也可以说，这个波，它是克制的，它是不能相容的，是这种现象产生的。

回来再看这个试验，当猴子"建辉"大脑中的脑电波，传到机械手上时，计算机控制的机械手，就能依据之前收集的波动信息特征，做出相应的动作。

所以，我们看完这个试验以后，我们大家就要明白一个最根本的道理。什么道理？其实，我们的一切念头都是波动。

我们的爱是一个特定的波动形式，恨也是一个特定的波动形式。

爱，我们可以把它定为正能量；恨，我们可以把它定为负能量。

爱能开启我们身体的眼耳鼻舌身意，能开启我们的自性，包括我们内脏的所有善的功能。你看，我们肝，在五行里面主木。木是生长的，肝对我们人体的帮助是非常大的。可是，肝里面有怒火的时候，肝就受伤。我们要是不发怒，肝气就会很平和。包括心也是一样，我们用恨，就把心的怒火激发起来了。

实际是用不同的这种方式而已。我们一定要懂得，一定要明白这个道理。

所以，我们的爱，是一个特定的波动形式，恨也是一个特定波动的形式。抓是一个波动形式，捏也是一个波动形式。

我们的生命，实质上就是，无数次的波动。

▪ 散发正能量，享万物之福

那我们把这一段听完以后，就能明白，当你的全身心八万四千毛孔，所散发出去的这种波动，都是正能量的时候，我告诉你，世间万物，你则能享它的福。这是正能量，你肯定能享它的福。

就像我给大家讲的，人生能走十二部大运，六亲运、君臣运、父母运、祖先运、妻子运、丈夫运、孩子运。

你为什么遇到的妻子是这样，你为什么遇到的儿子是这样，你为什么遇到的老板是这样，你遇到的六亲为什么会冷淡？这都是我们自身的这种波，没有传播出正能量，传播了负能量导致的。

那我们在修行，在学习传统文化、学习圣贤教诲，包括我给大家讲运气学的时候，你要明白，我只是想告诉大家一个深层次的方法，让你能享万物之福。这是我唯一的目的。

你享谁的福？首先我们享祖先的福。祖上肯定有德，没德行，子孙就学坏了，出事了，传不了几代。

我们同样可以看到，一个妈生了五六个孩子，有当官的，有当农民的，有很聪明的，有性格非常内向的。原因是哪里？有的人是得了祖德，有些人没有。祖德是什么，大家可以把这个看成是祖先做好事，所积累的能量场。很多人虽然去世了，但是，他的能量场的信息还在空间中存储着。

我给大家讲过我堂兄弟。我父亲是姊妹六个，我叔父这边是姊妹四个。我叔父、我爸爸这一代人，可以说，没有一个人得到祖德。为什么？我祖上四代以上，有太爷爷出家，当和尚所积的福。跟我之间，隔了将近五代，我属于他第五代。我爷爷又参加平津战役，华北华南解放运动，在我们祖上全部都有积德。可是，我父亲的姊妹六个，没有一个人得到祖德。

不能说祖上没德，一定有德了。可是，我叔父这些人都比我学历高，包括我堂兄弟，就我学历最低。我小学三年级没毕业，那我为什么能得到祖德？就是因为我的这种波，全部是善的波。这种善的波，开启了祖宗所积的德。

因为积善的信息能量场，在某一个空间中存着，你需要有一把钥匙把它开通。就像我们讲的，两个能量场必须同频才能沟通。

怎么开通呢？它们善善要相应，也就是我们讲的共振和加持。你要得祖先运，要有一个善的波去开发它，祖先的德是善的，你必须用善来和他对应。那要是恶的，这个善的能量波就无法共振，不符合规律呀。善恶是对立的，你肯定不受福。

就看你这种波动，能不能把祖先的福给共振过来。能不能和古圣先贤的信息共振，开启你的智慧，就看你在和谁共振呀。

我们明白了这个道理以后，你就知道，万物之福，我能享，是因为我的每个念头波动都是正能量，才能把万物的正能量，全部给共振来。我遇到的人、物、事，全部是正能量，我就融到这个正能量大海的气场里面。

那你要是恶的，那你就把万物的禀性、习性，全部激发了。你就会遇到喝酒的朋友，遇到嫖娼的朋友，遇到偷盗的朋友，遇到赌博的朋友。

你之所以能遇到为善的朋友，喝茶的朋友，能和你合作的朋友，全部是我们的这种念头波动感召来的。

我们有一句俗语叫："说曹操，曹操到。"我们可能有注意到，和朋友正在聊谁，要不马上对方给你打了个电话，要不他就真来了。这种例子很多，这个实际也是一种我们对空间信息波动的提前接收。

还有时候，我们说，背后说谁多了，谁就要打喷嚏，这也是空间中的信息波传递的表现。

有时候，你想学习儒教的书籍经典，你要产生这种念头波，一定有人给你送来，或者跟你联系，或者给你推荐，这也是一个波共振的表现。

▪ 生命的实质就是波动

生命的实质，就是无数次的念头波动。

这种念头波就分为天性、禀性和习性。我们前面讲过，你是在用天性呢，那你感召都是天性的人生，万物皆能养你。你要用禀性和习性，就倒霉连连。我们想一想，这个很关键。

实际念头的波动，我们完全可以掌握。不同的波动具有不同的频率，并对我们自身的能量场的强弱，施加不同的影响。你能量场非常强的时候，你在和别人谈生意时，你经常是说什么，别人应什么，没有反驳余地。

就像我们过去听到的美妙的音乐，这种美妙的音乐能量场，强到什么程度？绕梁三日，能达到这种程度。

这也属于一种能量场，我们想想真是这样。就是说，你是不是能产生这种能量场？他自身的这种念头波本来是恶的，听到你这个名字以后，你是蕴含正能量场的，他的念头里的正能量被激发了。他和你就共振了，他就被改变了，他就不发火了。

▪ 能量场的强弱全在内心世界的波动

实际我们人身上都有一种潜能，恶的潜能和善的潜能。看你用什么方法来和它们共振，你是用天性的波、禀性的波还是习性的波？我们身体会根据不同的念头，发射波动，来做出相应的行为。不同的波动具有不同的频率。

通过这个原理，我们再看佛经上讲的一些故事，有很多大菩萨，一旦内心发出要为天下做好事的愿望时，会天降香华，各种福相全部显现。什么原因？

不同的波动具有不同的频率！要为天下奉献的这个心力波，能量超级大，共振了一切万物中的正能量，导致场面非常美妙。

就是说我们的能量场，能量的弱与强，全在我们内心世界的波动。

你是用天性波在发射，还是禀性波在发射?

用天性波发射的话，你能享十二部大运，能享万物之福，全都是来给你锦上添花的。你要用禀性和习性发射，我告诉你，你一定受万物之害。就像落井下石。你落井了，还要被别人扔石头下去。

人之所以有败运和衰运的过程，就是他自身能量场中的正能量和负能量的储存比例问题导致的，谁强谁先起作用。

你的正能量要是全身心的，那你所散发出来的气场、言语，你的微笑，你的耳朵、嘴巴，你自身的五脏六腑，所有的肢体所散发的这种能量场，都足以使你让恶人遇你变善，化敌为友。

实际也是能量场的共振。根据我们自身的能量场的强弱，会对人造成不同影响，就是这个道理。

你看，这块都讲得比较深，要不我说，你想当命运的设计师，就要学会在一切事物中找到正能量，心念才能起正能量，才能继续与正能量共振。

▪ 我生活在当下，我不会以为工具是我

很多人说，秦老师你很厉害。实际我真不厉害。我给大家重复过很多次，我和你们都一样，一天要吃三餐饭，生病要找医生，你掐我会痛，你刺我会流血，这是我和你相同的地方。

那不同的地方是什么？不同的地方是，我不会被万物所影响。天晴、天阴，衣服好与坏，完全不会影响我的心情。我知道身体是工具，我是我，我不会误以为工具就是我，我和你们的区别就在这个地方。

那我知道我是我的时候，我会生活在当下，我的心是安定的。我的这个身体，和你的身体一样，就是个收音机，也是个发射器、转换器。

很多信息是你自己散发出来的，你无非就是没用嘴来表达。你用你的眼睛表达了，用你的气场表达了。可以说，你的能量场和你的波动在给我传递信息。你要传递的负能量，我知道你就快倒霉了。

最简单来看，一个人高不高兴，你从他的面部表情，你立即就能知道。你看孩子高兴或者不高兴，老公不高兴，你完全可以感觉到。不光是可以感觉到，通电话都能听到。包括他发几句话，你都知道他现在心情是什么，是乐的、是愁的、是苦的、是悲的，他的表达是不一样的，这就是一个能量场的问题。

实际宇宙的一切运动形式，都是波。心念在宇宙的运作方式，也是波。

你时常是心在物，或者钱、名、利里面，心是乱的散的，所以你不能很好地去接收别人的信息。你天天想：我要挣钱，我要抓奖，我要管员工，我要管老婆。

我天天想的是管自己，管我的念头不要外跑，管我的心要纯善，管我的行为要端正，我让我的身心清净，我一清净以后，就能更好地理解一切的信息波。

我太太说了一句话，有意思："这些人看书看不懂的原因，是被现有的文化知识束缚了。关键你这文盲，没上过学，所以你放开就能讲，想讲啥讲啥，没有受固有的文化约束。"

我一听，我说："你有智慧，你是老师啊！我都没发现这一块。"

我自己一想，还真是。没学过古文，我把古文一读，我很容易就知道意思。我拿一张纸来，只要有字，我就能照着字，给你讲出来，把它的原文的意思就讲出来了，所以很有意思。

你看，我周六下午去讲了一堂课，他们在读《羊皮卷》。《羊皮卷》里面有一段文章，我说："你们读了这么多，我来也没备课，不知道给你们讲什么。我把你们读的这一章《羊皮卷》内容，给你们讲一讲。"

所有员工听完以后，都觉得很惊讶：这老师厉害，信手拈来，什么都没准备。我们读半天都不知道意思，他刚接触就给我们滔滔不绝讲几个小时。

这就叫什么？用天性讲课，所有的文字都会给你说话。用禀性，就死在文字里面了。用习性，我告诉你，你看所有的文字，都是自私自利的，就没有美的感觉了。所以，这个天性很重要。我们一定要懂得，一定要明白这个道理。

▪ 控制波动才能控制共振效应

古圣先贤教我们方法。你看，温良恭俭让，仁义礼智信。你运用这些经典以后，实际就是为了让我们能自控我们的念头波，控制波动才能控制共振效应，看你在共振什么？

当你能量场非常强的时候，告诉你，你上影响父母，开启祖宗之德，下影响员工和见你的所有人。所有人见你以后，告诉你，都被你的能量场影响。就像我们遇到孔子以后，你容易变成贤人。你被他的能量场辐射了，就是这样。

当我们能影响别人的时候，按世间人来讲的话，你就是良师益友。别人因你，以后就弃恶从善了。

要不我说："我讲的运气最简单，上等运气在自己身上。你用你自己的上等运气，去影响你的祖坟，你的住宅，你的妻子、老公、父母，包括你的事业。我告诉你，你能量强，你的老板会围着你转。"

我们想想，刘备是不是围着诸葛亮转的，是不是？周文王，是不是围着姜子牙转的？你只是职位不同。可是，同样是员工、老板，同样你是一个人，完全你会把对方辐射到，对方也能把你辐射了。这就看你的场能强与不强，这就是这个道理。

当你的运气非常好的时候，你周边的能量场就非常强。当你强的时候，我告诉你，坏人、坏事、背运的人，到你跟前都来不了。就可以这么说。

我在农村碰到，有的人家，一个家族全部是考上大学的，有的一个家族就凄惨得不得了。同在一个村子，在一块住，他那个场能都不一样。

所以，这一节课，主要就教我们如何调控自己的心念波，这个是非常关键的，这就是上等运气的密码与核心。当你掌握了以后，你就知道，你现在的念头波是和负能量共振，还是和正能量共振。

第十四章

波与波的规则是共振——共振法则讲解二

▪ 宇宙中的能量运动形式都是波动

上一章主要讲了心念运作的方式是波。

这一次，我们要拓展讲解一下，不仅仅心念是波动，从全局来看，宇宙中的能量运动形式都是波动，能量通过波动的方式，影响周边。

为什么这么说？我们回头再来看科学关于辐射的定义。

科学家已经确认，所有自然界的物体，只要温度在绝对温度零度以上，能量都以电磁波或粒子的形式向外传送能量，这种传送能量的方式被称为辐射。

自然界的一切物体，植物、太阳、月亮、星星，包括人体都有辐射。

从定义上看，在这个自然界中，只要是本身温度大于绝对零度的物体，都可以发射电磁辐射。然而，世界上并不存在温度等于或低于绝对零度的物体。因此，人们周边所有的物体时刻都在进行电磁辐射。

简单说，就是自然界所有的东西都在发射电磁波，都在以波的形式运动。

▪ 光的速度很快，但人的心念比光还要快

辐射能量以电磁波和粒子，如 α 粒子、β 粒子等的形式，向外放射。

我们知道的无线电波和光波，其实，都是电磁波。无线电波和光波，这都是科学名词。在这个世界上，很多东西很快，像什么火车、高铁、飞机。实际上呢，在我们这个世界上，目前科学研究中已知的最快的，就是光速。

光的速度是很快，可是，我告诉大家，能超过光的速度的就是人的心念，人的心念比光的速度还快。打个比喻，我们现在想新疆，你这个心念一起，心念的这种波，就已经到新疆了，就这么快。那你要是想到月球，或者我想到宇宙，这个心念波就迅速传播出去了。所以人的心念，实际比光还要快。

你看，像电磁波包括光波和无线电波，它们的传播速度都很快，在真空中的传播速度与光波（3×10^8 米 / 秒）相同，在空气中稍慢一些。科学家有这个定义，我展示给大家看下，咱们就不深入讨论这个了。

一切事物都具有共振频率，都以波的形式运作。你看，脑电波，心电波，电波，水波，光波，包括情绪波，包括我们的怒波，恨波，爱波，实际它就是一种波的这种存在。

▪ 能量波之间的运作方式：同频共振

心念是波，宇宙中一切能量运动形式都是波。这是非常关键的一个道理。通过无形的波动，我们在传送能量，并影响自身和周边的能量场变化。

那我们接下来面对的问题是什么？波与波之间碰上的时候，运动规律是怎么样的呢？这就是我们要详细讲述的共振法则。前面都稍微提过几

句，下面要细细地讲解。其实，波与波之间的运动规律，最重要的就是同频共振法则，这也是除了心念法则，能量法则之外的第三大宇宙法则。

共振法则存在于宇宙的任何角落，并且通过它的作用形成我们的世界。

先从科学讲起：物理学上，共振的定义是两个振动频率相同的物体，当一个发生振动时，引起另一个物体振动的现象。

声学中共振亦称"共鸣"，它指的是物体因共振而发声的现象，如两个频率相同的音叉靠近，其中一个振动发声时，另一个也会发声。

电学中，振荡电路的共振现象称为"谐振"。

再看看自然界中的波共振现象：微观世界中的原子核、电子、光子等物质运动的能量都是以波动的形式传递的。宇宙诞生初期的化学元素，也可以说是通过共振合成和产生的。有一些粒子微小到简直无法想象，但它们可以在共振的作用之下，在100万亿分之一秒的瞬间，互相结合起来，粒子物理学家经常把粒子称为"共振体"。

包括我们说的病毒变异，你看，病毒之间为什么能变异？它们就是不同粒子因为某种突变因素，产生共振，迅速重新组合而聚在一起了。

人除了呼吸、心跳、血液循环等都有其固有频率外，人的大脑进行思维活动时产生的脑电波也会发生共振现象。

人这一生，你要懂得这个道理以后，就知道，共振现象是非常重要的。

类似的共振现象在其它动物身上也同样普遍地存在着。我们喉咙间发出的每个颤动，都是因为与空气产生了共振，空气振动产生声波，声波传到人的耳膜，引起耳膜共振，从而产生声音信号被大脑接收，于是人就接收到了声音。

我经常在讲，你认为是耳朵在听话吗？你坐那儿要是睡着了，我讲什么你都听不见。可是耳朵呢，还在那儿。我们就知道，耳朵是工具。它只是接收信息波的，还要靠大脑进行转化。你看眼睛，也是工具，有些人睡觉是睁着眼睛的。梦游时，他能走这儿走那儿的，那你说他睡着了还是醒着？

声波传到人的耳膜，引起耳膜共振，从而产生声音信号被大脑接收，于是我们就能听到声音。那聋子他也长着耳朵呢，为何听不见？其实，是工具坏了，共振产生问题了，没共振无法接受信息。

▪ 万物生长靠共振，自然界里面的共振非常多

万物生长靠共振。自然界里面的共振现象，是非常多的。春天的温度起来以后，百花开放，所有的植物都在和天地共振。冬天来了以后，树叶就要落了，它也是一个共振效果。

植物要顺应四季。人也是一样，立春以后，人所有的骨缝就开合了。这是人身体的变化，骨缝开合以后，我们最明显的感觉就是，润手霜不用抹了，皮肤开始光泽了。可是立秋以后，骨缝开始闭合，一闭合以后，皮肤就开始干了，手上就长刀茧了，就因为这种原因。你的皮肤，你的身体，也和自然界产生共振。这个很明显的，我们在自己身上可以感觉到。

我们所熟知的植物的光合作用就是这个道理。叶绿素频率与某些可见光频率共振，才能吸收阳光，产生氧气与养分。所以没有共振，植物便不能生长。

在地面，共振也把所有的物体都染上了各式各样的颜色，从花卉到水果。

红苹果把太阳光中我们称为蓝光和绿光的振动频率吸收了，因此我们看到它就是红艳艳的、令人垂涎欲滴的样子。

绿叶中的叶绿素分子的振动频率在太阳的红光及蓝光范围，所以共振把这两种颜色都“吸收”了，而只把绿的颜色反射入我们的眼里，因此树叶看上去便是生机盎然的浓绿或嫩绿。

最后，看看生活中最容易理解的共振——收音机。电台通过天线发射出短波或长波信号，收音机通过将天线频率调至和电波信号相同频率来引起共振。电波信号将被放大，然后天线将放大后的信号过滤后传至喇叭发声。

电视机原来也是这样接收信号的，只不过后来的信号从无线传输变成了有线传输。电视机换台的时候，也就是在换信息波段的频率。

再往深了说，我们和信息波也产生共振。当你看电视非常高兴的时候，你就是和这个电视节目传递的信息产生共振了。就像我们看一些喜剧的电视，就会捧腹大笑。在那个时候，你的内心和电视信息共振了。

不同人心念不一样，对信息的共振点都不一样，所以，虽然只有一部《红楼梦》的书，但是，一千个人心中有一千部《红楼梦》。

▪ 获得上等的运气，在于你和谁在共振

这上面说过的，大部分是自然界和科学界中已知的波共振。

那人与人之间也共振。过去我们讲三教九流。为什么这么说？三教九流是因为人的共振频率，同频相吸而聚在一起的。不是谁分的，也不是谁定的，这就是人的心念波共振自然而然形成的。

你掌握了同频共振法则，你就明白了。你倒霉的时候，你的所有心念波，往往陷入恶性循环，发射的全部是负能量，共振的也是外界的负能量。我们就会发现，倒霉的时候怎么遇到全是倒霉鬼？

你看，人家发达的时候，遇到的全是大老板，全是大企业家，这也是共振。我们明白了这个道理以后，我们就知道了，原来上等运气在于你内心在发射什么能量，最后和谁产生共振。

这也就是我们为什么遇到好的老公，好的老婆，好的员工，好的老板，好的环境，好的祖坟，好的住宅。告诉大家，你先要自己好，才能和他们产生共振，你才能被加持护佑，可以这么说。

如何能得到妻子旺你，或是丈夫旺你？老板旺你？员工旺你？就是要用共振法则。你经常用天性思考，天性处事，发射天性的心念波，就能和他们的天性产生共振，不会和他的禀性共振。

你要自己喜欢吃喝嫖赌抽，我给你说，你这个爱好会共振来一堆吃喝嫖赌抽的人，很快，你就跑到万丈深渊了。

所以，只有一条路，就是振他的天性。天性是好善而无恶的，天性就是帮人，是感恩，是理解和宽容。只有天性共振的夫妻才能白头到老。你要是与老板产生天性共振，我告诉你，老板和你之间，老板就会义，你就会忠，这就是和合了。

当我们出现六亲冷淡，包括夫妻之间，老板和员工之间，同事之间，产生了种种问题，告诉你，都是我们的共振出了问题。

这也就是我给大家讲的，当你产生善念，和万物共振的时候，万物回报你的都是善，万物之福你都能享。当你产生恶念时，你的恶念能把万物恶的禀性全部激发，回报你的都是恶，那你就会受万物克。

▪ 祖坟的好坏不是根本，与祖先共振才能接受能量

我们都知道，明朝和清朝，选了很多坟地。包括那些皇帝的祖坟，我们称为皇陵，他们把地理上好磁场的地方占完了。可是他们的王朝并没有延续下去，为什么？因为当时为王的后代子孙，内心的念头没有办法和祖坟产生真正的共振。没有达到我们所谓的一体，他的这个能量波是断裂了的，就无法受护佑。

我们都知道，孔子家族，孔老夫子的墓地是衣冠冢，还是被挖了的。可是，孔子的墓地到现在为止，都在旺着孔子的后裔。而且孔林里面，有几种自然现象到现在都讲不清楚：

第一、孔林里面有十万株松柏，可是孔林里面没有乌鸦，没有蛇，没有老鼠。很奇怪，可是孔林外面就有乌鸦，就有蛇，就有老鼠，好像这些动物都被圣人强大的场能所影响，都不愿意进到孔林里面去。我问导游，导游就给我讲了："这是孔老夫子休息的地方，乌鸦怕来打扰圣人。"这是他们的解说。

第二、朝拜圣人的人比较多，蛇在这个地方怕把游客吓着了，所以蛇也不来。老鼠打洞会破坏这个地方的场能，所以老鼠也不来。

孔子那个地方我们称为什么？东方圣城。我去孔林拜访的时候，导游就这么给我讲的，他说："到现在为止，科学讲不清楚，不知道什么原因，只能用这种方法去解说。可是孔庙里面就有乌鸦，孔庙离孔林也就几里路。"很有趣，你看，动物都会被圣人威德所慑服。

很多好的运气场，为什么没有保护子孙？很多祖德也很旺，子孙为什么没发达？因为他们内心的能量波和祖先的这种德，不是同频共振，他没有办法吸收祖先的能量，也没有办法改变。这就是我们很多人，掌握不了运气的原因。

所以古人讲了一句话：福人居福地，福地福人居。那首先你要有福。你要用什么方法积福？用天性才能开启祖先的福，实际就是孝。你孝敬父母，祭祀祖先以后，你就能把祖先的福开启出来，就能护你。上天有好生之德，我们就要用仁慈开启天的福，大地厚德载物，你厚德载物就能开启大地的福，你完全可以开启。

▪ 古人与天地的沟通方式

实际上，我们古人就非常有智慧，虽然没有用现在的名词讲这些东西，但是古人过去做的事情，都是按照共振同频的原理做的。

打比方，我们讲的腊月二十三祭灶王。我们陕西当地，在祭灶王的时候，首先供一杯清茶，点三炷香。然后供十二个烧饼，对应一年十二月。为什么？厨房是管粮食的地方，民以食为天。十二个烧饼就是对应这十二个月。茶叶是自然长的，过去我们最好的饮料就是茶。古人对茶的研究很深，都写了一部《茶经》，茶的能量一定是很好的。

你看，我们供茶、点香、供烧饼，然后我们心里开始起感恩的念头，祷告的念头，这个念力波发射出去了，就是在和天地沟通，争取共振。

我们都知道，灶王爷的两边有两个对子。对子写：上天言好事，下界降吉祥。腊月二十三，除了祭灶，实际也是告诉我们大家，年关接近了，这个时候要大扫除了。你看，古人把腊月二十三都已经称为小年了。

进入腊月以后，腊八，吃腊八粥，这是与五谷和。我们把过去剩的一些五谷，那一天，专门煮成腊八粥供大家吃，实际上是在用惜福的心念去共振。

古代的各种风俗礼仪，就是让我们用各种正能量的心念和天地之间的正气共振，和我们自性中的光明共振。

包括过年也是共振，大年三十祭祖是共振；初一敬神是共振；初二，去岳父岳母家和他们共振；下来走亲戚和六亲共振；一直到正月十五元宵节，都是在共振。包括八月十五团圆，也是这样。

古人发现了这个秘密，用这个节日来提醒我们大家，让自己内心多发射正能量，不要有负能量的东西。实际就是这样。这个共振的强度和效果，就完全取决于你的至诚心。你这个诚心是强度大，还是强度弱，由你自己决定。你是光去走了个形式，还是用心做了？

包括我们祭祖也是用感恩心在和祖先的能量波共振。包括夫妻在结婚的时候，拜天地，拜父母，拜祖先，夫妻对拜，代表的是感恩天地父母祖先之恩情，没有他们就没有我们今天的喜悦。

夫妻对拜的时候，心里发射的都是互相尊重的念头，这也形成了能量波共振。这些都是我们过去运用的同频共振的好方式。

要不我说，古时候结婚，喜事丧事我们能分清楚，可是现在，我们分不清楚。现在都穿婚纱，西方的婚纱都是白色的。那在过去，中国古代死人的时候才穿的东西。

所以我说，中国有很多传统的东西，它里面的内涵，都是和天地、人之间的和合文化。而按现在科学来讲的话，就是同频共振。不同频，就不和合。

▪ 大道至简，“五正法”共振正能量

我给大家讲的，和天地之间共振的方法最简单，没有这么深。

大家在《你是自己命运的设计师》里面，以及我过去讲的很多课里面，都能看到：第一、微笑。人能知道微笑，就和天共振了；第二、耳朵听圣贤教诲，你就和人间的一些圣贤共振了，耳朵听圣贤教诲这叫充电；第三、嘴巴说正能量的话语，这叫什么？你在释放电，在给别人充电；第四、行为端正，就是遵守国法遵守伦理道德；第五、心存感恩，心存感恩的话就是聚光，光则上扬，招财招贵，就是这个道理。这样做以后，那万物的好就和你共振了。

大家也可以把我讲的这五种方法，称为惜福的五种共振法。

很多人看我的书，觉得书里面讲的东西简单。

我说：“就简单一个微笑，你能不能做好？很多人的笑比哭还难看，还笑里藏刀，要不就皮笑肉不笑，我们连个笑都做不好。你要真会笑了，我告诉你，那是通天彻地的事情。”你要笑得你身上的八万四千细胞，全部散发这种能量，我告诉你，你自身的运气场，就强大得不得了。因为你这一笑，化解仇怨，拉近人与人之间的距离，你会吸引更多命中的贵人，帮助你成长。

实际我讲的方法，最简单最有效了，可是，有几个人能应用？都不会用！

让你耳朵听圣贤教诲，你光听是非。所以，你把负能量全充进去了。

让你嘴巴说圣贤教诲，你天天说是非，说尖酸刻薄的话，你看，你这个说出去的话，不是给人充电，给人充阴气了。

让你行为端正不要违法乱纪，不会被国法收拾，不要违背伦理道德，不会受道德谴责，可是我们很多人都犯这个毛病。

让你心存感恩，那我们感恩谁了？不感恩父母，不感恩兄弟姊妹，不

感恩老师，不感恩同事，不感恩老板。我们内心世界是天天抱怨、嫉妒、仇视。

实际我讲的方法最简单，不笑变成微笑；爱听是非变成听圣贤教诲；嘴巴说正能量的话语；行为端正；心存感恩，这叫“五正法”。

你这五种方法保持住了，我告诉你，你五福全来了，五灾全消了。你就推动了东南西北中，推转了五行，跳出了三界，你不受运气，不受八字，不受名字，不受外在所有的物质能量影响。你走哪儿都得福，就这么简单。

我经常在讲，你要真明白这个道理以后，你把这五种方法用好，了不得的事情，可是我们人不会用。要讲什么这共振那共振，这能量那能量，很多人就听晕了，实际我这是给学者讲的，给高学历的人讲的，他们能听懂。可是对我们一般人来讲的话，只能听一听，还是简单点的“五正法”好用。

▪ 简单易行最实用，老实肯做是根本

原来有很多人说，秦老师，你这讲啥都讲得很好，就是讲得太浅。

我一想：要讲点儿深的，不然他老认为我讲得浅。可是，就这么浅，你都做不好，那我讲深的，那还得了？是不是？

让你笑一笑，你都不笑，你还说，把人气得都不行。要不我经常给大家教方法。教什么方法？拿个镜子，把自己这小样儿一照：你这熊样儿为啥不笑？你就笑出来了嘛！你看，你这一笑，这种能量波，立即给自身的运气场就把电充上了，就这么快。那你一愁，就充不上电了，运气就低落了嘛。实际就这么简单，所以我们会不会笑，这个是非常重要的事情。

所以我们大家一定要懂得，我教这五种方法，真是招五福的，压五毒的，推转五行的，招财招贵的，真的是这样。你会不会笑？笑的时候，要

真像元宝一样，招财招贵。

那我们这个耳朵是工具呀，一定要时常充电，充正能量的电，负能量不充。我们这嘴巴也传播正能量，不说是非，不说尖酸刻薄的言语，我们的行为端正，心存感恩，就行了。这方法最简单。你看，大白话，几句话全都看完了。

▪ 把圣贤教诲落实在生活中就能成功

我最近给大家讲课，都是前面越来越深，可是最后收尾都比较浅。

你永远要记着，古人讲的大道至简。你不要认为简就没有用。就像有人给我说："秦老师，我找人起了个名。"

我说："起个名字花钱吗？"他说："花钱。"

我说："我给你们家孩子起个名不用钱。"

他说："你那起名不用钱不灵，我找人起那名，17万。"

我一听，那人傻啊，认为给了钱就值钱了。

我要告诉大家的就是，世界上最珍贵的东西，都不需要钱，像空气，阳光。你能拿钱能买到的，那都是不值钱的。真的是这样，你钱能买来床，你买不了睡眠是不是？你能买来药，可是你买不来健康，真的是这样。

就像我们过去讲的话，有钱能使鬼推磨，可是我告诉你，你有钱通不了神明，那鬼还是阴的还是倒霉的，你要知道这个道理。说不上这鬼推磨一推，把你就推到阴沟里去了，你要懂得这个道理。

所以我们一定要明白，共振法则是宇宙的根本法则。

你今天遇到的子女不孝顺，遇到的妻子不好，老公不好，老板不好，员工不好，所有的东西，都是你不好的心念共振而来的，都是你自己害自己。

那我们学圣贤教诲，之所以没有效果的原因，是因为，我们和古圣先贤没有产生真正的同频共振，也没有产生我们所谓的共鸣，你和他没在同一个频率上，他如何帮助你。

那你要想和他在一个同频率上，就是把他讲的东西，落实在你的生活中和修行中去，那你就和他产生了共振了，这就是教导我们成功的密码。

第十五章

生活中的各类共振现象——共振法则讲解三

▪ 心是拨号器，嘴巴不是拨号器

上一章最后讲到，波与波之间运作方式中最重要的规律是同频共振。

上等运气在自己身上，我们的五脏六腑，包括我们的器官也完全具备共振能力。我们今天所受到的福祸，全部都是自己的心念波共振感召而来。

很多人能来听我讲课的，大部分应该都是对儒学非常热爱的。对于运气，大家可能也热爱，可以作为一个辅课来学。

可是我们会发现一个问题。什么样的问题？很多人学习为何没有效果呢？实际就落到这一个原理上，同频共振。因为我们跟古圣先贤之间，没有产生同频共振。

我们看孔老夫子，他最崇拜的人是周公，我们经常可以听到，孔老夫子夜梦周公的典故。周公在梦里指点了他很多知识，他对周公非常推崇和尊敬。他为什么能梦见周公呢？我们也可以用同频共振的原理去理解。

包括孟老夫子，和孔老夫子相隔了一百多年，将近二百年。可是孟老夫子把孔老夫子的所有思想集于大成。我们都知道，孟老夫子是孔老夫子孙子的学生，实际中间隔了几代，可是我们现在一提到儒家文化，就会提到孔孟思想。就把孔孟提了，把中间两代都忽略了。为什么呢？

我们想一想，孔老夫子和孟老夫子之间，他们一定也是同频共振，这是毫无疑问的。只有当同频共振以后，信息场才能沟通，才能相互交融了。

打个简单的比方，如同拿一部手机拨打电话，你现在这个电话是打去了谁哪里。你要想给姓王的打电话，一定要拨姓王的那个电话号码，才能通过共振沟通信息。你要是打到姓李的地方去，肯定打错了，就沟通不了呀，就是这个道理呀！

我们的心就是拨打电话的发射器呀，我们心里发射什么念头，就和什么波段共振呀。

你要是嘴巴里说着温良恭俭让，心里还是贪婪嗔怒，那你拨打的电话，肯定沟通不了圣贤呀。

你的心是拨号器，嘴巴不是拨号器。大家要明白这个差别呀！

▪ 由天性统帅禀性和习性，可以完全改命

这就需要我们大家深思一个问题：我们的内心世界和我们行为有没有达到一致。关键在于，你能不能达到一心一意？

就像一些圣贤给我们讲道：“一分诚敬得一分利益，十分诚敬得十分利益。”实际一些祖师，古圣先贤，教给我们的方法，都是通达圣境的。

明白了这个道理以后，只需要调整我们的身体，不需要调节外在的人

事。包括祖坟运气，住宅运气，是没有必要去调整的。你只需要调整自己以后，就会有可能和古圣先贤产生共振，这个就是同频，这样共振就有效果。

大家要明白，很多人穿了白大褂，不一定是医生啊！你看，他是个按摩的，是个实习生，是个护士，他们都穿白大褂。我们观念里面误认为他是医生，实际不是，是我们错了。

有的人，嘴巴说一套，心不改，不善，你还误认为他在学圣贤教育，这就是现在很多修行人修错了的原因。

我给大家讲，修行的目的，实际就是和我们的禀性和习性作斗争。让它们归顺天性，听天性之命，听天性之教，听天性之行，这个是非常重要的。当你真正明白了这个方法以后，万事万物，你都能享它的福。

人是万物之灵，这一句话，我们要深层次地去了解，你既然是万物之灵，那万物的灵都会被你所吸引，来助你。你要是万物的魔，万事万物中的魔性都会来克你了，我们要明白这个道理。

有很多圣贤，周边有很多贤能之士；有很多恶毒的人，周边也有很多恶毒的人相聚，这个就是我们看到的——同频共振。你是善的同频共振，还是恶的同频共振，这个很重要。

这就需要我们大家怎么办呢？就需要让我们的五脏和合，五脏与六腑和合以后，我们的天性、禀性、习性，由天性统帅，和合为一。这个时候，你的自控能力和调节能力就很强，你散发的气场也很好，完全可以改变你的命格。

▪ 以德报怨是化解命理克的上乘方法

实际人这一生，命格是最难改的。命格的形成有几种原因：

一种是，来自于祖先的信息场。讲通俗一点，就是所谓的富二代富三代，祖上给你积累了非常大的能量，这种信息对我们人产生的影响。

还有一种，就是你这个家庭的能量场。你所娶的太太，所嫁的丈夫，所生的孩子，包括你的兄弟姊妹，你的六亲，对你这种场能，也参与了帮助或者相害。这就是运气学上讲的，命理的相克或者命理的相生。

这个克和生，按运气场来讲，外部表现是很明显的。我们都知道青牛，最怕见骏马，马和牛属相是完全相克的。包括鸡和狗，它在属相上，也是相克的。

这个克，我们在命理上如何化解？就是用和。

当属狗的和属鸡的之间有克的话，这个克需要两个人同时产生，你怨恨他，他也怨恨你，这两个怨恨波就同频共振了，就产生了这种克。

我们要想把这个克化解，所用方法就是，你和他不克就完了。他与你不和怎么办？你要和他和!

他来怨恨你，克你的时候，你以德报怨，你不返回一个怨恨波，你返回一个宽容的和爱的心念波，你最后就把克化解了，这个是很重要的事情。

我给大家讲过一个例子，一个庄园主不让和尚住宿，这个和尚以德报怨，还给员外立了长生牌位，最后化解了员外和他累积的怨恨的故事。其中，就用了一个很好的方式：把你最不喜欢的人，你曾经最怨恨的人，给他写一个长生牌位。天天心里起念，希望他长寿，希望他增长智慧，希望他有善根。你这样日积月累的发射善的波，就有可能共振他的善，他和你这个克，也就化解了。

按我们世俗来讲，就是以德报怨。就像夫妻两个人，属相可能相克，或者八字相克的，我们用什么方法？就用和的方法去化解。你用和的方法以后，对方克你就克不动了，你要用天性生活的话，他就克不动你了。如果你要用禀性和习性的方法，我告诉你，你们俩冤冤相报，绝对把你克死。

一定要以德报怨，你用你天性的德，化解他禀性和习性的这种克，就把这个化解掉了。

你和他不同频，不共振，就不克。用天性的善念去发射，去和他同频共振，这四个字它的深层次意思，太了不得了。你要学会观察，你当下的思想，在和谁在共振，在和谁在同频，这个很重要。

▪ 不管学哪种文化，你一定要和对方同频共振

当我们和老师共振同频，那你就增长智能了。我们看到，佛在讲经的时候，有的弟子证阿罗汉，须陀洹的。同样一个老师，教出来的学生，为什么他的成果不同呢？你看，孔老夫子，只有七十二贤士呢，因为他们对老师的这种至诚不一样，他能和老师讲的东西的共振信息点不一样，就像一千个人心中有一千部《红楼梦》一样。

你和老师学习的时间要是很久，就会产生越来越多共振，也就是我们说的智慧更高。圣贤在讲课的时候，一定是发自内心全盘相授，弟子那个时候内心是不是能全部共振，能不能全盘接收，决定了他水平的高低。

在这个地方，我们就可以看到，同样是一个老师培养出来的学生，有非常优秀的，有中等的，还有不及格的，这个与老师几乎是没有关系的，也就是我们经常听到的，流传的一句话：师父领进门，修行在个人。就是这个道理。

当我们对同频共振，真正明白了以后，你再去看一些古圣先贤讲的东西。孔老夫子讲的："我梦到周公了。"为什么呢？因为他们的信息有共振，就在同一个频道上面了。空间中的信息场还存在着，只是一般人无法接收那个频道的信号，无法共振。

圣德和凡夫的区别在于，圣德有自控力，他愿意和谁共振，愿意和谁同频，他可以掌握。

普通人，不同的智慧，理解力不一样，与不同层次的信息产生共振。

讲太深的东西，一般人理解不了，无法共振，就像对牛弹琴一样。但是，对于一些懂的人来说，就如获至宝，就能共振。我们经常也把这个叫共鸣！

▪ 和，就是同频共振，效果就是万事兴

我们经常听到的一句话叫，家和万事兴。

实际这一句话，很多人都知道，就是不会做。谁都是顺口说说，他不知道和这个字从哪里落实。

按和字的字面意思来讲的话：一个禾苗的禾，一个口，就是人人有口饭吃。

其实，人最基本的需求，就是四个字——衣食住行。我们现在的衣食问题是解决了的，这在世界上也是一个奇迹。行稍微差一点，有人骑自行车，有人走路，有人开豪车，有人开普通车。住的问题稍微大一点，我们都知道，像北上广房价太高了，很多人北漂，住的时候就辛苦一点。

可是，你要让我说的话，我国衣食住行这四个字，全部解决了。你觉得在大城市待不了，你可以去二三线城市，也会生活得非常好，没必要死磕大城市。

和这个字，往深了讲，和，就是同频共振。用善念波发射，用自己的天性波与家人同频共振，就是家和。共振会产生什么样效果呢？就是万事兴。

人这一生，一般出现的不兴旺的事情，都是家不和了。经常有人说自己运气不好。我说：你家庭失和了，你想想你在跟谁失和。是夫妻失和吗？跟父母失和吗？跟兄弟姊妹失和吗？这个很重要。

而且，和字也分为三和。第一、家和万事兴落实于家庭。家和就是家庭的内在运气场，家庭一旦失和以后，通过共振法则，就可以知道，我们

很难感召好运气，做事肯定不顺，万事不兴。

第二、是和气生财。你想发财，想让你的生活富裕，这个和就大了，你和任何人都要和气，气还要顺，不能逆，逆就克了，你用和气就生财了。

第三、以和为贵。和气是个动向的东西，一旦和了，就能把自己变成贵人，生活中就能遇贵人。

我们这一生，想遇贵人不遇小人，要想化解敌人、仇人，你肯定要把握住这三和。第一、家和万事兴；第二、和气生财；第三、以和为贵。第一个，针对的是我们小家。第二个，针对的是大众。第三个，要求自己。在你人生道路上，一定要以和作为人生目标，你自然就生贵了。你首先变成一个贵人，那你周边的人，全部都是你的贵星，这是你自己共振来的。

我们都知道天上有北斗七星，北斗七星所在位置，众星都是围绕它们的。尤其在夏天，我们看到的非常清晰，这个定律没有变过。

这三和，是我们现代人经常说的话。可是，没人知道它里面的思想。它的哲学思想，都在一个和字上。它的科学思想，就是波与波间的同频共振效应。

我们要把这三和落实到家庭与工作中，落实在自己身上。

不过，我们很多人都不能以和为贵。为什么这么说呢？首先，自己与自己就不和。看见领导，我们拍马屁；看见穷人，我们歧视。我们自己与自己都失和了，你就不是贵命，你如何遇到贵人、贵事？

所以，古圣先贤给我们讲的很多东西，都要归纳到自己身上。你是不是万物之灵？这个我们要深刻地反省。

■ 保持正念、天性为王

我们要想得到万物的加持，你一定要保持正念，你就和古圣先贤产生同频共振。要是邪念，可能就和一些坏人，和一些不好的信息场产生同频共振。

就像收音机选择电台一个原理。电台通过天线发射出信号。收音机通过将天线频率，调至和电台电波信号相同频率，来引起共振。

不同的心念，能量波层次不同。

天性在脑袋，是君王。在我们人的身体里面，它是为王的。

禀性在心，是大臣。不过，在五脏里面，心的这种波，是超过别的内脏的。心在内脏里面，它是君王。

你用天性讲课的话，我告诉你，即使不识字，你站着就能讲，这是毫无疑问的。因为，你的心念是纯善的，是为了别人好去发射的。我告诉你，你和人谈生意的时候，你和别人聊天的时候，你在做演讲的时候，你的内心世界就没有紧张。

你的紧张、恐惧、自卑，全部是来自于禀性所发的波。你有点自私自利，导致能量低了，这也是我讲的大臣和士兵，以下犯上，导致出现的这种问题。

▪ 有血脉关系的人，能量场更容易共振

共振真是无处不在的。有亲人间的共振，也有天地与人的共振，例子非常非常多。你看，《二十四孝》里面，有一则故事，卧冰求鲤。我觉得他那个时候的孝的能量波，一定是至诚感动天地的。

现代也有这种例子，我见过。我见到过王希海老师，这位大连的孝子很有意思。我听他讲课，有一段说到他父亲发烧，医院检查不出病因。可是他晚上睡觉的时候，就梦见他父亲在上楼梯，一个楼梯的木板坏了，把他父亲腿腕卡住了。他第二天醒来的时候，就仔细检查父亲的脚腕，发现竟然真是脚腕那长了个瘤子。把瘤子切掉以后，他父亲就不发烧了。在梦境里面，他知道了父亲的病因。

《二十四孝》里面，曾子的故事也很有趣。古时候，看望朋友都很远，交通工具也没那么发达，更没有手机。曾子在山里打柴的时候，他的朋友来他家了。曾子的妈妈一看，不能让朋友白来一趟，就拿针把自己的手指扎了一下，曾子猛然觉得自己的心痛了一下。他就觉得我母亲是不是有事情，曾子就回家了。他妈妈才说，我看你朋友来了，故意用针把自己手指扎了一下。

我们按现在医学上来讲，十指是连心的。当一个人休克了，除了人中能急救以外，十指放血也是可以急救的。曾子的妈妈把自己手指扎完以后，她的儿子有心痛的感觉，是可以理解的，亲人间有血脉关系，心电波共振更容易。

我再给大家讲一个例子。我们当地，有个跟我关系非常好的大姐，她每次做慈善都非常积极，做义工也非常好。她有个儿子就是不听话，每次考试就考二百多分，实在考得不好。每次她儿子在里面考，她就在外面着急，心慌得厉害，考了几次都不理想。

前年要高考的时候，她就很着急，问我："怎么办？"

我说："你着急起不起作用？"她说"不起作用。"

我说："既然不起作用，我教你一个方法，你试一试，兴许有用。"她说："什么方法。"

我说："母子是同心的，当你心在外面急慌，孩子在里面就会答题不专心，一定不能发挥自己的能力。你要不在孩子高考期间，自己专门念圣贤经典，比如《道德经》。"

实际我是为了转变她心慌的思想，把思想落在念经典上面。她照我这个方法，做了以后出现奇迹，孩子考试成绩，比预计的多了一百五十分。她很惊讶：我孩子怎么能考这么好？她想不通。

中国只有九所音乐学院，他就考到了西安音乐学院。按她孩子平时的考试水平，一定是去不了的。可是，妈妈心一稳定，在家里开始读经的时候，脑海里面只想经不想儿子了，自己心也不慌了。

这个例子背后的原理，就是母子产生了同频共振，妈妈和孩子的这种场能在一个频道上面。妈妈要是慌乱的时候，也把孩子影响了，在慌乱的频道上面。

母子真是连心的。所以，曾子的妈妈拿针刺自己手指的时候，孩子在山里会感觉到心痛。在这个道理上，我明白了，有血脉关系的人会影响彼此的能量场，所以，我给大家讲过十二部运，其中，六亲属于我们的内六运。

你看，近几年我们有没有注意，生活非常好，医疗条件特别好，可是心脑血管疾病却非常严重。我在这些病里面悟到，六亲不走动了，最容易得的就是心脑血管疾病。真的是这样，心脑血管疾病会产生非常大的问题。

六亲走动，本来是血脉场能的一种交汇，也可以把它称为同频共振的过程。你在走亲戚的时候，或者通电话的时候，就是个同频共振的过程。

你看，你要是很久没给你叔叔、姑姑、表亲联系，打个电话，他还说："还把我记着呢。"你要过得很好，你给他打个电话，他更感激了，说："人家过得都这么好，你看，还能记起我。"

现在快递业这么发达，实在回不去，就给他寄个小礼物。过节了，送点东西给他孩子，寄个学习用品。

▪ 要掐断恶的同频共振源

朋友之间聊天，见面的时候，实际也是在起到一个信息交流、思想共振的作用，这个效果是非常好。

不过，我们现在很多人交朋友，却和酒共振，把自己喝成酒鬼。还有很多人在和吸大烟的、赌博的、违法乱纪的、违背伦理道德的人花天酒地。

这些都是恶的共振源，我们必须把它掐断，不能再发展了。是善的，我们就要大力推广和发展，这个很关键，包括你的念头、存心和做事方式。

现在很多优秀、能干的人被抓了、坐牢了，就因为经常和恶的源头同频共振，结果很明显，我们看到的，他就被抓进去了。

好运从心开始

——你是自己命运的设计师之三（下册）

秦东魁 著

团结出版社

目录

第十六章

共振法则有三大特性——共振法则讲解四

▪ 共振三特性：同频率，增强，选择吸收

前面讲了非常多的共振现象，因为共振法则实在是太重要了，太普遍了。

这次，我们继续深入讲解一下共振法则的三个特性。

第一、只有同频率才能共振。第二、共振的效果是增强能量。第三、系统吸收能量可以选择。可以选择吸收，也可以选择不吸收。

就像我们调电视机频道一样。我们调到什么频道，就接收这个频道的信号。每个人都是一个系统，我们可以调节自己内心的频道。

比如，同样一个老师教出来的学生，有当贤人的，有当一般人的。为什么呢？就是取决于他吸收多少。按现在的话讲就是，他真听进去老师说的了吗？他做了吗？还是他是为了考那一纸文凭，要糊弄老师呢，实际把自己糊弄了。

我们在眉县做过一次张载学说讨论，我有一篇发言，我当时就说："现在的人，把古圣先贤讲的东西，孔子的、孟子的、张载的，选一篇做一个论文，只为了得一个博士论文证书，或者是为了自己提升教授或副教授，

只是为了名利去写论文，根本没有和孔老夫子、孟老夫子、张载夫子的学术思想产生共振。”

所以，现在的很多书，翻开看一遍就没感觉了。为什么呀？因为它里面没有内涵，很多都是自私自利的心写出来的东西。

而且，很多书里面没有恒常的道理。什么叫恒常的道理？恒常的道理，是不因为时代的变更而变化的。就像我们看北斗七星一样，它所在的位置没变过，它是亘古不变的，没有因为现在不是古时候了，它就变了，肯定没有。就像太阳从东边出来西边下去，这也是亘古不变的。

■ 兴趣和爱好是精神世界的共振现象

在精神世界里面，共振法则对我们的影响也非常巨大。

你今天和古圣先贤有共振了，那你就当古圣先贤的学生，就当贤人了；你今天和亿万富翁的老板产生了共振，那你向他学习的，就是挣亿万的方法；你要和乞丐共振呢，那他教你的就是乞讨的方式。

实际上，共振有时候也等于我们常说的一个词——共鸣。

共鸣在我们生活中，无处不在，大家在聊天的时候，对与自己观点相同的人会产生好感，其实也是共振法则的具体表现。

为什么？因为你的所谓观点其实就是你的思想波，我们必须先发出脑电波，才能指挥嘴巴说话，再通过语言，才能说出我们想表达的意思。

但是，实际上，你在想一件事时所发出的脑电波，与对方想这件事的脑电波频率一致的时候，已经开始了共振。

所以，两个人有时候会出现所谓异口同声的现象，也是共振法则的表现。

我和我太太很有意思，经常我们想很多事情的时候，我们两个说出来的话都一模一样，这就是夫妻间的脑电波产生共振。

朋友之间也会产生共振，很多人做生意为什么能合作好？原因是他们产生了共振，他们的想法存心都是一致的，所以就感召了好的结果。

那同样一个道理：兴趣爱好共同的人，会共振玩到一起；臭味相投的人，也会共振玩到一起。

这就是我们经常讲的“虾找虾，蟹找蟹”。你是什么样的一个人？你会遇到什么样的圈？你会和什么样的人交往？这个是毫无疑问的。

你看，包括看书，看电影的共振也是如此。一部《大话西游》，你看，有很多人十五岁就开始看，只和喜剧部分产生共振；那二十岁的时候呢，我们和爱情和悲伤共振；三十岁、四十岁的时候，我们就和无奈的生命轮回共振了。

在不同的时间段，对于同一部电影或者书，他的共振信息点都是不一样的。

比如，我们经常有一个反应，觉得这本书有意思，那本书没意思。但是不同的人和我们的观点，是完全不一样的，根源也是因为我们的频率不同。

现在的新闻媒体。同一个事情，不同新闻媒体取的题目都不一样。为什么呀？吸引人眼球。现在很多人就爱看这个，媒体编辑也是掌握了现在人的心态，为了吸引点击量，他就用了耸人听闻的标题，去和你想看的东西，去同频共振，你就会点了。

电视剧也一样，你看，有的人，心念中渴望爱情的频率强，就会和爱情电视剧共振。而同一部爱情剧，在玄幻迷的频率中，就会觉得味同嚼蜡，没感觉。这都是频率不同，无法共振的具体表现。他们就爱看《西游记》《封神榜》《白蛇传》《画皮》这一类的东西。为什么呀？因为他们对神秘学的东西好奇，对神话的东西好奇。

▪ 每个人与不同东西共振的效果不同

实际上，每个人与不同东西共振的效果不同。

所以，你看，从一部《红楼梦》里面看出什么的都有，这其实就是共振频率不一样的问题。根据你的人生不同经历，你在脑海中和电视剧里面的这些不同人物，也能产生共振。

也就是说，在你的脑海中，和电视剧里面的这些人物也能产生共振，这是非常重要的一个事情。

同样一个道理，比如一些教派的教义，对有的人一讲，他立刻就觉得对、觉得好。为什么呢？因为这和他本身的频率产生了共振。

有很多学佛的人，没学佛之前，去到寺庙就有眼泪自然流出来，就有悲哀的心，看见出家人就非常激动，就是产生共振了。

同样的佛法和道理，要是对一个嫖客讲，嫖客就会完全不屑一顾。他会说："什么狗屁啊！"这就是因为他主导念头的频率太低了，都在色情信息上呢，你跟他讲什么真善美，肯定不产生作用，他完全无法共振。

你跟吸毒的讲，你跟搞传销的讲，都讲不通，他听不明白。那个时候他在那个地方还迷着呢，你叫不醒他的。必须在特定的环境下，他的天性被激发了，才可能和世间善法产生共振，目前的缘分不到。

同样，我们每天喜爱看什么类型的小说，听什么类型的歌曲，看什么电视剧，其实都是它们与我们的心念频率共振的现象，你能和这些产生共鸣。

▪ 常为他人着想，用善的脑电波去共振

共振法则是宇宙的根本法则！我们能和人共振，能和万物的能量共振，能和文字小说电视等各种信息场共振。

通过这些，我们就深刻明白了：我们今天所遇到的这些事情，包括我们今天所遇到的人，我们的身体状况，遇到的父母，遇到的朋友，遇到的所有的环境，他们和我们见面相遇，相害或相助，都是心念波同频共振产生的结果。

为什么人家害你？我告诉你，你的内心世界一定一直想着害别人。你天天想别人倒霉了嘛，想久了以后，你自己的能量场就坏掉了，你就真倒霉了。

所以，我讲过一句话，最上乘的运气学就是常为他人着想。这个善的脑电波出去以后，就会共振他人的善。你有没有常为他人着想？

我们有没有注意，古圣先贤所讲的东西，全部都是在为他人着想。他们之所以成为圣贤，就是因为“心中装天下，天下则装他”。

一般人就是，别人对我们好，我们就好；别人对我们坏，我们就对别人也坏。这是我们普通人经常体现的一个共振的念头。

圣人是不一样的。圣人是对事不对人的，普通人是对人不对事的。

▪ 尊师就能和老师共振，就能开智慧

现代人对老师的要求很苛刻，很挑剔。我觉得，这个思想要转变一下。我们在和一个老师学习的过程中，首先要和这个老师共振，这个很关键。

他讲的有用的东西是我们该学习的，那如果他有缺点，我们要想：他也是人嘛，他的缺点弊端，是提醒我们不要和他犯同样的毛病而已。

你一定要去学老师身上有用的、有正能量的东西。

实际上，孔子的学术是在五百年以后才兴旺起来的。他活着时候一直不兴旺，还被围困，他周游列国的时候都不大被认可。可是，他弟子要是也都因为这种原因，怀疑孔子的德行和能力的话，那他弟子能成就吗？肯定不能。

所以，一个人能说不能行，是国之师，我们跟这个老师学习，就学习优点而已。那要是一个人能说又能行，是国之宝。

我们现在的人，之所以在学习过程中，不能得大智慧的原因在哪里？告诉大家，真正的原因就是和老师不能同频共振，这是其一。

其二呢，对老师的尊敬程度不如古人。你看古人对老师的尊敬，孔老夫子的学生都做得不错。包括子贡，孔老夫子去世后，其他弟子守墓三年，他还守六年墓呢。所以子贡在他的弟子里面，是非常了不得的一个大家。

现在我们看见最尊敬老师的是谁呀？小学生。一到六年级的学生对老师非常尊敬，他经常说，我老师说什么，我老师说什么。到初中以后，很多学生就开始不尊敬老师了。

这是现在的人，一个个不得智慧的原因，就是对老师不尊敬。

我们想一想，现在大学毕业的，你问他，对他的教授有几个尊敬的？

最尊敬的时候是什么呀？他要写论文，需要这个导师给他指点，或者推荐。一旦学位一拿到，很多人就把老师全忘光了。他完全就是利益心去用老师，不是尊敬老师，所以都很难开智慧。

▪ 物品是调动你的脑电波共振的工具

在运气学里，很多人还喜欢摆各种物品。我知道大家都喜欢运气，所以我就讲运气，实际我讲运气的目的，就是导归你回归天性，彻底改变你的命运。

要说你买个麒麟啊，买个招财龟就能招财，我不信这个。那这些东西它们有没有用呢？也有用。为什么呀？

当你的念头天天想着，这是个招财猫，会招财，你的信心就强了。这个气场，慢慢地会补充你自身的场能。

像家里挂一幅字，写吉祥如意，吉星高照，天官赐福一样。我讲过，字词本身就蕴含能量，所有人只要看到，吉祥如意，天官赐福，在你家里，就会读一遍，心里就会调动起正能量念头，那你这个家里就经常有这么一个正能量波的出现，久而久之，会补充一些正能量，会帮助你吉祥如意了。

所以，这些工具，主要是起到调动你的心念波的作用，会给你的运气场能产生一个不断充电的效果。就是这个道理。

到最后我会讲这类的道理，就是工具对人体的这种场能的补充。

也就像我今天穿这个衣服显得年轻，或者显得衰老。衣服也是工具，只是起一个外在补充作用，根本上，还要看你自己衰老或是年轻。

▪ 共振法则分为内外两种效应

细分来讲，共振法则的同频共振可以分为两种效应，一种是由外部向内部的影响。另外一种是由内部向外部的影响。

第一、外部传来的波，可以引起我们内部的振动。

一种是自然物体的能量波引发我们的共振。最简单的，你被阳光照到以后，是不是觉得很舒服、很暖和？这就是外在能量波引发你的共振。

比如生活中的例子，天蓝水碧的时候，我们心情好。天气阴郁的时候，晚上的时候，我们心情差，容易忧郁，负面，犯罪。这全是我们心念波和自然能量之间的共振。

另外，还可以举很多例子，比如，为什么很多人一去大自然里面，去寺庙里面，会觉得心旷神怡，心境平和。因为植物的能量比我们高，没有愤怒痛苦等负能量。同理，爬到大山上，我们会觉得心胸开阔，一览众山小，荡胸生层云，这也是我们和大山的能量波共振。在大海边，我们也会想放声高喊。在大草原里，我们也能释放自我。这些山水的能量也是比我们高的。

我们古人很有智慧，让我们在每一个月的初一、十五静心和吃素。大家可能认为，这吃素好像是宗教的原因。

实际不是因为这个。初一和十五的时候，是月晦和月圆的时候，月亮有引力，会引发地球生物的情绪波动，圆缺的时候，都是波峰和波谷，这种天体的波动也会引发我们的波动，导致人和生物的情绪波动就很大。你看，狼就喜欢在月圆的时候嚎叫，其实他们也是在宣泄能量。

古人让我们在这两天静心、吃素，是为了让我们的身心不被影响。你那天吃素，你心情的波动你能自控。大家可以观察一下，初一、十五的时候，很多人更容易发怒。

还有，音乐的频率也会引发我们共振。比如，寺院的佛乐的频率也是很高的，很多人去了寺院会觉得心念平和。

我们听国歌的时候，大家有没有注意，当你唱国歌的时候，你的毛孔都散发着正能量。

可是，现代人，天天要唱愁啊愁，愁啊愁，愁就愁白了头，你越唱越愁，越唱越愁。你看，那个歌曲也是外部能量波，对人的内心影响都是非常大的。

你看，积极向上的,《东方红》你唱的时候，它的音都是朝上的。悲哀的词曲，那个音是朝下的。这都属于外部向内部的影响。

所以，这些外部驱动波，将引发我们的脑电波共振。我们人的脑电波频率很宽，是能高也能低的，波动性是非常大的。

美国做过的一个集体冥想的实验，参与者上千人，在 1993 年的八个星期内，华盛顿的暴力犯罪率比平时下降 23%，实验结束后，犯罪率又重新开始上升。研究者指出，这些冥想会创造一种深度放松状态，并同时对周围的环境产生影响，也会影响那些没有体验过的人。

整个实验反复做过好几次，每次的结果几乎都相同。这个实验说明，平和宁静的磁场，也能引发周边脑电波的共振，这个共振非常重要，能使得人心祥和，负面的犯罪念头就很难生发出来。

所以，高明的修行者，通过改变自己，可让身边每一个人感到舒服和喜悦！

▪ 共振增强能量，一旦恶性循环会消耗光正能量场

第二种影响，就是由内部向外部的影响。

我们内部的振动可以吸引外部的振动，并加强内部能量。

比如，你郁闷的时候，看什么都郁闷；开心的时候，看天空都很蓝；失恋的时候，是越来越痛苦，越来越失落。

从运气能量场的角度说，我们心里持续发射负能量波的时候，将吸引更多的外界负能量波，与我们共振。

你看，这就明白了为什么很多人那么倒霉。遇到企业倒霉，家庭出问题，又出车祸。很多人不知道，这老天为什么对我不公平？不是老天爷，是你自己对自己不好，是你内部产生的问题，真的是这样。

你没发觉，越是没钱的人，越爱花钱，越出事还存不下钱。这是进入了恶性循环圈。

所以从运气的能量场的角度说，我们心里持续发射负能量波的时候，将吸引更多的外界负能量波，与我们产生共振，从而加剧我们的运气流失。如果不打断这个循环，将形成螺旋效应。

这其实，就是我们接着讲共振第二特性，能量增强。

实际上，共振效应是会持续发生的。我们心念中比较有强度的念头，无论正负都会引发一个循环。

我们自己的一个负面情绪波，将持续吸引负面波并增加负能量，让你运气变差生活变倒霉，你心情又更差又吸引负能量波，运气更差更倒霉。

你看，这人简直倒霉透顶，有些人一倒霉能倒霉十年，或者三十年。因为他在这个恶性循环里面，就没停下来过。

有很多人，一辈子都郁郁不得志的根源，其实是在恶性循环里，自己一点一点的，把自己运气中的正能量场，浪费光了，就是这样。

有些人一辈子不得志，只能给人打工。过去经常讲的一句话，穷秀才，有很多人很有才，可是穷苦一生，他什么都成不了，就是因为“士可杀不可辱”，他这个辱忍不了。他的气还在里面没有消掉，开启了恶性循环，把自己的正能量场浪费光了。

那反过来讲，我们一个正能量的情绪波，将持续吸引正能量波增加正能量，让运气更好生活更幸福。好的心情又更强，增加到我们的能量场里面，运气又会更旺更幸福。

我为什么告诉大家，让大家要笑？我讲这么多内容，你可能记不住，但是，我要特别强调的是，笑是提升运气增加场能的最佳方式。

笑也是打断恶性循环的很好方式。

这个微笑非常了不得的，你不要轻视它。你要真能达到至诚微笑，我告诉你，你这个笑能通天彻地！这个微笑的波会直接通达宇宙，影响你整个运气的场能的变化。

你只需要把这一个保持住就行了，这个了不得的事情。

▪ 古人写诗宣泄，今人暴怒宣泄

我们大家有没有注意，古人和今人的区别在哪里？

古人也有情绪，古人也有脾气，也有自己的性情。可是古人把他的性情全部用到什么地方了？用到写诗上了。唐宋的时候，诗是非常多的。"留取丹心照汗青"这句就很出名，他把自身为了报国受到的波折表达了出来。有很多诗词都是古人宣泄情绪的一种方式，古时候的人爱拿毛笔去写作，把他的心情用诗词的这种方式表现出来。

可是我们今人的情绪，大家有没有注意，是用暴怒的方式发泄，非常没有修养。

还有，很多人在心情非常郁闷的时候，不是喝酒，就是去歌舞厅，要不就用打麻将的方式去消遣，这就是今人能量场比较差的原因。

还有很多现代人，爱去游乐场，连小孩子都是。就是需要这种大的强的刺激，才能高兴一会儿。你看，人在那个游乐设施上面，摇几下跟疯了一样，五脏六腑都能给你摇散了。你在上面就哈哈两声，下来了又不高兴了。所以，现代人能量场普遍很弱。

我经常在讲，你有情绪，为啥总暴怒来宣泄，你为什么不暴笑呢？

很多人说自己笑不出来，我说：你看《猫和老鼠》吧，看小朋友动画片，熊大熊二，你不妨也可以看一看，你看那光头强被收拾得多好玩，是不是？实际你在看的过程中，乐的过程中，也会无形中把自己内心的一些不好的情绪宣泄出来。

不然的话，我们就非常容易陷入情绪的恶性循环中，这个非常可怕啊。一旦开头，不及时把它制止住，不能掌握它，控制它，那你就会越来越倒霉。

任何一个怨天尤人的朋友，其实都在毁坏自己的运气。天天你在他嘴里可以听到抱怨的声音。这种抱怨的声音上扬到天上，由天上直接就回到地上，最后回到自己身上，自身的能量场就越来越差了。

所以，大家不要毁谤一些有影响的人，尤其是有正面影响的人。

他即使有过失也很正常，为什么呀？他是人不是神，你不要神化他，这个很关键。准许他犯错误，准许他有过失，准许他有性格，这才是人之常情。我们都知道，孔老夫子都讲他六十岁才耳顺呢。

为什么六十岁才耳顺呀？六十岁的时候，别人在攻击我说我的时候，我心中才没有怒了，很平静。你想，圣人六十岁才耳顺。那我们呢，是不是？那有情绪是很正常的，我们对一些有名的人，准许他去犯一些错误，这个是很重要的。千万不要去因为一点点事情，就把他们对我们正面的影响和好的影响就否定掉，这样我们就忘恩负义了，这样是不对的。

▪ 赌博恶习一定要绝交

我们在改运的过程中，首先要做的就是和负能量绝交。

你今天要掌握命运，一定要和负能量绝交，不绝交的话就受它克，你很容易开启一个恶性循环。正如赌这个习惯，一旦开始，赌徒就越来越好赌。你看那个赌徒，他简直不摸麻将那就受不了，不赌博就受不了。

我父亲过去也爱赌博，突然间不去了。我问我爸："为啥不去了。"他说："赌王出事了。那赌王每次就拿个箱子，一箱子都是钱，谁知道赌王家生了个儿子没有手，所以赌王不赌了。”

这个例子对我爸是一个震撼，我爸过去在外面工作的时候赌这个恶习，暂时止住了。可惜，最后回到农村以后又开始赌了。我父亲就给我讲，那个时候没有一百块钱，最大的十块钱，一斤十块钱是一万，那个时候赌博大了都不数钱，拿秤一称就知道这个钱是多少。

我那个时候小，听我爸讲的时候我就在想：那钱拿秤称是什么概念？

你想，赌博那玩意，非常可怕。过去人家骂人缺德时，说他生个孩子没屁眼。我真碰到一个办赌博场的人，生下个儿子没有屁眼，整个食道都是长死了的，孩子生下来也就一个多月饿死了，这也是我真实遇到的例子。

其实，可以说，这些钱都是带着负能量波的，带着人的怨气而来，严重损害了你和孩子的能量场，我们不知道，这是非常可怕的，会让你的人生陷入恶性循环。真知道了，这样的钱都不敢赚。

我们要是一旦陷入恶性循环以后，就像赌徒越来越好赌，酒鬼越来越深陷，包括脾气越来越差。导致你的贵人相帮无力，亲人相帮无力，父母相帮无力，就是这样。

▪ 人算不如天算

我家有一个亲戚就很有意思，就想帮助他的妹妹把工作问题解决了。托人办事费了老大心，最后好不容易把工作给解决了，又想，把年龄改小两岁吧，她能多干几年，能多挣两年钱。

谁知道把年龄改完上了几年班以后，人家说，到这个年龄可以提前退休领工资，可是就因为她把年龄改小了两岁，刚好错过这个机会。本来她就可以提前退休了，还能领着工资很轻松。

那这怪不怪帮忙的人呢？帮忙的人是好心，为什么办了坏事？是她自身的负能量场导致的，真的不怪别人。

当你明白这个道理以后，你就知道人算不如天算。

那人如何能改变天算呢？你要发出正能量的邀请函，邀请天地万物给你输送正能量，和万物正能量共振，万物能为你所用，不然的话就害你了。

▪ 改变共振起点，用笑最好

你看，很多人爱发脾气，越来越多，有些人就没脾气。有些夫妻三天一小打，七天一大打，经常打架，这就是进入了一个恶性循环。

所以，我们一定要明白，共振的起点很重要，会刮起一个大的龙卷风。你要是用正能量开始，就是正能量循环。要是负能量开启，就是恶性循环。

我们现在很多人，都在恶性循环。不过，我们用儒、释、道三家学说，都可以把恶性循环改变。最简单的，你就用我给你讲的，你会笑，都可以切断恶性循环。就这么简单。为什么呀？

五官上面，眼睛是心灵的窗口，当你经常在真的微笑，你内心世界的阴暗场能，会随着微笑宣泄出去。两只眼睛中间是印堂穴，电视上经常讲印堂发黑。我们都知道，这印堂发黑就倒霉了，可是怎么样能把印堂发黑的这个黑消除呢？就是微笑。

你笑久了以后，印堂就不黑了，黑气就宣泄出去了。不然的话，就聚积在眉宇之间，我们就会感觉到这个人，眉宇之间有愁、有悲、有苦、有恼，有黑气。

要不我就给大家讲，上等改变运气的方法就是微笑。你要天天练习笑，每天出门之前，面对着镜子微笑五到十分钟，你自己认为自己很可爱了你再出门。

我告诉你，你这一天运气都好！你如此做三年，你再看自己，好运肯定来了，就这么简单，就怕你不会笑。怕你皮笑肉不笑呢，笑里藏刀呢，笑比哭还难看呢，你肯定就没效果了。这个是非常重要的事情。

▪ 失恋是一个很好的选择吸收案例

共振法则的第三个特性，系统可以选择吸收能量，可以选择吸收，也可以选择不吸收。

讲到系统选择吸收，很多人还不容易理解。我再讲个简单的，比如失恋。很多人最痛苦的失恋后，周围的客观世界几乎没有变化，花还是花，鸟还是鸟，电影还是那部电影，天还是那片天，但是，我们在那个时候，却觉得这一切都变得没有意义了。那个时候，你吃饭像行尸走肉，做什么事都浑浑噩噩的。生无可恋，完全和周围的人不生活在一个世界里，你的世界里一切都是灰色的。

之所以这样，原理就在于，我们失恋以后，内心世界负能量过于强大，强度远远超过其他频率，所以我们面对外部的世界时，只能和世界周围的负能量产生吸引和共振，花和鸟的正面能量波段虽然都在，但是和我们内心频率不同，无法共振，相当于被我们自己屏蔽掉了。

而一个快乐的人，看同一朵花，会越看越美丽，也是因为他的内心正能量与外界产生共振所致。

我们就是系统，世界是多频率的，而我们容易吸收与我们当下内心频率共振的波段，这就是系统选择性吸收能量的特征。

其实，对任何一件事情，我们都可以选择正能量，还是负能量。

这是我们自己完全可以选择的。你的运气，你的人生的幸福痛苦一切灾难，你完完全全是可以掌控的。

比如我们当前很多人对现状不满，但是有的人，生出来念头就是努力改变的念头，越来越努力，自己的运气和生活环境也会越来越好。

也有不少人，生出的是讨厌社会憎恨社会的念头，觉得工作也没出路就不好好工作，每天心里委屈难受吸引负能量，导致什么呀，父母朋友也都总为他担心。

你看，这父母朋友一担心，担心的负能量也就开始进入到你的体内了。现在，很多父母生病和子女有关系，妻子生病与丈夫有关系。什么原因？就是因为别人担心你，你们的负能量交汇和聚集导致的。

▪ 心态是可以自我掌控的

我们常说，心念是我们自己选择的，你可以选择正面也可以选择负面。运气是我们自己主宰的，怨天尤人只会让我们运气变差。

就像很多人问我："秦老师，你天天听负能量的事，那会影响你吗？"

我可以告诉大家，不影响。为什么呀？你倒给我的时候，我这个耳朵听那个耳朵就出去了，我不存心里的，我听过去就忘。我的耳朵我自己当家，我耳朵不借给你，这就叫做听而不闻。我眼睛不借给你，我视而不见。我把我的眼耳鼻舌身意全部关闭，不受你害。

你的垃圾倒给我的时候，我有"360 护盾"，对我来说不产生任何影响。

还有人去世了，别人说很悲哀，我都不悲哀，我知道他只是工具坏掉了。

我们的心态是可以自我掌控的。

我经常说，我真正的人生老师就是我爸跟我妈，那真是反面的东西都用尽了。好处就是，我学会了从负能量里面吸取正能量。

我没上学，我大妹妹也没上学，因为我爸那时就说了："千家万家读书，一家半家当官。"他不让你上学，他说上学没用。

因为我爸说这个话，我没上成学，最后成就我了。我要上成学的话，肯定是个死板脑袋，那肯定照书本上的东西就学去了，就没有现在的我了。

在我自小的内心世界里面，做任何事情都自信、自立、自强，对父母没有依靠。要不你看，我标准的80后，没有啃老现象。

在我记忆里面，到现在为止，我都是供养父母，给他们钱，帮助妹妹生活，帮助妹妹学习。所以我有时候在想，很多不好的环境真的是一笔财富呀，要看你如何在逆境中吸取养分。

▪ 不要忍，要容，心量大，容了就很正常

犹如我们的电视机一样，遥控器在自己手上，可以随便选台，可以自己换台，不接收低频段的波动。

真的，我们人这个身体就是个接收器，你现在听完这一堂课以后，最重要的是要做，在生活中不接负能量的东西，全部接受正能量。

我们完全可以自己换台，不接受低频段的波动。

修行有功夫的人，别人来骂他，他根本不对骂。就像我经常讲，疯狗来咬你的时候，难道你要把疯狗咬一口吗？以暴制暴不能化解冤仇。

所以古人讲过，可以以柔克刚，可以四两拨千斤，用智慧的方法去做。

不仅我们不需要对骂，甚至都无需忍受，忍无可忍就爆发了，你要心量大，容了就很正常。

再说，你要真做了错事，他骂你，是提醒你改正；你要没做错事，他骂你是提醒你不要犯错。你看，你在他的言语里面，吸取正能量就完了。

这就是直接调节自己的内心频段，他骂他的，我不接招，不和恶产生共振，生活依然美好。我们这一生，不可能做到让所有人都满意，我调整我自己，做好自己，问心无愧就可以了。

调整自己不受负能量的伤害，也不受这个波段的影响，这就叫修行。

要不我经常在讲，发火的人克金，你脾气一大，自己把自己的金克了，严重的话，把太太或丈夫的金也克了。甚至把祖先的金，父母的

金，子孙命中的金山，都被你克掉，变成水流走了，最后你就会穷苦潦倒。

哪里有那么难，一定要发火吗？我懂了道理，不接招，不发火就行了嘛。

你要定住你自己的心，做到佛家说的境随心转。

▪ 心念变化，周边能量场也会呈现不同变化

我们把这个法则延伸来看，或许能对很多现象进行深度理解。其实，很多佛教的故事，也是蕴含着共振法则道理的。

比如，我看过一个佛教故事，说的是一个瑜伽师，在修弥勒法门，一直想见弥勒菩萨。但是，他闭关闭了三四年的时候，一点感应都没有。

当他要出关的时候，一看门口有一个老太太在那磨铁棍呢。他就问："你干什么呢？"老太太说："我要磨针。"他说："铁棍怎么磨成针啊？"老太太说："那怕什么呀，我磨不了，还有我儿子磨，我孙子磨，我后代可以继续磨，总有一天要磨成针的。"

他一听，心想：人家一个老太太磨铁棍，都有这么大的恒心。我想见弥勒菩萨呢，这修行才待三年就要跑出去，没恒心啊。于是，他回去了，又待了三年。可是这六年待下来以后，怪了，还是一点感应都没有，连弥勒菩萨的影子都没见，他又泄气了，他又出来了。

当他出来的时候又碰到一个人，这个人就问："你怎么了？"他说："我想见弥勒菩萨呢，修行六年了一直没见到。"这个人说："你才待了六年，是不是，人这一辈子活一百岁呢，要见弥勒菩萨，要持之以恒，待到你老的时候，可能就见到了。也可能再努力两年，你就快见了。"

他一听，这人说的也有道理。他又回去了，一直待到十二年。

于是，他又忍不住了，为什么呢？还没见弥勒菩萨，也没有任何感应。

他就心想：弥勒菩萨，我为什么都见不到你呢？他又出关了。

出关以后他看到了一条狗，这个狗因为受伤了，虽然还活着，但下半身都已经腐烂了，还长蛆了。

他当时看到狗以后，怜悯心起来了，慈悲心起来了，他想帮助狗把蛆给弄下来。他本来想拿棍拨吧，可是这蛆也是生命，一拨，蛆就死了呀。他最后只能拿舌头舔。

当他舌头刚舔下去的时候，弥勒菩萨出来了。

他说："弥勒菩萨呀，我修行了十二年为见你一面，我都没见到。我怎么现在给狗舔蛆，你就出来了呀。"

弥勒菩萨说："我天天都在你跟前，我天天都见你，是你见不到我呀，你不能怪我呀。为什么你现在能见到呢，因为你心里面起了慈悲心和怜悯心的那一刹那，和佛心一致了，把你的这种障缘给化解掉了。"

用共振法则来看这个故事，实际上，就是他那一刹那和弥勒菩萨产生了同频共振，就是这个道理。

就像很多美好的事物，其实都在我们身边，都在我们面前，但是，我们自己在负能量的时候，总是不能发现身边的美。

甚至对于身边的人也是，有的人一直有很多优点，但是，我们视而不见。有时候，必须等到分开了，才会想起他们的好。其实，就是这个道理，是我们那时的心没有和他的好产生共振。

我们接着看这个故事。弥勒菩萨说："虽然你能看见我，可是，其他人还是看不见我。你要不信你把我扛着，去大街上，你问问别人看到的都是什么。"

他就扛着弥勒菩萨，一路问别人："你看到弥勒菩萨了吗？"

"没有啊，我看你扛了一只狗。"

别人看到的都是狗，只有他看到的是弥勒菩萨。

后来，碰到一个修行人，问过之后，也没有看到弥勒菩萨，但是，这个修行人看到他扛的是一个人。

虽然是个故事。但是，这里面道理很深。你看，因为我们的心念的变化，周围的能量会呈现变化的现象。

同样一个人，在爱人的眼里，都是优点，高大上，在不喜欢他的人眼里，都是缺点。

这个人其实也是一个能量场，不同的人和他的不同能量共振。回头来看，共振法则，其实就是，我们用什么样的心，就和什么样的能量共振。

第十七章

共振法则使用误区——共振法则讲解五

▪ 宇宙最大的秘密就是共振

前几章我们详细讲解剖析了共振法则，我在这里给大家总结一下。实际上，这个宇宙最大的秘密就是能量波共振，这是一切事物要遵循的根本法则。

心念法则、能量法则、共振法则三大法则是联合运作的。

我再完整地给大家阐释一遍：万事万物都是能量组合，都在辐射能量波，我们的心念是自己能量的源头，念头也是能量波，内部波与外部波之间最根本的运作规律，就是共振法则，我们一边在和别人的念头波共振，一边也在和周边的物质能量波共振。共振形成世界，形成我们的人际关系，形成我们周边的物质能量环境。

可以说，这三大法则形成了我们的人生境遇。一切事情的起点在于我们用的心念是什么。你今天起一个善念波，会影响其他善人的念头和你产生共鸣，这个是非常重要的。

宇宙最大的秘密就是共振，这是一个大秘密。

而且，宇宙是不会分辨善恶的，共振法则是一个规律。法则不会去分辨你的好与坏，他只负责同频共振。你今天的波动是善的，那和你产生共振的都是善的；你今天的波动是恶的，那产生共振的肯定就是恶的。

我们过去经常说一个好汉三个帮。你看，刘备想当国王呢，他就遇到了关云长、张飞、诸葛亮。他和他们几个产生了共鸣，成了知己。

那什么叫臭味相投？当你起恶念时，你会发现，周边很多恶的现象就来了。当一个人想去嫖娼，我告诉你，他马上就能碰到喜欢嫖娼的朋友，围绕在他周边，他还会经常遇到用色情换钱和权的女人，就是这样。

我们看看，六祖慧能大师讲什么？我来做佛了。这一句话，就把他的正能量全部开启了！他还给老师五祖讲：弟子心中常生智慧。就这两句话，导致他留下的言论集成了《六祖坛经》。这两句话实际就是什么呀？善善相应，善共振善。所以，我们起念头的时候，一定连否定和恶的念头都不要起。

▪ 越不自私自利，越能得到好运

实际上，增加自己的运气并不难。心是一切能量的发射源。如果你对每一个人都发射善意的话，自己得到的结果是增加运气就很快。

我们来看个例子。我记得一则《了凡四训》里的故事，说阎王把一个叫卫仲达的魂魄拘到阎王殿以后，在审看他平生所做的善事、恶事。

一看，他的恶事形成的黑气非常多！可是，善事只做了一点点。阎王正要生气呢。

不过，当判官把他所做的那唯一一件善事，就是非常小的一个奏折，拿来的时候，善事代表的红色的正气，竟然把那么多黑色的恶气压制了。

阎王爷就觉得非常奇怪，打开这个奏折一看，是他给皇帝上的一个奏折，是要阻止皇帝乱花钱，为全国人民谋福利的一个奏折。

卫仲达就讲了："我这么年轻，做了这么多恶。没想到只做了一件事，却把那么多恶给压制住了。而且那奏折皇帝也没有采纳啊！为什么也增福呀？"

阎王爷就说："你当时是达到了至诚，没有丝毫自私自利，是为全国人民的利益谋福。如果皇帝要是采纳了，你这个福气更不可限量。"

我也就是因为这个故事的例子啊，才知道，原来，越不自私自利，越能得到好运。越想对别人好，反而结果对自己好。

这其实是共振法则加反作用力法则导致的，这个很重要。

▪ 说千里万里，不如行一寸半寸

我应该是 29 岁当选的政协委员，今年都已经第五年了。可是很幸运啊，除了去年的政协提案是以我一个人的名义提的以外，我每年写的政协提案，都是我们全组一起提的。

联名提案办理的速度就比较快，也轻易不能否定。为什么呀？大家都一致同意你的这个提案啊！相关部门由政府的督导办出面督导，这些部门就必须按照政协提案督办。

我记得有一年，我写的政协提案被督办了。我们县宣传部的副部长等领导亲自带队督办。人家亲自给我讲这个提案怎么办理的，用了什么样的奖励和惩罚方法，以及怎么样落实提案要求的。

你要是给他写一个满意，他们很高兴就走了。你要说不满意，他们又要重复办理一遍。他们告诉我："县委县政府对政协委员和人大代表的提案和议案，是非常重视的。"

你看，我每年提《弟子规》进校园，打击虐待老人的事件，建立绿色食品机制等。每年，我最少都提四五个提案，也都被重视了。

在这任期的五年里面，我把政协委员应得的荣誉都得了。一是优秀政协委员，二是优秀提案。我觉得，我已经尽到了一个政协委员的职责。

我也是因为在《了凡四训》里面看到了卫仲达的故事，才知道了提案的重要性。而且，我不光在现场提案，我还会把政协提案交到市政协委员、省政协委员，全国政协委员那里，通过他们的方式再提。我要争取让提案影响更多人，我要尽职尽责为民服务。

我当民进会员的时候，每年的参政议政日，我也会给市委市政府提很多建议：关注民生，土地分配，打击假冒医疗伪劣药品，打击邪教组织等等，提了非常多。

我们很多人在看《了凡四训》时，可能觉得就像看故事一样，与自己没啥关系。可是，我看《了凡四训》会发现其中的内涵。

你只有做到了，你才能得到啊！

就像我经常在讲的：你今天吃这个菜，吃了以后才知道菜的味道。你要是不吃这个菜，就算你把菜谱上的菜名倒背如流，你也永远不知道菜的味道。

我们学圣贤教诲也是一样，你不落实到你的家庭生活和社会中去，你如何能体验到圣贤教导的目的是什么？不落实，我们是永远没有办法知道的。

我经常说："你说千里万里，不如你行一寸半寸。"真的是这样，一定要靠落实啊！这个是非常重要的！

▪ 西方的一些书，讲吸引力法则时有一定误区

接下来，我们讲如何正确使用共振法则。共振法则在西方叫吸引力法则。

我发现很多朋友，在理解和使用吸引力法则的时候，误区是很多的。

西方一些吸引力法则的书，可能过分强调吸引力这几个字，而对相关的制约的解释就相对不足了。要知道，吸引力一定是有制约的。很多朋友看过吸引力法则的书，但是却不知道究竟怎么用。

刘备能吸引来关云长、张飞、诸葛亮，文王能吸引来姜子牙。你是不是真能吸引来人才？还是你今天吸引来的是蠢材？

这里面的最大的误区是什么呀？

我们首先要明白：福力不足，也就是能量不足者，无法吸引好运事件发生。

根本上，是你的运气不够，是你心不好，能量场里的正能量不足，那无法让周边环境的正能量事件发生。

▪ 吸引好运事件发生，需要遵守匹配原则

很多人看了吸引力法则的书，总认为：我想什么，宇宙就能共振，就能吸引什么。这是个极大的误区。因为你福力不足，是无法吸引好运事件发生的。这叫什么呀？不自量力。

因为你违反了匹配原则。什么是匹配原则？

举个生活中的例子，你要举起一百斤的东西，宇宙规定了你必须有相应的肌肉力量。请问三岁小孩子能举起一百斤吗？肯定举不起来嘛！

你想举和你能举，是两个概念。

就像我今天给大家讲的，你今天要给别人一碗水的时候，首先你要具备一桶水。你要没有这一桶水，请问你如何给别人给一碗水？水源从哪里来？

现在很多人说："秦老师，你看，我这平台不好。我想做这，我想做那。"

我说："你想做这，想做那，你能做吗？你考虑好能不能做。"

就算给你个县长，我告诉你，你都当不好。县长管那么多事，你忙得过来吗？你别说你能耐大，你去了一塌糊涂。你的能力必须匹配才能干好。不是你想当县长，宇宙就给你当的。

我们古人讲什么呀？德不配位，必遭奇祸。人家当总经理的时候，越

当越好，上风上水；你当总经理，不是人员跳槽，就是人员死伤。你想想，你就是德不配位，你坐不了这个位子。

最近我们单位一个副董事长告诉我，董事长要叫他当总经理。他给我发短信说：“秦老师，我德不配位不敢当总经理啊！你让我做技术、做工作还行，我要是一当总经理，就肯定干不好，我以后就要被开除了。”

你看，他有自知之明。人啊，贵在自知之明。这也是匹配原则的体现。

这也就是吸引力法则第一大误区：福力不足者，无法吸引好运事件发生。一定是这样的！

我们一定要明白，很多人对吸引力法则，过度强调了吸引力这个字，而对相关的制约的解释是不足的。

我们坐在那里不练肌肉，空想：“我要举起一百斤东西。”你自己说，你能举得动吗？可能吗？很显然，不可能。

再比如，你银行里只有一千元，你能取出来一万元吗？不可能。

我告诉你，银行不傻，机器更不傻。所以你卡里只有一千块钱的时候，你只能取一千块钱。你取一万元出来的想法再强烈，都不可能实现。和你的想法强烈与否无关，首先这违反了基本匹配原则，也叫德不配位。

匹配原则是一切事件发生的基础。

明白了这个，我们就会悟到，有很多生活比较穷的人，如果空发愿：我要赚好多钱，我要一套大房子，我要中彩票。这样的想法，全部是违反规则的想法。因为，不符合规则。自动会被视作无效波动！

这就叫什么呀？空想。空愿！

▪ 必须以愿望为起点，抓紧时间落实

很多人问我：“秦老师，你如何改变命运的？”

大家看着好像我是半年、几个月就改命了，可是，我告诉大家，做慈

善我都坚持十多年了。这十年里面，受了多少波折，你都不知道。

我坚持讲课，到现在也满十年了。只要有时间，只要能讲，我都会去讲。大课堂、小课堂、在家里，无时无刻，没有不讲的时间。

我们再看看了凡先生，他在改变命运的那个时候，发了很多愿，他都是依愿修行的。

真要改变命运，必须以愿望为起点，然后，抓紧时间落实在生活中。照着想法慢慢落实以后，好运一点点增加，命就改了。

而且，要注意，这个愿是一定要匹配的，不然的话，不符合规则！

▪ 你首先具备一桶水，才能捐一碗水

所以，我们必须在自己可能达到的范围内运用念力，并以此念力为目标付诸行动，很多目标就会接近现实。我今天只有一块钱，我就捐一块钱；有一百，就捐一百。我发的愿，一定在我的能力范围内。

一定不要做超出能力范围的事。同时，也要考虑别人的感受。

有的人做慈善也攀比，人家给五千，我给一万。真有个人，他一次捐了八万，导致他父母天天吃咸菜，连买菜的钱都没有了。

我就告诉他了："你把你爸你妈吃咸菜的钱都捐了，老人家的生活怎么办？你这是大错呀。"

我们一定要量力而行。当你给别人捐一碗水的时候，你首先要具备一桶水，一定要在能力范围内。只有这样的话，你才走在中道和正道上。

▪ 没有不劳而获的事情，你这是给自己吸引负能量

我也劝很多朋友，不要总想神奇的超级运气来改变你的生活，没有超级运气，别异想天开了！"我去中个五百万吧！"你烧了几根香，磕了几个

头，就求一大堆。这都叫什么呀？白日做梦。

就算真来了这些钱，都是要你命的。你不要认为那是个好事情，那可真不是个好事情呀！当你的德行不足，不知道怎么用钱的时候，你就会被钱害死。

你看，中奖了以后，夫妻离婚，姐弟反目，还有自己吸毒赌博挥霍一空，各种新闻都说明了这个道理，德不配位，必遭奇祸。我遇到很多人，本来命里只有一千万，挣了一千二百万，做牢了！要不然，家里人得癌症，或是出事情的特别多！没有钱还好，一有钱遭灾了。这就是叫什么呀？德不配位。

所以，异想天开的事情不要做！我们不要期望有超级运气改变生活的念头，没有快捷方式。一定要脚踏实地改变你的生活，不要总想不劳而获。

我们一定要遵守匹配原则这个游戏规则。

古人经常讲舍得。你舍吧！舍和得是成正比的。今天你付出的和你得到的一定是成正比的。当我们没有物质或者钱财的时候，那我们就要多微笑，多身体力行地帮助别人，让个座，指条路，很多事情能帮助别人的。

就像我给大家讲过，手心朝下的人是富不可言的，手心朝上的人是乞丐命。大家有没有注意？天天想得到别人东西的人，全部是手心朝上。

现在的婚姻也都是手心朝上的，都贪婪别人的钱权。那女的是独生子女，家里那么有钱，“我娶她吧！”

我告诉你，你想她的钱，一定被她的钱害。你潜意识中就是在和钱结婚，那你们这个婚姻就是负能量的！你产生这个念，不是为她人，你是为她钱。那她最后肯定不是克你，就是败你，一定是这样。你想什么受什么害，我们大家可以去观察。

你看，想官的人，不择手段，一行贿，最后把自己抓进去了。早知如此，何必当初？我不行贿了，我不当官也行，别被抓进去嘛！

大家也可以注意，中国有很多富豪下场不好，坐牢了。为什么呀？因为他的财里面有凶，凶财他压不住，凶财带着很多人的怨念，全是负能量，是这个原因导致的。

所以，热衷不劳而获，是我们现在很多人犯的毛病。每天想不劳而获，它实际上是在削弱你的运气。你不劳而获这个潜意识的想法，真正在吸引负能量，这也叫折福。

▪ 脚踏实地多攒正能量，好运自然连连而来

我们每一天一定要一点一滴，脚踏实地，多攒正能量。

先从嘴善做起，少说人是非，少说坏话，少抱怨。

然后，少去歌舞厅，少作恶，端正自己的行为。

行为端正久了以后，你的心也就清净了。

这就达到了三善合一：口善、行善、心善。三善就具备了！

那三善都具备以后，我告诉你，你福禄寿就全了。

一定要一点一滴，脚踏实地，多攒正能量。你今天有没有攒正能量？这个很重要。一为善就是正能量，一为恶就是负能量。

正能量也是会不断循环的，你今天是一千块钱的正能量，过几天就变成二千块钱，久了就变成一千万,一个亿。

我告诉你，财从正道来，就是善财，你没有伤害别人，没有招惹别人向你发射负能量波。很多人不知道这个道理，不择手段，伤害人，自己得来的全是凶财。这个钱带着负能量场的，你给父母，父母生病；给孩子用了，孩子败家；朋友借了，朋友倒霉。我告诉你，那真的是这样。

通过不正当手段得到的权力，也是一样的道理。很多贪官一被抓以后，很多和他有联系的企业家也全被抓进去了。这叫凶中用权，身不正，影子就歪了。贪官和那些企业家都在一个坏的能量场里面，一起倒霉。这就是吸引力法则。

人生一定要积攒正能量，福气大了以后，你会发现，根本不需要你主

动去想那么多，生意就出奇顺利。有的人赚钱跟捡钱一样，机会是送到你面前的，像天上掉下来的一样。

可是，当你的负能量非常足的时候，我告诉你，你度日如年呀！挣钱如要命一样！大家有没有注意，闲人钱多，忙人钱少。民工辛不辛苦？挣钱挣得非常少！大城市盖了那么多楼，没有一平米是他的。反而那些大老板，简直就是喝喝茶聊聊天，那生意出奇的好，人家真有福啊！

所以，你的自身的能量一定要正，那么你的福气圈子就会大。

这么多年，我做慈善，导致每年全国各地的特产都往我们家里寄，多到我们家里吃不完。真的是这样！

别看谁都给我倒负能量，可是，我一直在攒正能量。

你看，我那博客底下的留言，那简直太负能量了！无奇不有！

可是呢，我不受它影响。我回给他的，全是正能量！

正能量足的时候，人生就很顺利，好运连连。我刚进入民进，人家就给我评了个市里的优秀会员，还有什么公益大使，这个那个证书啊，太多了！头衔也是越来越多。实际我连人家那个会议都没时间参加。我太太对我儿子说："你好好考试，好好努力，多得奖状。你看，你爸那个奖状多得很，你爸虽然没上过学，可是奖状很多。"

我们想想，这是福气的表现，你福气大了，自然吸引好事发生。当你正能量足，好运强的时候，很容易心想事成，共鸣回应自然就来了。

不然的话，你正能量太少，就是来了贵人，和你聊几句话，你都没法和别人聊到一块去，没法共鸣，没法共振。他就会和你的负能量场产生排斥，你就和人家脱钩了。话不投机半句多，说不到一起，没法共振，就是这个道理。

▪ 积累正能量，就是积累未来，万事皆顺

我在北京有个朋友，她开了个洗床单被套的厂子，刚开始天天找经

理，托关系，就为了接业务，为了给人家酒店洗床单、洗被套。可是，找了那么多业务员去跑业务，却没起什么作用，还赔了钱，运转艰难。

最后，她听完我讲的课以后，开始改正，努力积攒正能量。几年后，她告诉我，很奇怪，她现在坐在家里，不用业务员，很多生意主动找到她这来谈。到现在，她厂子做大了，甚至连三星级、四星级的酒店的东西都不洗，全接五星级酒店的业务。

她说："没想到你说的方法这么有效果。"她过去在通州租的地，现在买的地，生意出奇的好，过去住房也就二百多平米，现在住别墅一千平米，你看，好运立即反应在生意上，出现的变化。

另外一个人，也听了我的课，和她还是姊妹呢！原来住了三百五十平米的房，结果现在抵押了！经济都可怜得不行了。

同样是跟我学习，还是姊妹两个人，一个学了，已经富到这种程度；那个学呢，可怜成那样了。

难道是我给她开小灶了？其实，我没有。是一个人懂得积攒正能量。一个还在负能量循环里，没落实我讲的话。

积攒正能量的那个女人，她不光对员工好，还对她兄弟姊妹父母都好。兄弟姊妹没在她那上班，她都帮他们把养老保险上了，以公司名义上的。她说："你们上年龄了，总要有一份保证。给自己孩子少添点麻烦！"你看，人家孝悌做得非常好，走了父母运，走了六亲运，这是人家付出了，所以人家得到了。

我们一定要明白，脚踏实地的多积攒正能量，就能积攒未来。当我们财运来的时候，你会发现：不需要你主动去想，生意出奇的好，运气出奇的好，莫名其妙的订单都会掉在你的头上。

▪ 无私的心，无求的心，最能积累正能量

我燕郊还有个朋友，做服装生意的，却能在燕郊买了那么多地，建

了厂。

为什么呀？这个人爱做好事。以前没有高铁的时候，这个人就在火车上尊老爱幼，他买的票是有座，边上正好站了个老人，年龄还比他大。

他当时就想：我这么年轻呢！老人站我跟前，真不好意思。他就把座位让给老人了。然后，他站了几个小时。老人临下车之前，说："小伙子，你是做什么的？"他说："我卖纽扣的。"

老人给他写了个名字，写了电话，说："以后你要卖纽扣和拉链的话，跟我联系。"他都没当一回事。直到有一天，他积压货，卖不出去了，最后想起这老人来，就打了个电话。没有想到这人竟然在一个大单位当后勤部长。老人立刻一口答应，这一单就挣了五千多万。你看，他就让了个座啊！让出五千多万！

那我们再想一下，这个原因是什么？他在让座给老人的时候，是无求的心，是无私的心，他这个心的范围和虚空一样大，这种正能量就很多。

如果，你要是刻意算计："这个人是不是个领导啊？""这人是不是个干什么的啊？"你这个就自私自利了，就没啥效果了。

我们还看到过类似的故事。故事说一个老太太去一个店里，因为下雨进去躲雨，所有服务员不理她。只有其中一个服务员，给老太太端了一杯热水，还搬了个凳子，让老太太坐，说："下雨，等雨停了您再走。"

没想到这个老太太是一个集团董事长的妈妈，然后，这个老太太就指名道姓找帮过她的服务员，这个人就走好运了！

这种例子很多呀！好像有个世界五百强的酒店也是这样开起来的，有夫妻两个人要住宿，酒店没有地方了，一个人把他住的地方收拾得干干净净，让两个老人家住那个地方。老人家后来就给他开了一所酒店，让他当了第一任经理。这个酒店名字我没记住。非常有名的，最后，酒店在全球开了非常多家。

我们想一想：这些正能量为什么产生这么大的财富回报？就是心中无私，没有自私自利，里面没有所求，它才产生的。

要想运用共振法则，你首先要把你的正能量增加，脚踏实地，一点一滴的增加正能量。以后，我们的生意，我们的人生，我们的家族，我们的子女，我们所有的周边，都会好得出奇。

有一句话叫：恶事不入耳，何况临身呢！

恶事连你的耳朵都不入，更不可能落在你的身上。好事呢，是你自己的好运积攒多了，自然吸引过来的，自然而然的。

▪ 身处负能量里，不能指望通过改变外部环境来脱离

有一句古话：无心插柳柳成荫。越无心的，越自然。

我们有没有注意，反而你有心做的事情却没成。

很多人想儿子，爱儿子，结果没享到儿子的福，却把女儿的福享了。

有些人和某些领导关系好，最后这个领导没帮上忙，反而关系一般的把忙帮了。这种例子特别多。其实，都是自身能量场吸引来的，自然而然来的。

我有个朋友，在外省的税务局工作。他经常对我说："我们领导对我不好。"

我就劝他，我说："要改啊，你不改正，就如同你身上带了个肿瘤，走任何一个地方，瘤子在你身上呢，是你的负能量太强了，扔不了包袱的。"

他没听，找这个领导，找那个领导，最后，还是一路不顺，他这个肿瘤还是没切掉呀！

"你自身的肿瘤不切掉，靠换地方没用，还是负能量场产生共振，你一定要明白这个道理。"我劝了他非常多次，他就是不听。结果最后，他和帮助他的人都成仇人了。你看，凄惨成什么样！谁都帮不了他！他到现在都不知道自己错在哪里，还带着肿瘤满天下跑！也就是说，他在这个负能量圈里面，出不来。

▪ 好运不是花钱能改的

那要是想突破这个负能量怎么办？一定要积攒正能量。

一定是这样的，不然不行！自己的好运积攒多了，自然吸引好人和好运过来了。不需要你太刻意去想，这就是最伟大的自然而然。

我们经常还讲什么呀？道法自然。

你的道只要成了，自然而然，就按照共振法则运作了。

很多朋友用了我的方法，为什么能发财了？是他自己改了。他把我讲的话听进去了，老实听话。你不老实不听话，自己不改，老师讲得再好也没用。

我讲的方法非常简单，不需要你花钱。真不需要你花钱啊！

一些大师给你讲："你要花几十万，你怎么调……怎么调。"

我告诉你：能花钱解决的问题，一定是最小的问题。改变你的运气场，一定不是花钱能改变的。要是花了钱，碰巧改变了，我告诉你，背后是你的心念改变了！因为你主导自己的人生，神、佛、鬼都没有办法主导你，这是真理。

要是神、佛、鬼真的都能主导你的话，那佛就不用讲四十九年课了，他只需要用神力帮你，全部脱离苦海了，是不是。

我也是只能告诉你方法，落实还要靠你自己！你不靠自己，谁都救不了你！要脚踏实地，真改心。不要想靠神奇运气改变生活，不要总想不劳而获。

我告诉你：当你老想占人便宜的时候，你本身是贵命，就变成贱命了，富命就变成穷命了，那一刹那，你命就转了，把你原有的富贵都丢掉了。你的运气在不断削弱，慢慢就倒霉了。

要不我给大家讲过，当你给人送东西的时候，你有没有觉得你的能量在上扬；当你想占人便宜的时候，骗人的时候，你有没有发现你都开始心慌了。那时，你的能量场实际在下降。它在警告你：你已经错了，你再不注意，身体开始得病，接着还不改，就赔钱出事了。

所有的灾难、疾病、车祸、意外，都不是真正的意外，是你自己找来的。是负能量的不断散发，吸引来的，共振来的。不过，我们就要明白，坏事不一定坏，它为了把你叫醒，你反省了，不犯同样的错误，就改了。

第十八章

共振法则第二个误区——共振法则讲解六

▪ 自私的心只能吸引自私，假装不得

前面讲了共振法则第一个误区，接着讲共振法则的第二个误区。

很多人都会进入这个误区，这是第二大常见问题，很多人问：为啥我要吸引这个人来，为我做事情，他并不理我。

就像有朋友问我："比如我是卖东西的，我想把东西卖出去。刚好对面来了一个穿红衣服的人，我就很想把东西卖给他，那宇宙会帮助我，让他的思想跟我达到共振吗？来跟我买东西吗？"

很多人可能都有相同的问题，那我们可以把这个问题剖开来，再来讲。

首先，如果你想在对方不愿意的情况下，强制性地影响他人意识，一定是不可能的。就像卖保险的强行让你买保险，你会买吗？你肯定不会买。

我们想想：大家是不是都反感做保险的？

那些卖保险的，一见到你就说："你要买养老保险！""你要买疾病保

险！”“你给孩子要买一个，不然，孩子生病怎么办？”这几句话说得，我们大家离得远远的，不愿意和他来往。会让人家抵触你，不愿意和你相处。

那卖保险的要用什么方法你会买？他让你尽孝心，让你给你爸妈买，你可能还会考虑。也就是说，在于他说话是不是能说到你的心坎上。一定是这样的！

要强制性影响他人，是不可能的，无论你的意识波有多强烈！

所以，我们要争取用善的念头，去共振对方善的念头。孝心，感恩心都是善念，你如果能多起善念，才能激发共鸣。

如果你是自私自利的心念，会吸引别人自私的心，如果你假装为别人着想，实际就是自私自利，那会让你说破了嘴，别人也不爱买，因为利益心吸引利益心呀，就算买也和你算计半天。

这就是为啥我们现在人都不喜欢卖保险的，因为我们都知道，不管他说得多好，背后都是利益心。

▪ 试图控制别人思想，这个念头是恶念

如果我们起了真的善心善念，很容易成功。

你看，最近看到新闻，打杀野生动物特别多，尤其是鸟类，一杀好像都是多少吨。太严重了！我当时就起了念头想保护野生动物。这个念头，对我来说没有任何名利，和我真的什么关系都没有。

但是，我发了善心，这个波肯定就会产生共振。

吸引力法则的核心引力点是谁呢？是我们自己。这是第一核心引力点。

接下来，第二个重要因素是什么？你用的什么样的心态？

就是我刚才给大家讲的：你是慈悲的心态，还是为名为利的心态？这是非常重要的。什么样的人，自然会吸引类似心态的人与事在你周围发

生。你是善人，还是恶人？你是好名好利的人？还是好贪的人？自然会吸引类似的人。

当你产生这个念头，又有慈悲心，就会容易遇到主管事的人，恰巧他也有慈悲心，你们两个的慈悲心，就会产生吸引，就会见面。记住，是自然吸引，不是你盯着别人，试图影响别人思想买你的东西，这是个大误区，我们要明白！

当你起这个念头：我要影响他的思想。这个念，就是个恶念，试图控制别人。我告诉你，他看见你就反感。你吸引来的肯定是恶的能量波。

所以说，吸引力法则的核心引力点是什么？是你自己。

慈悲心容易遇到慈悲心，利益心也吸引利益心。

那你自己要怎么做呢？关注你是什么样的心态？你看，吸毒的，遇到全是吸毒的、卖毒的；贼认识全是贼；部长认识全是部长；省长认识全是省长；在同一个频率上面，这是产生共振的。

▪ 共振法则不能违反自由意志法则

有人又问："如果我的意识想与对方共振，我的意识波够强烈，但还未能共振，是缺乏什么呢？"

我告诉你，心念波的强度是促使自身行动的重要因素。对你自己是有用的。但是，对于其他人，是无效的。

无论你的意识波有多强烈，都不可能影响其他人意识，只有同频的时候才可以。试图主动影响他人意识，这违反了宇宙另一条法则，自由意志法则！这个我们在以后会进行细讲。咱们要明白，自由意志法则也是根本法则，神、佛、鬼都无法主导我们的意志，何况是普通人！

你今天的福与祸，你自己是可以决定的，你想享福或者受罪，这完全是你自己可以掌握的。今天你生气或者不想生气，也是你决定的。你要想生气，谁拿你都没办法；你要不想生气，我告诉你，谁都把你气不着。

▪ 宇宙是个游戏，自由意志给我们选择权，法则决定选择结果

我们来做个比喻，我们看孩子打电脑游戏的时候，孩子就是在根据自己的意志自由操作。

我们要考虑这个问题，电脑游戏里的每一个动作，每一个可能的操作的结果，都已经被设计在了磁盘片上。电脑游戏的规则，是已经定好了的，你只能在游戏规则里面转圈，什么操作，响应什么动作，这些也早就设计在了上面。

假如你认为电脑游戏的科技很高超，我们再来瞧瞧宇宙，它也是个游戏，比普通游戏的规则还要高超。

我们试着把整个宇宙想成游戏，宇宙法则就是游戏规则，宇宙之轮想象成光驱，所有的结局和结果都已存在，宇宙的规章制度也早已经设好，宇宙只是等着，看你这一次要选择什么动作，它给你响应，只是因为你选择了什么。

你今天是善的，我给你个善的响应；你是恶的，就给你个更恶的响应。

你在这个游戏中，你能掌握的是什么？

就是你可以用你的自由意志，来选择你的操作起点。你今天的起点，是善的意识还是恶的意识？你只需要把起点的善恶定好，就可以了。

就像我们看《易经》,《易经》里面有六十四卦，卦象很多。

我告诉你：不要被卦象迷失了。实际《易经》就讲了两句话。哪两句话？积善之家必有余庆，积不善之家必有余殃。这句话，才是《易经》的轴心。

我们看到很多故事：一算，这个人短命，可是这个人救完人以后，卦师再一看，这人满脸的阴德纹。他把命就改了。

什么原因？是他内心的善恶改了。

所以，我们就明白了，自由意志法则是能让你自己选择善恶的。

宇宙中，共振法则，反作用力法则，心念法则，能量法则，这些基础规则，他们都不会改变，他们是中性的，不是你能控制的。他们只负责响应你的动作，回应你在游戏中的操作。你的操作是起点，他们的响应是结果，他们不会施加额外的影响。

有一句话叫，天道无亲，常与善人。这句话说的就是，规则是没有亲疏之分的，不会因为你是亲人就改变规则。只有你善，就给你回应善。

可是自由意志是我们可以掌握的，谁掌握的？你自已。今天，你想发怒，你想快乐，你想布施，你想去做坏事——统统是你自己可以掌握的。

所以说，我们把宇宙想成我们玩的游戏，所有的结局都已存在，宇宙只是等着看我们干什么，就给我们什么响应，这就是所有的宇宙职责。

换句话说，自由意志给我们选择权，宇宙法则决定选择结果。

就像我们现代的法律，法律只看你选择犯法还是不犯法。你犯法，我把你绳之于法；你不犯法了，我拿你没办法。你看，就是这个道理。

不过，我要强调的是，人制定的规则是会被人干预的，会改变。

但是宇宙的规则是无法改变的。当人生的游戏结束，不管你是输，是赢，还是平手，宇宙都会问你：你再玩一次吧？

就像电脑游戏，它不会在乎你的输赢。你输也罢，赢也罢，对它来说，没有任何意义。是不产生任何意义的！所有的结局，实际都已经存在，你会经历哪一种结局，则是以你的选择而定的。

这是宇宙赋予我们人的特权，这也是最根本的法则。

计算机会生气吗？不可能。它是不在乎你输赢的，你无法伤它的感情。

这是一个很好的比喻。生活在许多方面，所有的可能性都存在，现在你得去干什么，去选择你要走哪条路。

▪ 一念天堂一念地狱

佛教里面讲过一句话：一念天堂一念地狱。实际讲的也是选择。

就像一个人跑去问法师："老法师，你给我讲讲，天堂在哪里？"

老法师坐那一直没说话。这个人一生气，就把剑拔出来了，"我让你个老秃驴不说。"

老和尚说话了："你现在就在地狱。"

这人一想：哎呀，我这问老法师几句话，他没回答。我这怒火一起来，还要杀人家，原来这就是地狱。他说："老法师，对不起，我忏悔，我错了。"

老法师说："第二句话，就是天堂。"

你看，天堂和地狱，就是一念之差。实际这个比喻可以说明自由意志法则的真正的内容，就在于你现在是为善，还是为恶。

▪ 《盗梦空间》里，植入意识也必须符合规则

所以，吸引力法则的第二个重点，就是我们不能违反自由意志法则。

今天你要卖这个东西，人家想不想要，这个是很关键的。当你想把衣服卖给别人，必须要他想买，他要不想买的话，你肯定强行不能给他的。

打比方，你今天来听我的课，你要不想听，或者你不用心的话，你就算坐这，你也听不进去，你都不知道你的思想现在在什么地方。

所以，自由意志，是我们自己可以掌握的。

大家有没有看过一个电影，叫《盗梦空间》。我看过。

《盗梦空间》，就讲了非常深层次的道理。《盗梦空间》的导演一定是学过很多规则，一定是学过禅定，懂的也很多。《盗梦空间》里讲：就算

你能潜伏进对方的梦境里面，如果你要是想在梦境中给对方的脑海中植入意识，那么，这个意识，也必须非常符合他的意志和性格，要符合事件自然发生的逻辑，让他感觉是自然而然的！绝对不能强行植入，这是违反自由意志法则的。

一旦违反了自由意志法则，就是无效的。甚至，会激发别人脑海中意识的强烈抵抗和反弹，只有符合他习惯才自然。

很多人说："我晚上老做邪淫梦。"

我告诉你："你心里肯定有邪淫想法，不然这个梦境出不来。"

所以人一定要明白，自由意志法则是神、佛、鬼都没办法左右的，只有你自己能左右，这是我们参与游戏的特权。

▪ 讲运气学是为了引导大家走入正道，内求是正

我们只能把自己和对方调整到同一个频道，才能共鸣，绝对不能强迫。

你看，很多超市打折，还有双十一。为什么这么干？因为人都有贪念，都爱占便宜，它就是和人内心世界的贪和占便宜的念头，产生了同频共振，一共振你就买他东西了。

只要促销，东西比过去便宜很多，你就会想：哎呀，我要赶快，占便宜了。你立刻就把钱掏出去了。

我经常在讲，人要明理，重点是你要买你有用的，这很关键。不要便宜的都买，有的没用的，你买来就是垃圾。你的经济状况只能开一个宝来，你却非要开一个打折的奔驰，我告诉你，光这些费用你都承担不起，这是自讨苦吃。你要买你能用的，而不是促销的、便宜的，这个是非常重要的。

见朋友也一样，你要见什么样的朋友？有意义的朋友还是吃喝嫖赌的朋友？我一定要见良师益友。如果见恶友的话，我不会因为面子就跟你去

见、去来往，我一定是不会的。

大家知道我为什么讲运气吗？就因为谁都想发财，谁都想运气好。

那我也是通过这个和大家共振，引导大家走入正道，好好地学会调整自己内心的善恶波段，不要到处外求，这是我唯一的目的。你以为我爱讲运气？我真不想讲。

我一说祭祖能增加人的运气，你看，在公众号上祭祖的那篇文章，几天就到了六万点击量。可是，我讲的别的好东西，标题没吸引你，也就几千点击量。

我就用这种方法和你产生共振：我给婴儿讲的是喝牛奶的方法，因为婴儿就是要喝牛奶他才能饱。我给小伙子讲的就是挣钱的方法，因为他那个时候有挣钱的需求，这就是因人施教。

生活中无处不是道，处处你能发现它的深层次道理，关键在于你不同时期，感悟不同的信息，我们一定要明白。

▪ 如果不在一个频道，讲啥都是对牛弹琴

共振法则还讲过系统是选择吸收能量的，我们就是系统，我们是个接收器。

宇宙是多频率的，我们最容易吸收的是与我们当下内心频率共振的波段。但是，你当下这个心是善的还是恶的，是正能量的还是负能量的，这就是我们自由意志里面自己的选择。

另一个人，他就是另一个系统，他有他的特定系统频率。每一个人，都有他自己的频率。

父母和你之间，夫妻两个人之间，想法都不一样。因为他是另外一个系统，所以当你想影响他的时候，前提是他愿意接受你这个频率。

就像为什么我讲运气大家喜欢听？因为他想发财。所以，前提成立了。他愿意接收我讲的，不接收的话，根本无法产生共振。

就像有人说："秦老师，我想流通你的书。"流通给谁呢？还是给那些喜欢看我的书的人，看过我光盘的人，听过我视频的人。那他要是不爱看我的东西呢？那他肯定不接受。他们不仅和你不共振，他们还要反对，就是这样。

举个生活中的例子，假设我们自己是个广播电台，我们现在发射 88.7 的频率波。那对方是个收音机，但是，他现在的频率调在了 103.9。请问你的能量波再强，他能接收到吗？

肯定接收不到嘛！他和你不是一个频道，那肯定是不起作用的。

就像很多朋友跟我聊天的时候，他说："秦老师，你咋不说我？"实际不是我不想说你，是你并不想让我说你，你是试探的，实际想让我夸你。我不敢说你，我一说你，就得罪你了，就是这样。

你并没有非常诚恳地说："秦老师，你看我哪里有缺点？你快给我说出来。"那我可能就说你了。

你要说："我好不好？"我只能说你好，我能说你不好吗？

再举个生活中的例子，你对一个嫖客谈打坐，你说他能听进去吗？肯定听不进去。他还会告诉你：牡丹花下死，做鬼也风流。你看，他就给你说这些。

你劝他吃素，他说："你看，你年轻巴巴的，这也不吃那也不吃，你活着有啥意思？"当你的意识比较强的时候，你还能挺住，不然的话，我告诉你，你的筷子就也开始夹肉了！你还要想：我这吃素对不对？看人家吃得那么香，我这是不是亏大了？这也就是有很多人，吃素坚持不下去的原因。受别人影响了！你影响不了别人！就和这个道理是一样的。

那假设你的意识很强，可是他会听你的吗？一定不会。你今天说他一次，明天说他两次，后天，他和你不来往了。生气了，一定是和你生气了。你别看，再好的朋友和你也不来往了。

为什么？不同频共振，他和你产生抵触了。因为他这个系统频率太低。他只能接受权色信息，接收不了圣贤信息，所以你给他传播不过去。

那你和他说再多，都是对牛弹琴。

▪ 最高明的方式是自然而然

最高明的人，他影响其他人的方式，不是植入一个想法。

而是用他本身的平和与宁静，以静制动，用他的祥和，他的平静，他的快乐，来自然感化你影响你的。

就像我们去到寺庙一样，有的人看到佛像，就想磕头。没有人强行给你植入任何想法，这个能量场会自然感染人。

自然而然，是最好的影响方式。劝人是很难的，有那个频率的人，自然就会和你共振。

最高明的修行者，力争改变自己，会让身边的每一个人感到舒服和喜悦！

就像英国著名的石碑，上面写的，唯有改变自己，才有可能改变家庭，才有可能改变国家，改变世界。

大家有没注意，佛是在成道以后，才开始讲法的；孔子也是明理了以后，才开始讲学的；老子也是成道以后，才讲了五千言的《道德经》。

所有的圣哲，都是自己成就以后，用他的平和和宁静，用他的慈悲，慢慢地影响了大众，没有用强行。老子讲完就走了，从来没有强行去劝这个劝那个。所以，我们最容易接受自然而然的影响。

大家有没有想到，当你在强行给别人灌输自己的理念的时候，他会产生反感，跟你不来往。当你做好你自己事情的时候，你的自身产生了好的变化，他会好奇，反而来追问你，要学习你的经验。这个时候，机缘成熟了，你去说，才能同频共振。

你看，我没有去过新疆，也没有劝过新疆的人。可是，我在新疆讲第一堂课，我问大家说："看过我视频的，请举手。"

没想到那么多人举手，我才知道，虽然我没来过这，可是这里的人，已经在接受我讲课的内容了。在云南和深圳，也是这样，很多人举手。

我才知道，并不需要刻意传播，只要我讲的东西，能让大家达到宁静，能让大家得到快乐，大家就自自然然接受了。

▪ 改变自己这个引力点，是最好的共振方式

我们一定要明白，首先要改变自己，提高自己，而且，最好连“要影响别人”的念头都不要有，就是最自然而然的。

我告诉大家，我每次讲课的时候，从来没想过听众能听什么？

我只关注我在讲什么，我讲课的过程中，能提升我的德行和修为。讲的过程中我自己在学习。我只想：我自己有没有提升？对我的改变是什么？

这样，我在任何一个地方，都不紧张，上万人我也不紧张。为什么？因为我给我自己讲的，紧张什么？

所以，我们就要明白，吸引力法则的核心引力点是谁？是你自己。你看，我们又重复了这一句话。你是什么样的心态，什么样的人，自然会吸引类似的心态的人与事物，在你的周围发生。

我们经常讲：福无双至，祸不单行。

有些家庭倒霉，那真是一个事接一个事，倒霉透顶。屋子漏，他还碰到下雨天。我们要明白，如果你总是痛苦、烦恼、郁闷，你越郁闷，你会越痛苦，你会越烦恼。你会发现来找你的人，都是向你倒苦水的，比你还苦，比你还惨，比你还倒霉！你本来就没钱了，他还向你借钱，你给他帮助，他借了不还，还要加重你，让你更烦恼。这种事情非常多。

所以，这个时候你就要赶快，转变引力点。

吸引力法则的核心引力点是什么？是我们自己。你一定要清醒地认识到：自己错在哪里，赶快改变。这个引力点，将在生活中引起各种共振，发生各种作用，结果是千变万化的，非常复杂的。但是，作用机制是简单的，我们要懂得。

你这个引力点要赶快转到正能量上面。怎么做？立即和恶友不来往，只和正能量的人来往。什么酒吧，什么吸毒，什么嫖娼、喝酒，这些场所我连去都不去，一定要去有正能量的地方。

人家恶不恶，人家凶不凶，与你没关系。你赶快先把自己这个引力点改了，心善了，就好了，这就是我讲的“心要动”。

我告诉你，当你的心善了，心好了，阳光了以后，你会发现你周边的恶人，慢慢就和你远离了，因为他和你频率不相同了。你会注意，你的善人，所有发财的人全部给你就慢慢聚一块了，给你正能量的人就越来越多了。

今天，你是阳光的，快乐的，幸福的，你会吸引更多的幸福和快乐。

所以，你要是真明白了以后，那我恭喜你：吸引力法则你会用了，同频共振法则你会用了，你只需要把心念一转变，福就来了祸就消了。善念和恶念分别共振正能量和负能量，看你怎么选择，选择权在你自己，吸引力也在你自己。

■ 想人好处才能笑出来，笑就能和财富共振

我们再回过头来，看看我的《命运设计师》里面讲到什么？让你笑。

你会不会笑？微笑过程中，实际就是和财富产生共振效应。

要不我说，笑像元宝招财招贵。关键你会不会笑？你今天笑比哭还难看，我告诉你，肯定要遭丧事；你要笑里藏刀的话，一定会被人骗、被人坑；你要笑比哭还难看的话，我告诉你，一定会遇到障碍你的人，训斥你的人，攻击你的人；当你笑得真像元宝一样，我告诉你，给你送钱的人就来了。

关键你会不会笑？你别小看微笑，你到底会不会？

谁最会笑？小孩最会笑。你看，大人在外面烦恼得很，看见孩子一笑，气都没了。可能别人劝你两句都不起作用，你还要和别人急呢！可

是，看见孩子你就没气了！他笑的那个场能，把大人的怒气都能消掉。

你看，有些人在外面工作，累了一天，回到家里看着孩子，又能逗孩子玩，精神特别好。因为小孩儿的微笑能量非常强，就是这个道理。

下一课，我会给大家推荐一条聚运气最快的方法：常想人好处，聚光，运气上扬。这非常了不得。让你活在当下，立即就能把运转过来。

你立即就会发现你的场能变了，恶友慢慢全丢了，贵人、福人、帮助你的人全来了，善人、好人全来了。我们要断去外在的恶缘，首先需要我们内在的正能量产生。聚光，运气就上扬。不管我们大家懂或者不懂得吸引力法则，只要你愿意照着我说的，去微笑，就可以了。你说笑谁不会？是不是非常简单？

笑背后还有一个心理机制。

你首先要想人好处，想人好处才能笑得出来。就因为你想人不好了，嫉妒人，仇视人，才和人打架，才笑不出来。夫妻之间也是因为想对方的坏，不想对方的好处才离婚的。所以，我们要常想人好处，要是真能做到常想人好处的话，我告诉你，保管你运气越来越好，什么敌人、小人、仇人，全部化敌为友。

他变了，为什么？因为你变了。这个方法非常简单。

▪ 自身能量场越强，越容易与人共振

最后，我给大家总结一下，帮大家更容易理解。

共振法则的引力点是自己的心念。

心念运作的方式是波动，宇宙间波与波相遇的运作规则是同频共振。

运用吸引力法则还要遵循几个原则。第一个原则是匹配原则，不能不和自己的运气场匹配。不能吸引超过自己运气的事件发生。

第二个原则是不能违反自由意志法则，不能强迫别人改变意志，最好的影响方式，是自然而然。

下面再简单介绍一下，第三个影响因素：能量场强度。

在不违反前两条原则的基础上，一个人自身的能量场很强的话，更容易和别人产生共振。比如，我们用老师和学生来举个例子。

在佛经上，我们发现，释迦牟尼佛在世的时候，他有个特点，他一讲课，底下的弟子就能开悟，就能和他共振，并证得各种成果。

可是，我们现在老师嘴讲破了，也没见几个弟子开悟。这是什么原因？

其中一个重要原因，就是佛具备了庞大的能量场，表现为他的智慧和德能，并且他讲课对学生有吸引力，他一讲，别人就愿意听，弟子的心会被吸引在讲课上，这是其一。

其二，弟子根据自身水平不同，和佛产生的共振不同。你看，每个学生都在听，可是，他们悟到的东西层次不同，自己的成就也不同。

用我们现在话来讲的话，一个教室里面有四十个学生，同样是一堂课，老师讲完要做一个考试，有的学生能考第一名，有的就可能是倒数第一名。

其实，老师是在上同一堂课，为什么会出现第一名或者倒数第一名？这就是第二个原因，取决于学生自身的频率，能和老师的哪个波段信息共鸣。

生活中，不同人看同一本书，得到的启示都不一样，也是因为每个人自身的频率高低不同所致。所以吸引力法则是简单的，但是情况表现不一，原因在于每个人都是一个系统，两个系统的能量不一，频率不一，所以，讲同一堂课，接收信息都不一。这个大家要慢慢去体会和观察。

第十九章

运用好能量场的引力点——共振法则讲解七

▪ 宇宙法则只是一个规章制度，只负责回应你

吸引力法则里面最重要的核心点、引力点是你自己。

因为，我们每个人都拥有自由意志，根据自由意志法则，你的选择你做主，宇宙只负责对你的选择做出回应，根据反作用力法则回应，或则根据共振法则回应，所以，一切都是你选择而来的结果，一切神佛鬼都没有办法左右你的选择。

就像生气一样，我可以告诉你，你只要不想生气，谁让你生气，你都气不起来，生不生气是你自己可以决定的。也可以说，今天吃不吃饭，也是自己决定的。

身体只是个工具，用这个身体做善还是做恶，你可以选择。是杀人放火，还是爱国爱民，你也可以选择。就像一把水果刀，你拿这个刀要杀人犯法，或者替人削水果服务大众，这是你自己决定的。

我们一定要明白，吸引力法则的核心引力点是自己，你是什么样的心态，就会吸引什么样的事碰到什么样的人，这个是毫无疑问的。你今天痛

苦、烦恼、怨恨、嫉妒，我要告诉你，你只要产生了这些念头，你将会更怨恨、更痛苦、更烦恼。这就是我经常在讲的话，你是自己的命运设计师，没有一个神佛能管你。

那我们自己就要小心了，你今天是恶的，就有恶人帮助你完成恶愿；你今天是善的，一定会有人帮助你成就善愿。这个是毫无疑问的，一定会。

你今天要杀人放火，我告诉你，立即就有人给你送刀来；你今天是要做慈善，马上就有人给你送钱来。这个我是百试不爽，这就是同频共振，你自己决定。

宇宙法则只是一个制度，你做恶它来回应你，你做善它也回应你，我们一定要清楚。所以，我们知道了以后，把这个引力点转变一下，就好了。

▪ 想人好处可以同时触发共振和反作用力法则

下来我要给大家推荐一个最简单的，聚好运气最快的方法。

你可能倒霉了十年，或者二十年、三十年，我告诉你，你只要把这个方法一用，你一个小时运就变了，就有这么好的效果。关键在于你心动不动？

一定要常想人好处。这个引力点一动，共振法则决定了你可以和一切人的好去共振，反作用力法则决定了，你可以触发一切人对你的善的反作用力。

关键在于，你是不是真想人好处？

我们很多人，想人好处的时候是有分别的。

他对我好了，我想他好处，他对我不好了，我不想他好处，这是平常人。

还有自私的人，你对我好九次，一次没对我好，我就把你列为仇人了，我就认为你不好。这种人我称为下等人。

上等人是你对我好，我认为你好，你对我不好，我认为你更好。为什么？你对我不好，因为你在磨炼我的意志，考验我的耐心，你帮助我，成就我。上等人会这样去想。

所以，古人和今人的区别在于古人争罪，今人争理。你看，古人你一问，都说："哎呀，我错了，我要改正。"所以他最后成圣贤了。

今人都是愚人，爱争理，夫妻一争离婚了，手足一争打架了，朋友一争不来往了。你看，打架把对方打死的，都认为自己对，才把对方打死了，他认为自己错，一定不会打架，打不起来。凡是认为自己错的，夫妻两个之间，永远不会离婚，恩爱得很。

现在人老认为自己都是对的，一对，都去法院了，一对，都离婚了。所以古人和今人区别在这个地方。

如果你真想让运气好，必须改变引力点，常想人好处，这个运气场就开始聚光。聚光，光则上扬，招财招贵，运气上扬。

你要观察自己，今天能不能想人好，真能想人好吗？你是嘴上想人的好，还是心里想人的好，还是行动上就记着人的好？

心里想人好的人，就能起感恩心珍惜心；形式上想人好的人，只能说谢谢，一过去就完了，没有真实地表达。

你看，真正有上等心念尽孝的人，身口意三善俱备。他心里也想着孝顺父母，行动上也去做了，包括他的性格会随顺父母，把自己的脾气禀性全改掉。他一定不会给他妈端一碗饭，但对他妈又大吼大叫的，那不可能。性格上要孝顺，心里要孝顺，形式上也要孝顺，这三种结为一体，这叫真孝。

▪ 你想谁的好处，你就享谁的福

我们一定要明白，你是不是真的想人的好处？想人的好处，实际是最实在的方法，是最简单的方法，也是改变命运和运气最有效的方法。就想人好，不管是谁，你都想他的好。

你看，我在一个单位待十一年不跳槽。为什么？我想老板的好。老板要像老板就会更富，员工要像员工才会更尽职尽责，这就是我们的本分。

这就是我经常在讲，儿子要像儿子，丈夫要像丈夫，妻子要像妻子。你只有常想到对方的好，你才会归位，不然你就会出位了。

你出位以后，就会违法乱纪，违背伦理道德。男的想老婆的好，能去嫖娼吗？能去找小三吗？不可能，这完全是不可能的。

所以，你想谁的好处，我告诉你，你就享谁的福，当你受这个人害的时候，我告诉你，是因为你不想他好处了，所以他就把你克了。

和则生逆则克。你今天犯小人了我告诉你，你肯定没想他好处，所以反作用力回来，他变成你的小人了；你今天遇到仇人了，我告诉你，你肯定心里和他有过不去的坎，你这种场能就产生碰撞，一碰撞就产生克了。

不光是人，你坐这个凳子，你今天想这个凳子也好，没有它你都坐不了。

你今天要是想小麦的好处，我告诉你，你吃这个面粉就能有营养。

我们都知道《水知道答案》那本书，当我们想这个水好的话，感恩它，水的结晶就有变化，你想它不好，立即水结晶就变丑陋了。

所以，常想人好处，聚光，运气上扬。不管你懂或者不懂吸引力法则，反作用力法则，你可以不懂，但是这个方法，你一定要学会。

想人好处，是最好的改运方法。你只要照着这个方法开始实践，保管你运气越来越好，一定是这样的，运气好得不得了。

▪ 常想人好处，是往自己心里头放了一个聚宝盆

如果你能做到常想人好处，那我要恭喜你了，你往自己心里头放了一个聚宝盆。你会有小人，你会有敌人，你会有仇人吗？一定没有。

当你真正地想这个人好处，我告诉你，你不需要说话，你自身的这种

场能和他就会融为一体。你们两个的能量场，会开启一个善的连接通道，会共振。

大家有没有注意，你见到谁，你觉得他喜欢你，不需要说话，你们的内心世界里面就会产生共振，你会发现他越来越好。

对小孩也是这样。很多人说："我孩子不听话，我孩子不乖。"

我跟很多朋友聊天说："你天天想想他乖的地方，叫他乖乖孩，你试试？"很多人用完以后觉得："哎呀，这孩子突然乖了。"

我们家用过这个方法。我老婆过去老打老大，我给她说："从今以后你不要再打孩子，你再看孩子的变化。"

从去年以后，我们家孩子就变化了，又帮助她洗碗，同学来了又会煎鸡蛋还会拌黄瓜，什么活都帮她干，过去叫他都不干。

我说："你过去老打人家，老说人家不好，那肯定就要不好嘛，你说他好了他就好了呀，就是这样。"

我们人的嘴是有毒的。语言是有能量的，你这个话出去，是圣贤的话，还是恶毒的话，所回赠给你的反作用力，和你的语言力量是一样的。

▪ 先拜自己的五脏六腑

所以，当我们在想别人好处的时候，我们就往自己心里放了一个聚宝盆，好运气将会取之不尽，用之不竭。这是我们现在很多人不明白的，因为现在的人知道自己命的人太少了。

现在是知命的人少，知运气的人也少。你要知命的话，你就求你自己了，你要知运气的话，也就求你自己了，内求是根本，你不会求大师。

人有个毛病，都不自求反而求人。佛都是求自己成佛了才度人去的，圣贤也是。我们都知道孔老夫子，六十八岁才讲学，讲到七十三岁，成就了七十二贤士三千弟子。我们想一想，他没有这个能力的时候，他怎么教学？佛要没成大道的时候，他如何教学？我们自己想想，是不是这个道理？

我们很多人现在都是外求，这个外求的念也是错的。不少人在遇到运势不顺、多灾多难的时候，不是去找大师，就是去烧香求菩萨保佑，这是现在人的通病，全部都在外求。

现在很多人跑庙里拜拜，我就在讲，你该先拜谁？你先拜你的五脏六腑吧！你这个心有没有感恩心？这个心还在恨谁，还在怨谁？你先拜拜你这个心，让你的心回归良性再说。

你这个心是红的还是黑的？是红的是人心，是黑的就是鬼心了。

再看看我们脑子里面想的是什么？你每天都在想人的好处还是坏处？

从早上起，你算算，你会发现，你想人坏处多，想人好处少。

你为什么倒霉？就是想人坏处太多了，所以你倒霉。当你在想人坏处的时候，首先你脑子坏了，这就叫装垃圾，这是我们自己错了。

我们每天在看人的缺点还是在看人的优点？你是用什么心来对待你的亲人？你有没有好好地对待他们？这个非常了不得。

▪ 跳不出命运之神的掌心，原因就在于自私自利

运气学上有两个位非常重要，一个是女子位，一个是男人位。我们可以把它称为阴阳法则：阴是女子，阳是男子，阴阳一定是互含互惠互生的。本来是相生的，生不了，就克了。失和则克！

当一个女的，想丈夫的好处的时候，妻子位则旺，当一个丈夫想妻子好的时候，丈夫位就旺。

大家有没有注意，当你和你老婆站那对面看的时候，你看对方眼睛里实际是你自己。表面上好像说："我在看你呢。"你看看，眼珠子里面那个影子实际真是你。这也是阴阳互惠的一个规则。

再打个比方，我们在看镜子的时候，镜子里面还是你自己，真的是这样。

当你明白了这个道理以后，丈夫爱妻，妻子惜夫，这叫阴阳互旺，这

是一个真实的道理，这是我们人应该要做的。

可是我们现代人不明白，都可怜，丝毫不能跳出命运之神的掌心。为什么跳不出去？原因就在于我们自私自利，这是我们错了。也有不少人试图去改变命运，但是大部分人都不知道改变的原理，当然结果也是徒劳。

要改善命运，先要明白人要存什么心、什么念，心念是一切能量的源头，这是很重要的事情。不是你求神拜佛就能好了，没有那么便宜的事情。烧两根香就能把你就保佑了？我是不相信，我觉得你还污染环境，尤其现在化学香那么多。

我们可以讲个小故事，一个人天天抽烟，一个人天天在家烧香，医院一检查说："怪了，抽烟的人都没得肺癌，烧香的人得肺癌了。"一问，这烧香的人净烧化学香，把毒素全吸进去了，得肺癌了。这个小故事讽刺的是，烟的毒没有化学香的毒严重，这可怕得很。

所以我们一定要明白，善关键在于我们的存心，要改变命运，先要明白自己存什么心？这个非常重要。

▪ 如用利益心处世，利尽则亡

做人要常想人好，赞美也要发自内心，不要拍马屁。

很多人夸人是拍马屁，是利益所致。我今天为什么夸你？你能给我项目，你能给我批条子，这是假的，这完完全全不是真的，不真诚。

我告诉你，这种情况一定不聚光，聚人气都比较困难，因为你今天发出去的是斤斤计较的利益波段。

我们现在之所以离婚率特别高，大家有没有注意？一看，这男的是不是当官的，家里有没有钱？你起这个念，就是利益波。这个利益波，回报给你的就是被利益克害。这男的娶你，也要看，这女的家是不是独生女，她们家有没有钱？有钱了我娶她，漂亮了我娶她，不漂亮没钱不要。

一旦你嫁给人家，生个孩子变成黄脸婆，他找个比你更漂亮的怎么办？除害，就把你离掉了。这就是现在婚姻的结合问题。

过去的婚姻是天作之合，现在的婚姻是利益之合。过去古人结个婚还查查日子，可是现在的人只要是周六、周日就结婚，红包多嘛，谁都能来，都这种念头。他完全不管这个日子适不适合他们结婚，太随便了，为了钱，对什么都很随便。

不光是对婚姻，对丧礼也是这样。本来父母死了非常悲哀，他干啥呢？正好摆个大礼桌在那收礼，给谁都通知，恨不得谁都来送花圈、送钱，借死人发财。

现代人真的是借婚礼、丧事和各种名目敛财，这是大凶呀。

很多人不明白，你起利益心，利尽则亡，起权色心，权尽则亡，色尽则亡。我给你讲，这一定是这样的。

我们注意到没有，很多贪官被抓了，一些企业家也被抓了，就是权尽则亡，他借权发财，权尽了就亡了。我们就要想，这个钱是谁的钱？国家的钱。最后全部给你没收了，没收是小事，还要把你抓进去，还要判刑。

色尽则亡。你看，有很多官员、企业家，自己老婆都不要了，找个情人，情人最后把他举报了，这就叫色尽而亡。

我们想一想，你的念头全是邪的，那你最后还要栽到邪的上面，这个是毫无疑问的事情。

▪ 只管发射正能量，屏蔽掉别人发射的负能量

你想人不好的时候，你想赌博挣钱，你想去嫖娼，你想去违法乱纪，你这个都是发射了负能量。这个负能量场要是强大了，轻则受病，重则要命。

我告诉大家，你是收音机，也是电视机，你要明白你现在这个频道收的是什么样的能量？

我和你不同之处是我明白了这些法则，我知道给我这个场能里面增加

正能量。

你就给你自己发射正能量就行了，别人想给你发射负能量，屏蔽掉，与你没关系。关键是你要坚持。

根据心念法则、反作用力法则和共振法则，我们一定要想人好处，就是心里发射正能量，反射得到正能量，还能共振吸引正能量。

自己常想人好处，心情就好，将引发周边环境良性能量波的共振。

就像我给大家讲，我要资助五百位特困学生，我西安一个朋友说："有钱吗？"我说："没钱。""没钱你敢说这话？"我说："我先起这个念，看谁和我共振呢？"

我们中午吃完饭，正好来个朋友，走的时候跟我说："秦老师，你给我找几百位特困学生吧，我捐一笔钱资助资助。"

我那朋友当时坐那就呆了："哎呀，你这上午想的，下午就成了。"

我说："这就是共振法则，我和他共振了。"

你今天做善，发射共振波，就碰到了善人，这都是共振吸引来的。

根据反作用力法则，往对方处发射正能量，容易引发对方的正能量反赠。

大家有没有注意，你对别人一个微笑，别人也对你来一个微笑。

你看，我们说："谢谢你。"对方会说："不客气。"这就是回赠。

你用一个什么样的心念，都会立即吸引周边世界和你共振，给你回赠。

佛教有一句话，叫一文舍出万文收，实际也是我们和宇宙的所有正能量产生了共振。

当你学会了思人恩德想人好处，心情又好，运气又好，人气又旺，那我们想想，我们做事能不顺利？肯定要顺利。

关键你心里发射的是正能量还是负能量？

为啥古人总说：祸福无门，惟人自召。你今天发出去的是善的，回赠给你的就是福；你今天发出去是恶的，回赠给你的自然就是祸。

■ 共振法则不会对信息做判断，自由意志法则可以

你一定要把心里头的引力点调整成正向的，共振法则不会筛选我们提供的信息。因为共振法则是宇宙的一个根本法则，你发射善念波，你和善念波共振，你发恶的，给你共振恶的，它不筛选信息的。

它不会去判断什么对我们好或者更好，什么对我们坏或者更坏，它不会说，这个波段是恶的，我帮你屏蔽掉，不可能，它不干这个。

你发射啥，就共振啥，这是它的功能。可是它没有办法替你筛选信息，共振法则是不起这个作用的。

所以，我们要自己用自由意志去选择，你可以选择善的，或者选择恶的。你可以拿刀替人削水果，也可以拿刀杀人，我们自己来决定我们的能量。

你今天对人是微笑了还是发脾气，这是你可以决定的。就像我一样，我想笑就笑，想哭就哭，谁也左右不了我的，这是我可以控制的。

共振法则是不会筛选信息的，自由意志法则可以的，关键在于执行力。

打个最简单的比方，有毒瘾的人，被身体习性控制了。他脑袋里的天性想吸毒不好，心里也想这吸毒以后把命就要了，可是习性行为当家了，他照吸不误，他控制不住了。可以说，他的皇帝被夺权了，大臣被夺权了，谁当家了？士兵当家了。

身体是个工具，可是，我们很多人吃喝嫖赌吸都是为身体，这就堕落了。

欲是深渊，多少人违法乱纪，违背伦理道德，实际都是为这个身体。最后被绳之以法，所有钱财、名誉、社会地位全部剥夺。多可怜啊。

所以，我给大家讲的这个转换引力点的方法，你要用。你用了以后，当下就把命运转变了，当下就能从贱命转成贵命。

就像我，只上了小学三年级，我是从贱命转成贵命的。不是官员，还经常受到大家的尊敬，不管是有钱的没钱的，当官的不当官的，对我都还

挺尊敬，这就是由贱转贵的一个过程。我本身这个命是短命不能长寿的，人家大师一算活不出二十五岁，我这短命转成长寿命了，现在都已经多活了十年了。这就是一个转变，我把它转了。你只有明理了你才能转命，不然是没有用的。

我就因为发现了这个秘密以后，我和我太太经常商量，经常捐钱会捐到什么程度？口袋剩十几块钱。当我想做一件善事的时候，我从来不会让禀性产生任何左右我的想法，我天性一起马上就去做。

实际我每月还做慈善，只是给大家没说过。因为我做慈善历来是，第一不号召，第二，从来不攀缘。即使离得最近的朋友，我都不会说："我这做慈善你捐点款吧？"不可能，从来不会说那个话。我会怎么做呢？尽我所能，能做多少做多少，做出来以后自然有人响应。他响应，他自己单独做，与我没关系，我就不参与了。

我捐了不少给那些残疾儿童、孤寡老人。你看我今年资助二十位特困大学生一样，学费还是蛮高的，我连续资助他四年。

如今，我这个振动产生最后的共振波，力度了不得。受我影响以后，很多企业家朋友见我说："我看到你做慈善，我也开始给学校捐款了。"

你看，无穷无尽的效果自自然然就散发出去了，这个是非常了不得。

善与恶由我们决定，无论是积极的还是消极的，宇宙只是简单地对我们做出回应，反馈给我们更多相应的事物而已，这是宇宙该做的事情。

我们要为自己今天所遇到的事情负百分之百的责任，倒霉了以后，你不要怨天怨地，我告诉你，实际你是最坏的。你除了表面上没像人家骂的头顶流脓、脚底流水以外，你心里不知道坏成什么样了。

第二十章

改变五个思维方式——共振法则讲解八

▪ 改变思维方式一：别总去关注讨厌的事

在改变当下的引力点的过程中，有很多东西需要逐渐改变。包括我们的思维习惯和说话方式都需要重新构建。

先讲大多数人第一个不好的思维习惯。

我们生活中，大多数人总习惯关注我们所不喜欢的事。大家有没有注意，你最爱关注别人的缺点，还心里老想让你不喜欢的人倒霉，最不喜欢谁就最爱关注谁。这是我们现在人真正犯的这个毛病。

对不喜欢的人，我们还把他牢牢记住，这已经成为了一种潜意识，导致我们生活容易变糟糕变倒霉，因为这个潜意识是在吸收负能量。

我就遇个朋友，他老记着自己的仇人，谁害我了，这人这几年怎么样，给我讲一大堆。我说："他害你了，你怎么还关注他呀？"

他说："我没事就在网上搜一搜，看他出没出事？"

傻帽呀。你浪费你的生命时间，浪费你的电费，你不关注一些好的，好好吸收点正能量，去想你怎么挣钱。你天天想让人家倒霉。实际谁倒霉了？你倒霉了。你起这个心念，就在吸收垃圾。

大家有没有注意，要记谁对你好，我们经常健忘，记不住。

你要问他："二十多年前谁收拾你了？"他那简直滔滔不绝，记得清清楚楚，讲起来，就跟讲故事一样。你让他讲谁好，他记不住。

就像我给大家举了一个例子，一个小女孩跟她妈妈生气了，跑出去以后没拿钱，肚子饿了站在一个面馆门口。

这个卖面的大姐就看见了，比较慈悲，就说了："小姑娘，你是不是肚子饿了，想吃面呀？"小姑娘说："阿姨我没钱。""没钱？阿姨给你下碗面条吃，不要你钱。"

姑娘很感激。进到面馆里以后，这个大姐给煮了一碗面条，又去给小姑娘舀了一碗面汤。把面汤一放，小姑娘哭了，说："阿姨你对我真好，又给我煮面，还给我端面汤喝。"

这个阿姨有智慧，她就说话了："我给你就煮了一碗面条，端了一碗面汤，你都痛哭流涕。你妈妈给你不知道做了多少碗面条，端了多少碗面汤，你还跟你妈妈一生气就跑出来了。到底谁对你好啊？"

一句话说得姑娘明白了，回家了，这是有智慧的人。

我们人最大的毛病就是忘恩负义，就因为忘恩负义，所以倒霉了，运气不好了。别人对我们好，我们最健忘，有一次不好，我们咬牙切齿地就记住。

要不有的女的说："我要离婚。"我说："你要想你老公好处。""没好处！"

我听完都觉得比较害怕，没好处你当时都敢选择嫁给他？你想想，他要有好处，你不得天天背着他转圈了？

实际上，我们要想从根本上让运气变得好，一定要把心里的引力点调整成正向的而不是负向的，谁对你好，你要记他好，谁对你不好，你也要想他好。

为什么？你为了自己发财，你为了自己走好运，都是为你自己好呀。除非你想倒霉，你就想人不好。

要不我经常说一句话，常为别人着想，是上等运气的源头，真的是这样。

我们一般人，记人坏处那是滔滔不绝，好处我们记不住。

我告诉大家一个方法，大家可以用这个方法测测，回去拿一张大纸，谁对你好，你去写吧，你写不出来几个人，谁对你坏，你写吧，那真的一张大纸能写满。亲戚谁对你不好，工作中谁对你不好，领导谁对你不好，同事谁对你不好，你一定写一大堆。

就像有个同学，经常听我讲课，嘴里说感恩我。有一次他给我发短信，因为我短信太多了，连看都没看，也没回，人家竟然跟我生气了，我都不知道。

这人最后见我，听我给别人讲："我这一天短信微信多得，我实在都回不了。"他才说："秦老师我误解了，原来你微信短信那么多呀？"我说："怎么了？"他说："我给你发个短信，你没回，我还跟你生了好长时间的气。"

你看，可笑得很。我说："你哪是跟我生气？你跟你自己生气，我都不知道。你把你气了很长时间，你还假借我的名，你在跟你生气，你说你不傻啊？"

这人老记得人家的不好，不能做到常为他人着想。

就像我一个朋友，过去跟一个法师很熟悉，法师一忙，对他疏忽一下，他立即觉得法师对他不好。我说："你这念头就错了。法师是大家的，不是你个人的，你一定要明白这个道理。"这是我们错了，你用自私自利的念在和人相处，这个是我们最容易犯的。

我经常在讲，这个世间的人都是有福的人，都是有智慧的人。为什么后来慢慢没有了？因为我们把别人的缺点抓住不放，对自己的缺点是理解、理解、再理解，包容、包容、再包容，这是我们的大毛病。

你看，你要问杀人犯："你是坏人，你杀人了。"他还说："我失手了。"他不爱说自己是坏人，这就是现在人的毛病。

▪ 改变思维方式二：变消极为积极

所以，必须有意识地去重构我们自己的思维方式。

我记得给大家讲过一堂课，大概 2005 年在北京的时候，我碰到了三个人，都是建筑工人。我在和他们三个人说话的过程中，我就知道其中一个要当老板，其中一个要当部门经理，一个还是打工的。

第一个人我问他："你哪的人啊？"他把老家一说，他还说："你看我这一天辛苦，就挣点人家工资，在这打工呢。"这是第一个人，我一看他说话的这种态度，场能就非常弱消极的。

那第二个人一说："哎呀，你看我在这儿打工呢，我在这儿学了很多东西。你看这个房屋的结构，我都能给他设计出来，哪个地方放卧室，哪个地方放卫生间，空间显得更好，人进来更舒畅。"我一听人家一说话，人家就积极，这个人以后可能当设计师。

那第三个人我跟他聊天的时候，我问："你们三个是老乡？"他说："不是老乡，我们三个就在一块工作呢。"

他说："我经常从长安街一过我就会想，哎呀你看这一栋楼，我还给它添过砖添过瓦，我非常自豪。我觉得我是一个城市的设计师啊。"我一听这个人说话，这以后是老板呀。

去年，我又碰到第三个人，已经是房地产开发商了。我问他："你那两个同事呢？"他说一个给他当了部门经理，一个在他的手下打工。你看，十年里面，就这三个人当时说话的态度，导致了他们今天的不同。

你今天所有的言语，你的所作所为，散发出来是什么样的能量场，宇宙会回给你什么样的东西。你是向上的积极的，你一定得到的是向上的积极的，你今天是消极的，一定得到的是消极的。

消极的思想，会发射出一种消极的能量振动，引来更多倒霉事件发生。可以这么说，现在十个人都在非常高兴地笑，突然来一个人放声痛哭，这一个人一旦放声痛哭，这种消极的负能量，迅速会导致这十个人乐不起来，想乐都不敢乐。你看，家庭里面，有时候就因为一件事情，弄得是鸡犬不宁。大家就可以看到，负能量散发起来很快，是非常可怕的事情。

古人讲了一句话：娶个好女人旺三代。我遇到有的家庭娶个女的，那一生气不是哭就是闹，要不然就躺床上去了，一躺半月，我也不做饭，我也不管家庭。像这种消极情绪波啊，我跟你讲，上克父母，中克丈夫，下克子女，把家庭的运气场全毁了。

举个简单的生活例子，一锅牛奶，只需要掉进一只老鼠，就没人喝了，跟这个道理是一样的。你今天讲了99句积极的话语，只需要一句消极的话语，前面的能量场都容易被破坏掉。就像我们倒了一杯茶，只需要放一滴农药，你喝了就死了，它的毒性就有这么大，这是非常可怕的。我们大家一定要认识到位，很多看上去很小的念头，影响是非常大的。

一旦你用积极的思想替代了消极的思想，思人恩德想人好处，我告诉你，你的运就开了。

你想想，杀人犯出生的时候也是纯洁的婴儿，哪有人一出生是杀人犯？他是因为最后的环境不好，自己的自控力弱，才犯的罪。

圣贤有一句话讲得非常好：先人不善，不识道德，无有语者，殊无怪也。这句话翻译过来，大意就是说："你别怪他，是他先人不善，不识道德，给他没教，我们不要用严厉的方式对付人家。"

真的是没必要，我们一定要去包容和理解。

在生活中我们要时刻观察自己，改变自己曾经的习惯。你曾经的习惯爱说是非，说话尖酸刻薄，爱骗人，我们把它变成说圣贤教诲，把它完完全全转变过来，就这么简单，你就把运改了。

人家说你短命，你做长命事就行了；人家说你命贱，那你做贵命的事就行了；人家说你穷命，那你做富命的事就行了。

该舍当舍，该惜福则惜福。舍得舍得，舍的时候要至诚，不要舍不得。

印光大师讲："一分诚敬得一分利益，十分诚敬得十分利益。"可是，一般人，恨人的时候，骂人的时候，埋怨的时候，那真是至诚。

你看，他啥狠毒话都能骂出来，说是非的时候滔滔不绝，哪句话不中听说哪句话。可是，你让他真正为善的时候，那真是舍不得，这就是现在人犯的毛病。

▪ 改变说话方式：用正面语言代替负面语言

要想改变思维习惯，必须先从说话方式改起。嘴善久了以后心就善了，意识也就善了，心性也就善了，那你这个能量场就建立了。要多用积极的话语，智慧的话语去和人聊天。

在生活中我们要学着用正面的语言代替负面的语言，用善的念头代替恶的念头，我们会发现自己在慢慢地改变。

我们可以举个例子，我们经常说，我不行，我做不到，说这话的时候，就给了自己强烈的暗示，老说不行你就更不行，你是自我设限了。

你要把我不行这个念头换掉，你要告诉自己，我即使现在不行，也慢慢会行，未来我肯定行。这个念头，才能帮助你不断进步。

实际，每个人都像一个计算机，你给计算机输入什么指令，计算机就按指令执行了。你总是输入负面的，不行的指令，你的脑子和身体就都按照不行的程序去执行了。这就是自我设限，自己给自己设置的障碍。是不是？

一定要把指令换成积极的，才有积极的结果呀。你只要把字词改一下，效果就大不一样。

就包括我们上班一样，不要说：我不想迟到。把它改成：我会准时到。

比如，我们爱说：可怜之人必有可恨之处。

你把它也调一下：可恨之人必有可怜之处。

你看，同样是一句话，字词一调整，立即体现了你的心不一样。

你说可怜之人必有可恨之处的时候，落脚点是这个人可恨。第二句落脚点结束在可怜。你去说人可恨的时候，是在攻击别人，对人家不满的心就出来了。你去说别人可怜的时候，你的慈悲心就发展出来了，变一下后完全不一样。

把“我不想忘记”改成“我记住了”。

把“我不要紧张”改成“我会很放松”。

把“我不要痛苦”改成“我会很快乐”。

就这么简单。同样改一下，立即你这个能量场就不一样了。言语一定要散发出来正能量。一定要把我们过去的消极的言语、思想和行为，我们今天把它全部变一下，太容易了，但这是一种重要改变。

要不很多人跟我说：“哎呀，秦老师呀，人在屋檐下不得不低头。这一句话好像很无奈。”

我说：“错了。你要这么想，人在屋檐下一定要低头，你低了头才能进到那屋里面，变成屋子的主人嘛。你老在人家屋檐底下干啥？那你只是客人，是不是？傻帽才这么想呢。”

转变一下，能量场立即就不一样了。所以这也是改变能量的一种方法，效果还非常好。

▪ 我觉得做任何事情都容易

我们要关注所有善的正的念头，要关闭所有的负能量抱怨的念头。

我虽然年龄小，可是我做了很多事情。我告诉大家，过去人家算我命短的时候，我就在想：我活出了二十五岁，只要多活一天，有时间我就讲课去。所以，我今天能给大家讲课。我才小学三年级，本来你打死我也不敢讲课。可是，我当时就在想了：六祖慧能都不识字，还成祖师了，我还比他强，多上三年学呢。我就起这个念头，这种正能量支持我讲了下来。

这些事，人家都说难得很，我觉得做任何事情都容易。人家为什么说难？难的原因就是他给宇宙散发出去的全部是难！难！难！全是负能量。

我散发的是正能量，所以能和好事产生同频共振。我每次要做慈善的时候，管他有没有钱，我先把这个善的念头散出去，立即就有人和我产生共鸣。

我们现在很多人老自我设限："我行吗？"起这念就错了。肯定来一帮消极的人，就开始跟你说了："你不行。这也不行那也不行。"你就完了，你自己到最后都要怀疑："我是不是智商有问题呀，我是不是真傻了呀？"

你起自己不行和怀疑自己的念头，这和天地间的负能量就共鸣了。

我们要学学圣贤，他们没有长三头六臂，他们的念头和我们的区别在哪里？人家是坚定坚定再坚定，我们经常找很多理由否定否定再否定。我们是倒霉倒霉再倒霉，人家是好运好运再好运。

就是你要转一下，这是一种能量波，这个是非常重要的。我们要把自己的心思花在你想要吸引共振的事物上，不要花在不想共振的事物上，这个很重要。你想和谁共振？你看六祖大师就想：我想成佛。人家和佛共振。不少佛教徒却天天想：我冤亲债主多呀。和冤亲债主产生共振。

我们大部分人的关注能量都在无谓的流失，我们很多人坐在电视前，电视上的演员一笑他也笑，人家一哭他也哭。要不我说："上面是疯子，底下是傻子。你浪费你的生命、时间，浪费电费，你天天捧明星呢，明星又不认识你是谁。"

▪ 改变思维方式三：要关注你所愿的，而不是你所怨的

我们一定要记住，你关注什么，你的能量就会流向什么。你关注善的，你的能量就会流向善的，你关注恶的，你的能量一定流向恶的。

我们想要的一定要符合天道，符合地道，符合人道。天道是良心，地道是厚德载物，人道是仁慈，这个我们一定要明白。

我们不想在生活中出现的事物，一定不要为它们提供任何能量。

你今天不想遇车祸，你不要开快车就行了，就这么简单。不要天天担心出车祸，这种念头反而会让你紧张出车祸。

要用一种积极的方式陈述你的愿望，你的关注点应该放在你想要什么，而不是你不想要什么。

我们再举个例子来说，比如车子老旧了经常需要修理，你开始想要一辆新的，当你想要一辆新车的想法强烈时，你的愿望将会导致行动，使愿望逐步实现。

但是如果你的注意力不放在新愿望上，而只是一味地回过头去看那辆现有的旧车，每天抱怨：这老爷车怎么老坏呀？

这个就惨了。你天天关注的是：这车怎么老坏呀？这修理工是不是没修好？于是，导致你今天换个修理的地方，明天换个修理的地方。甚至你都会和4S店产生矛盾，和修理工产生矛盾，认为人家技术不好把你骗了。

你有这个烦恼的时间，还不如把注意力转到我要换个新车上去。

你的关注点必须放在你想要什么上，而不是你不想要什么。

就像我经常和很多朋友聊天，我说："你生气能解决问题吗？要是真能解决，那我们大家都生气。既然生气不能解决问题，你又何必多一次生气，把自己多一次伤害呢？"

所以，换句话说：我们要关注所愿的，而不是所怨的。

一个是愿望的愿，一个是怨人的怨。

我们现在很多人，就是不关注自己的愿，而是怨天、怨地、怨父母，变成了怨气熏天的人，这个关注点错了。很多人说，我想发财我想发财，可是你嘴上说想发财，你心里面天天抱怨："这个也不帮我，那个也不帮我，谁都欺负我。"

为什么我们很多人说："我心想事不能成。"

说心里话，你是心真没想别人好处，你是嘴上想，这是成不了的原因。

我们想要一辆新车，却没观察到自己在天天抱怨旧车，心中所想全是旧车的坑坑洼洼和剐痕，你在不知不觉中就强化了自己不满现状的波动，实际上吸引力最大的波段，是对旧车的不满上面去了，而不是对新车的渴望。这种烦恼把自己就障碍了，就丧失了与新愿望共振的机会。

很多人见秦东魁，不是想听秦东魁讲课，想找个快捷方式："你给我说说我什么时间发财？说个快捷的方法。"哪有啊？没有。

我告诉大家的方法，你做了就有效，不需要花钱，只需要改变自己就行。就像有个朋友给他孩子起名字，我说："我给你起个名字不要钱。"人家说："秦老师，不行。那人起名字要十七万，那灵，不要钱的不灵。"那你拿他没办法。

▪ 改变思维方式四：坚持一定能得到别人的支持

一旦你有了好的愿望，就要行动，就要坚持，坚持就能得到别人的支持。

就像我过去讲课，轻视我的人太多了。人家说："那小毛孩儿，嘴上毛都没有还能讲课？"过去刚开始在北四环讲课的时候，听课的人真是寥寥无几，包括到观音堂讲的时候都很少人。

记得我开始说我要讲课的时候，连我自己家人还说呢："年轻轻的，谁听你的呀？"谁都不愿意跟你来往。可是，我要坚持讲课的这个念头更强。我坚持下来了，这几年开始有转变了。人家说："哎呀，你做事做对了。"

连我们上小学三年级的这些同学，都跟我成好朋友了，他们跟我说："你是名人啊。"连我们村书记都说："我们村子就出你这一个名人，哎呀，我们要好好弘扬你的东西。"

我们的坚持一定能得到别人的支持，也能汇合宇宙正能量共振，你一定要有这个信心。我从2005年到现在，这十年受打击太多了，可是，我把人家的打击当唱戏，你说我不好，我当你唱歌。我就是我，不因为你几句话改变。

对自己的愿望一定要持之以恒，就会真正地产生共振。不要因为别人的几句话，一泼凉水，你就回头了。这就麻烦了，你错了，你就失去了和正能量共振的机会，这个你要坚信。

如果你一心一意想你的新生活，并努力实践，事情总会如愿的；但是你如果嫌弃你现在的生活，并为之不满和放弃，新生活是不会从天上掉下来的。

首先我们要活在当下，你要珍惜你当下所见的人、所有的生活，一定不要有怨气，一定要有善的愿望。你要关注到愿望上面，不要关注到怨气上面。

就像我一样，我经常说："我希望遇个老板不让我坐班，我才有时间讲课。"我记得大概2010年以后，几乎就不太坐班了，有时出差一个月半个月的。大多时候，公司有什么事通知我，我把单位交代的事忙完，下来我就开始讲课了。

慢慢地，老板越来越理解你了，最后要求公司所有员工一定要看我讲的东西，还要写心得。这就叫善的愿望和公司老板也产生了共振，老板就帮助你完成这个善的愿望。

以前，我上班也不轻松，早上去晚上回来，坐个地铁要一个多小时。你以为我轻松？一天挤来挤去的。但是，我持之以恒为大家讲课服务的这个念头，不会因为我的工作忙而改变。

大家都不知道，我为了讲课，就我两个朋友在家里，在我客厅里面摄像。我一个人冲着他们，一下一讲五六个小时，我很多视频是这么讲出来的。你以为是在大场所讲的？不是，就两个听众。

我说："我现在就想讲，你们把摄像机支起来。"我今天闲着，就讲一天；那我明天忙，就上班。我很多课都是这样讲出来的。有时候听众就两个人，就他们把所有的东西留下来的。你以为我怎么坚持下来的？

所以，想不想听是你的事，想不想讲是我的事。我想讲了，就讲完再说，总会遇到知音来听，他总会认为你讲的有帮助。你自己首先要把这个愿从心里树立起来，不然的话很难实现。我这念头越来越强，慢慢老板都受我影响了，所有人都受我影响了，就到今天这个样子。

过去是我拉着别人："你要来听啊。"

现在是别人抢着说："你在哪儿？我要去听啊。"

这个角色完全变了，因为我已经成了引力场的核心，主导大家可以和我同频共振了。我告诉大家，你一定要成为引力源，这是富贵的源头。

如果你天天想着：我就是打工的，我把工资挣够就行了。

我告诉你，你把自己降格了，你现在一定从富贵命变成乞丐命了。更可以这么说，你把自己定为打工的过程中，你甚至连工人的义务都没有尽到。你今天领人家四千块钱，明天领人家三千块钱，你给人家干的活，值不值三千，值不值四千？你一定要衡量这个道理。

我在我们单位，开始一个月就三千块钱，我一定是对得起我的工资的。我从来没有抱怨过。公司里，这个跳槽那个跳槽，就我不跳槽，我还成元老了。

我在任何现状中，都不去抱怨，我是为我的愿望而努力的，我知道我来干什么的。我们就要关注我们的愿望，而不是怨气。

现在很多人天天抱怨：社会不好、老板不好、国家不好、老婆不好、丈夫不好、父母不好。你看，他怨声载道。当他这个念头一起来，我告诉你，他肯定倒霉，要不就遇到老板炒他鱿鱼，要不他家里就要出事。

就是因为他关注了怨气，不是关注了愿望。

你看我的生活，从2005年到现在，变化太大了。过去我就是一个打工的，无非就讲了几堂课，没想到影响越来越大，各个机构都邀请你去兼职，什么荣誉都给你。

所以，但行好事，莫问前程。你只管去做，好运气自然就吸引过来了。这是我们一定要掌握的，要关注所愿，而不是所怨，这也是思人恩德、想人好处再深一层次的事。

▪ 改变思维方式五：要知足常乐，要先感恩半杯水

所以，我们要学会知足常乐，要珍惜现有的生活。

很多人说："我穷得很。"我说："你穷啥呀？你有什么资格抱怨穷？你看一看那些乞丐，你还有房子住呢。当你抱怨没有好鞋穿的时候，多少人连脚都没有，你有什么资格抱怨？"

我去大学讲课的时候，我就说："你们怨声载道的，你怨什么呀？汶川地震，有很多人一夜之间失去全部亲人。你没有遇到汶川地震，也没有碰到舟曲泥石流，你都没有资格怨人，你有啥资格怨人？"

我们想想，你又不是残疾，你又不是瞎子，瞎子只能听美景不能看美景，残疾人还四肢不健全呢。你说你现在没钱，我要你一只胳膊，给你一万，你愿不愿意？你肯定不愿意，就和这个道理是一样。

所以，人生就像一个杯子，生活现状就像我们杯子里的水。如果我们只有半杯水的时候，我们不要抱怨，首先要知足、感恩。感恩已经有了这半杯水，不要抱怨这水怎么没满？连这个念头都不要起。

你还有半杯水呢，那没水的人怎么办？首先要感恩珍惜。这是我们和天性产生同频共振的，这个非常了不得。我今天有这半杯水，没事，我明天可能就一杯水了。然后，你再起一个善愿，再为之努力，生活将终究帮你实现。

你如果不珍惜，只抱怨，那你抱怨半天，能把水抱怨来？一定是不会的。我们不要对着半杯水抱怨：为什么别人都是满杯水，我却是半杯水？这个抱怨的念头将导致未来你连半杯水都没有，关注怒恨怨恼烦减运气，这是我们错了。

你一定要把你的引力点和念头，要转向正能量，一定要转过来，这个非常重要。我们要关注所愿，而不是关注所怨。

我经常在讲：人要知足，对你现有的生活起到一个珍惜之心。在珍惜现有生活的基础上，你再去建立一个善的愿望，只要不违背伦理道德和国法，你可以放开去做。

我历来非常知足，我口袋有一块钱，我都是有钱人，有一块钱还能坐公交车。我有这个念头，你想想我能缺钱吗？我从来没有想过我没钱了，没有。

当我心情郁闷的时候，我会拿个镜子冲着自己看看。我说："你这熊样为啥不笑啊？你不缺眼睛不缺鼻子的，你在这个天地之间就要弘扬正气的，你就要乐嘛。你不乐就和动物一样了，你为啥不乐呀？"

要不我给很多人教的就是这个方法：拿个镜子照照你自己，你这熊样为啥不笑？给所有人布施一个微笑，正能量波就传出去了。

所以，我们不要把自己的思想建立在抱怨上面，一定要建立在善的愿望上。

▪ 引力点在不满上时，运气下降很快

在一般人看来，一心一意想着新车，与百般不满的旧车之间，似乎没有什么差别，但是引力点完全不同，结果更是天差地别。

请大家记住，当你的引力点在不满上的时候，你的运气下降很快。当你对这个社会不满，对你父母不满，对你工作不满的时候，运气立即就下来，毫无疑问。并且在你周围会发生更多让你不满的事情。人倒霉的时候喝凉水都塞牙，这是共同经验。

我告诉你，这是这一堂课的轴心。

我记得有一年碰到大学生围攻日本大使馆抵制日货，我当时跟带头的大学生就说了，我说："根本上，你应该学好本领，创造了高科技，去超过日本，他的东西自然就退出了中国市场。"

我们再看看，摩托罗拉还有吗？自然被淘汰掉了。不用你管它，你要

学好本领，服务国家、服务人民，提高你的技术，他自然就知难而退，不是你把他撵出去的，真撵不出去。

我们一定不要在内心世界装不满，否则能量场就下降。

在生活中，我们犯了非常多这一类的错误。也希望我们大家从现在开始起，明白自己在想法上这个很细微的差别。

从今天起，把你的引力点逐步转移，把恶的转成善的，抱怨的转成好的。愿望全部转，你念头里面连仇人小人敌人都不要有，全部是你的恩人你的贵人。

不要吸收负能量，人家的缺点与你没关系。他的优点是你该学习的，他的缺点是你要引以为戒的。他所犯的过错，是提醒你不要和他犯同样的错误，就行了。

其实，人就遇三种人：遇到好人，我们做好事和他共鸣；遇到能人，我们干大事；那遇到坏人怎么办？我们不坏事就行，就这么简单。

可是现在很多人，遇到好人怀疑人家，那是做慈善作秀；遇到能人，还看不起人家，不愿意和人家合作；遇到坏人，人家抽烟他抽烟，人家吸毒他也吸毒去了，人家嫖娼他也嫖娼去了。你看，遇到坏人尽坏事，把自己也拉下去了，这是我们现在人犯的毛病。

▪ 念头波对身体健康影响很大

再拓展来看，引力点放在不满上的时候，负能量的念头不去掉，会直接导致我们身体出问题。

念头会改变我们的体温心跳血压，包括呼吸节奏。从测谎仪的工作原理来看，我们知道现代科技已经明确了，我们的念头会让我们的身体产生不同反应。

不好的念头，对身体影响很大。就像我跟一个年龄大的叔叔通电话，临结束时很客气地多说了一句话：“你没事多注意身体啊。”

结果他一晚上睡不着觉，第二天给我打电话，他说:“秦老师，你昨天说了一句话，我想不通。你让我注意身体，是不是我身体出大问题了?”

你看，说者无心，听者有意，他紧张得一晚上睡不着觉。从那以后我就不敢说这话了，一句话会让对方产生这么多想法，都失眠了。

实际真是这样，念头对身体的影响太大了，会改变我们的体温心跳，血压呼吸节奏，决定我们的肌肉紧张度，以及手心出汗的多少，这个是非常科学的。

比如，连接上测谎仪，然后你被问了一个问题，“是你拿了钱吗?”如果的确是你拿了，你却撒谎说没有。我告诉你，你的手心可能会出汗或者变凉。这是测谎仪测出来的，你今天说的是谎话还是实话，一测就知道。如果是假话，你的心跳会加速，你的血压会上升，你的呼吸会急促起来，并且你的肌肉会紧张。

虽然这些生理反应，不单单在你撒谎的时候发生，但的确是对你的每一个念头的反应，在你身体里面每一个细胞，都会被念头所影响。消极的念头是有害的，让你虚弱让你流汗，让你肌肉紧张，甚至让你的体内，制造更多的酸性环境，体内一旦是酸性环境，就提高了患癌的几率和得其他疾病的可能性，大家都知道，癌细胞偏爱酸性环境啊。相反，积极的念头，容易产生碱性体质。

我们经常说，怒，念一起直接到肝，我们就会肝气不和。怨，怨气一起来，直接就影响脾，脾胃就失和了。恼，就把肺脏影响了。恨，就会导致心律不齐了。烦，就会导致肾脏出现问题。这些我们都要明白，都非常重要啊。

▪ 恨人烦人导致尿血

我最近一个外交官朋友给我打了个电话聊天，她在瑞典工作。

她说:“我生病了，尿血。”

她说：“秦老师，我知道我错在哪里。我跟老公离婚27年了。刚开始因为孩子小，我没时间计较，现在我把孩子养大成人，已经结婚了，家庭情况非常好。我最近正在跟我前夫算账。”

她说：“我一个人把女儿养大了，他也没付出，也没给生活费。我给他算了一笔账，正要把这个账交给女儿，通过邮箱给他。没想到，刚起这个念，就开始身体不好了，去医院就开始尿血了。”

我说：“你想想，你对丈夫怨恨了27年。恨一开始埋着，现在你忽然把他提上主要日程，天天想他不好烦他，负能量就全部激发出来，就尿血了吧。”

我说：“你要不改改，把他看破放下。你要明白，放下和放弃是不一样的。放下呢，是看破了，对道理明白了、知道了，所以，我现在把他放下了。放弃是消极的，不得不分开，但是心里怨恨放不下。”

包括随缘和随便也是不一样的，随缘是同流不合污，随便是同流合污。

我这么一说，她承认，她说：“我刚起这个念头，要把我丈夫这27年来对我和孩子的亏欠算笔总账，立即生这么大个病。”

我们想想，怒恨怨恼烦各种负能量念头波，确实对身体影响是非常大的。所以每个医生都希望病人，保持好的心情，都相信乐观能带来奇迹。

一个心情好的人可以干什么呀，战胜癌症。一个健康的人，因为同名同姓，诊断报告拿错了，这个被误诊了癌症的人，最终被发现真正死于癌症。这是我医学界的医生朋友讲的案例。真正得癌的人呢，不知道自己得了，心情好着呢，没得癌的人反而死了。

由此可见，在任何时间，我们尽可能试着正面思考是多么重要。

第二十一章

反作用力法则——第四大法则详解

▪ 什么是反作用力法则

这次主要给大家介绍反作用力法则。

反作用力法则呢，在自然界的运用，已经被科学广泛发现了。科学上，也可以叫它牛顿第三运动定律——作用力与反作用力定律。

这个定律说的是，当物体甲给物体乙一个作用力的时候，物体乙必然同时回敬给物体甲一个反作用力；作用力与反作用力方向相反，这是自然界万物都有的通性。

为什么向后喷气能将火箭推向前去？为什么炮弹向前运动时，炮身会向后运动？这都是作用力与反作用力原理。

在生活中，反作用力无处不在，我们走路的时候，脚将地往后蹬（作用力），地就把脚往前推（反作用力），这个力让我们的身体向前走。

划船的时候，桨将水往后推（作用力），水将桨往前反推（反作用力），这个力让船能前进。

▪ 心里发射能量波，会遭遇反射波

反作用力法则，讲的都是我们与自然界能量的作用关系。

延伸来看，心念波也是能量波，当我们发射心念波动的时候，同样也会遭遇自然界能量场的反作用力，科学上，把这个叫反射波。

我们也可以简单叫它反射。反射也是能量波的返回。

比如，我们拿手电筒光对着镜子照的时候，光波也会反射进入我们的眼睛。当然，波还有折射的物理现象，在这里，我们不多讲，抓住重点讲反射。

每个人都是一个能量场，当你对这个人发射能量的时候，也遵循反射定律，会遭遇反作用力。如果说我们给别人一个良性的作用力，别人返回来给我们的，也是一个良性的作用力。

就像我经常跟朋友聊天时说："你看那个皮球，可以跳起来，它的作用力在什么地方？就是必须被人拍一下，我们越拍它，它动得越厉害，那你要不拍它呢，它就不动了。"

很多家长说："我孩子不乖，怎么样才能让孩子乖呀？"

我说："你以后在手机上存孩子电话号码的时候，把他写成乖乖孩，就用这三个字。"再坏的孩子你夸他好的时候，他都非常喜悦，你要说他不好，他就会非常烦躁。你一定要给他传递善的、喜悦的能量波给他，这样容易获得他返回来一个喜悦的作用力。

很多人用这个方法，慢慢地，就有效果了。

我们反过来想一想，孩子在这世界上最亲的人是谁？父母。当你们自己都认为孩子要不得了，你说这个孩子活着有啥意思？这也就是很多孩子抑郁甚至自杀的原因，实际就是因为父母和孩子产生了言语的克，你不认可他。

夫妻之间的对克也是反作用力循环，丈夫心念不认可妻子，妻子心念波反射回来，也不认可丈夫，久而久之就离婚了。

我经常跟大家讲：天时地利人和，天时是什么呀？就是讲人的良心，地利讲人的行为，人和就是言语。家庭和谐相处，实际就是言语的和谐，不争吵嘛！

我们看这个定律，甲给乙一个作用力的时候，乙必然同时回敬给甲一个反作用力。你看，夫妻之间，丈夫说老婆不好的时候，老婆不会心甘情愿接受，她会反击，反击就是反作用力。一反击就产生阴阳冲突了。

一个人的运气增减，在于你发射出去的是什么能量，好的还是坏的？你是好的，回来的就是好的，你要是坏的，回来的也是坏的，它是因我们自身能量的正负而决定的。

现代人和古人的区别很大。现代人喜欢争，什么都要争个输赢。这个不对。古人最大的特点是什么？认错。

各个宗教都告诉我们，要宽容，并且自己做错事了要忏悔。忏悔了，你就不会继续做错事了。未来，就不遭受做错事的反作用力了。就像皮球，我们不拍它了，它就不跳了。

▪ 轻慢浪费五谷，要受五谷负能量反作用

我经常说：人是万物之灵，能享万物之福。你要真是万物之灵的话，你能开启万物的正能量场。

我们都知道，完整的种子就是完整的生命，有一句话叫“民以食为天”，因为五谷是养人的。这个“谷”字怎么写？上面两个人，底下是个口。

五谷它是有能量的，当种子在土里遇到水以后，就能生根发芽茁壮成长，那我们人在珍惜五谷的时候，通过我们的胃脏，就能吸取五谷的精华，来滋养我们的五脏六腑，我们人就会有精气神。

我们经常听到一句话：天有三宝日月星，地有三宝风火水，人有三

宝精气神。养得三宝天地就通了。那你养这个精气神的三宝靠什么？靠五谷。

你看，让你一年四季吃白菜，你肯定会吃烦，可是，你吃大米、吃面，吃一辈子也没有感觉到烦。为什么？因为五谷的能量，是最符合我们的五脏需求的，善用五谷，人的精气神就足，一足以后就通天地了，就得天地护佑。

五谷来自于天地日月之精华，晚上有月光，白天有日光，受风雨灌溉，它蕴含了整个自然界的能量。很多人都轻视五谷，浪费五谷，就会受五谷能量场反作用力的伤害，轻则多病，重则要命啊！

▪ 现代人倒霉的三个原因

我们古人没把杀人定为万恶之首，把邪淫定为万恶之首，就是这个原因。

你可以用我的方法去对照，一些大老板的企业最后倒闭出问题，无非就是三个原因。

第一、亏孝。分为两种，一个是不祭祀祖先，一个是对活着的父母不尽孝。

第二、对自己的配偶不忠贞，不是找小三就是闹离婚。孝为百善之首，淫为万恶之首，我们古人短短的几句话，实际说出了宇宙的密码，也是我们人生幸福的密码。你犯邪淫的时候，就开启了万祸之门，你要遭灾、遇祸的。古人觉得：我跟你啰里啰唆地说再多，你可能也听不进去，我就用这一句话总结就行了。

第三、就是浪费粮食，暴殄天物。我有几个朋友，开发房地产的，在我们当地也称为首富。见面以后跟我一起吃个饭，那我这人跟朋友吃饭，从来都是要求打包的，而我这几个朋友已经有了打包的习惯。

看他打包饭菜，我就故意问他一句，我说：“就剩这点饭了你还打包啊？”他说：“哎呀，没事，我早上热一热就吃了。”那么大的老板啊，挣上百亿，跟我吃饭的时候就点了三个菜，剩了一点东西，人家早上热热就吃了。

可是，我们有没有注意，现在没钱的人反而喜欢大肆浪费，还好面子。我遇到很多穷人，好面子，婚礼大摆筵席，还叫很多豪车，实际这都是一种浪费。你看有很多人婚礼的时候豪不豪华啊，太豪华了！要是超过了他命里头的福，他一定会离婚，这个是毫无疑问的。

万物都有能量场，浪费是要遭遇强大的反作用力的。

我们要珍惜，才能天长地久。

我们去故宫看看，清朝的皇帝权倾天下，但是他的卧室也就十五平米。他也懂得惜福，而且，他卧室越小，聚气场能越大，卧室过大，反而难聚气。

▪ 用了凶财会招祸，这也是反作用力

这也是我给大家讲过的，你今天赚的这个财是凶财，还是吉财？这个你要分清楚啊！凶财用来养父母，父母都会生病，还会早死。养孩子，孩子会违法乱纪。你这个财要是来路正，谁用谁舒服，你这个财要是来路邪，谁用谁倒霉。

什么样叫凶财呢？第一，违法来的财是凶财。第二，违背伦理道德来的财是凶财。我们要明白这个道理，当你明白了以后就能知道，为什么有些人一发财却出事了。有些人没钱时候还很好，一有钱不是离婚，就是丧子，或者家族不幸。发财后却倒霉的人，因为他这个财来之不吉，一定不是什么善财。

有些人发财后，你看人家坐得很稳，家族兴旺、企业兴旺、人脉兴旺，因为是正道来的财。

凶财招惹倒霉，背后的宇宙法则是什么？就是反作用力法则。

你看，有的房地产商通过强拆，伤害了很多人，伤害别人，必然要遭遇别人的反作用力。每个被你伤害过的人，都在对你发射负能量，你想想看，你的运气肯定不断衰弱呀。

我就遇到一个开发商，找黑社会强拆人家房子。没过几年，这个开发商就倒霉了，公检法全上，弄得他跑路，银行不能贷款。最后问我为啥，我就问他说："你强拆了吗？伤天害理的事做了吗？"他说做了，我说："那只要做了，你这个财就变凶财了，要遭受反作用力的。你肯定要倒霉，早晚的事，你的运气每天都在减弱呀，就是这样。"

▪ 人际关系就是反作用力最好的体现

我们在人生道路上，在生活中，反作用力是无处不在的。

你今天想害人，当你产生这个念头的时候，负能量就开始发射，这个是你自己知道，但是看不到的。你对着别人发射负能量波，那这个人就在接收你的负能量辐射，根据反作用力法则，他也会发射一个想害你的念头回来。初期，这些念头还不强，还不会主导他的行动，当你想害他久了，发射久了，最后，你也一定会被人家害。

就像很多人跟我说："秦老师，我这犯小人呢。"

我说："谁是你小人？"他说："我们单位那谁谁谁。"

我说："你知不知道你产生这个念头的时候，他把你也当成小人了！"这是脑电波的传递，传递出去就有了反射。

你看，当你心里喜欢一个人，或者不喜欢一个人，你们有时候虽然不说，但是你们的能量波在不停反射，你们彼此心里都清楚，装假都装不出来。

我们明白了这个道理以后，我们就要警惕自己呀，无时无刻都要起什么念头啊？善的、正能量的。

你善的念头出去以后，回报你的一定是善的。也就像我们拍皮球一样，你越拍它越反弹，你用多大力，它回报给你的力度就有多大。

就像在佛教，有一种增加财富的方法是布施。儒家有两个字，叫舍得。

我告诉你，今天你得到的，都是你所付出的。你所舍出去的，会通过反作用力回来，完完全全都是互舍，互得。

人际关系就是宇宙反作用力法则最好的体现。你对人好，人家也对你好。我们讲一切都是回报。回就是反作用力返回来，报是一种结果。

今天你丈夫对你好，你老婆对你好，父母对你好，那是因为你对他们好。

所以，孔老夫子讲的五伦大道里面，我们就可以看到，父对子施以慈，子回报父以孝，所以父慈子孝。君对臣施以义，臣对君施以忠，所以君义臣忠啊。

那朋友之间也是呀，你对朋友诚信，那朋友回给你的也是诚信啊！

我们都是自然界的一部分，我们对他人的思想波，都会遇到自然界的反作用力。这个是非常重要的事情。你想享万物之福，如何享？就是今天你所用的所有的东西，都是以舍为出发点，那你自然就得了。

我一个朋友在公交车上给一个孕妇让座了好几次！她都没想到，那个女的老公开了公司，最后不光帮她安排了工作，还给了她一批原始股啊！这都是我身边朋友发生的事情啊！

我们再回头想想，古人讲的一句话：勿以善小而不为，勿以恶小而为之。

所以古人讲的“舍和得”，太厉害了！舍得，舍得，真是了不得啊！

要不我经常在讲：人是两条腿，钱是四个角，我们也可以把钱称为四条腿，钱追你易，你追钱难啊！

很多人说：“我想要个好命，我想要个好运气！”

我告诉你，好命、好运气都跟好人呢，你是个坏人，好命如何跟你？好运气如何跟你？它是跟不了你的，一定不会来的，这就是自然法则。

那我们人的运气场就受反作用力法则影响呀。我们给别人一个良性的作用力，那别人给我们也是一个良性的作用力。当我们对反作用力法则有了深刻理解后，你就会发现，原来世界上一切运气，包括你今天的所有境遇，都是由我们自己设计的，自己掌握的，这个是毫无疑问的事情。

▪ 我讲的课，大家要从头听，系统听

要不我说我讲的这个东西呀，大家要从头开始听，你越听越明白。只听一两堂课的话，你肯定听不明白。为什么呢？因为它是很系统的。

你要了解你自己的五脏六腑，了解你的眼、耳、鼻、舌、身、意，了解你自身的这种场能。你的能量是负能量，还是正能量？

你发射什么，别人就给你反射回来什么。这是不是你自己掌握的？

你在和谁交往，最后在和谁共振？

你看，你被良师益友影响，那你这一生很顺利。你要是和你的恶朋友共振呢？什么吃喝嫖赌的人都来了，那你肯定就完了。

我遇到个朋友在一个公司当部门经理，很有钱，但是不会用钱。

我就告诉他说："这个钱，你要会用，你把钱拿来赡养父母，交给老婆来养育孩子，去行善积德，这个钱就叫会用了。你看，你现在干什么呀？因为你是经理嘛，别人就围着你经理这两个字转。又是敬你酒，又是让你去赌博，还引导你去吸毒，你这就把钱用错地方了。"

他说："我现在身边有朋友吸毒，但是我没吸。"

我说："你别着急，你要是不远离这些恶友，下一个就是你了。"

可惜，他最后也没听我的话，也就过了五六年时间，真吸毒了，最后因为毒瘾发作，跳楼自杀了。他那时就自我非常膨胀了，听不进去别人的话。自己的负能量很强了，和我的正能量都没法共振。

这就是我们经常说的，骁勇逞强必跌跤，虚怀若谷谦受益。

我们古人有两句话，第一句是，水低成海，人低成王。还有一句是，高处不胜寒。这两句都说明，道在低处呢，高处是没有道的。

越富的人越珍惜福气，越不乱花钱，穷人没钱，反而刷什么信用卡，借着钱都要花。这是个怪圈，你如何从这个怪圈出去？

我告诉大家的方法就是，了解反作用力，运用反作用力呀。你每天多积累一点正能量，心里多发射一点正能量，对别人多起一点正能量的影响，反作用力回来，就都是正能量了。是不是？

等你明白了、清楚了以后，那你的人生，你的运气，你的妻子，丈夫，包括你的孩子，你周围所有的人脉圈，你自己完全就能设计了。你今天所能遇到的就全部是贵人、福人、财人、喜人。

所以，我们要善用反作用力的法则。

▪ 诸恶莫作，众善奉行

反作用力是我们生活中最容易理解的法则，很简单，也很直接，我们对人好，人家就对我们好。我们骂人，人家一定骂我们回来。

行善者，反作用力的善多。行恶者，反作用力的祸多。这是宇宙的规律。

我经常劝大家，你要想运气好，你想发财，你想子孙孝顺，你想企业兴旺，你想人生大富大贵，实际就守住八个字！

诸恶莫作，众善奉行！

你只需要诸恶莫作，众善奉行，那运气怎么能不好呢？

诸恶莫作就是让你先要在行为上，心念上都做到止恶。

众善奉行就是让你在身心上都向善的能量场靠近。

这就是改变运气的原理。你别小看这几句话，很多人都知道，心里还觉得：不神秘呀，原来这都是陈年老套的话。就这么简单的话，我们又有几个人做到了？很多人活到一百岁，都做不到，真的是这样。

你真做到就真得到好运，你没做到肯定就得不到，这个是毫无疑问的。

很多人都好奇问我。秦老师你怎么改命啊？我说：“别人改命从形式上改的，从言语上改，我改命是从心上改的，你的心可能在杂乱，我的心是平静的，你要做到我这种清净心了，你的命就改了。”

▪ 为何有人作恶，反作用力不明显

我们每个人的运气能量场，同时根据很多宇宙法则进行运作。反作用力法则只是其中的一条。法则很简单，但是在生活中，有的问题背后，作用力很多，表现就比较复杂。

有的朋友就会问我：为什么我看见有的人作恶，没有反作用力回来的祸事呢？我遇到很多人作恶呢，人家为什么还这么好？好人不长寿，坏人净发财了。

实际这是我们很多人的普遍疑问。

我告诉大家，一个重要的原因就是，我们不知道别人的全部信息。我们只看到了这个人的部分信息。或者说，我们只知道这个人恶的这一面，不知道他做的其他善的一面反射回来的作用力。

决定一个人运气好坏的，是他自己所有行为和念头的综合能量场。正能量强的，负能量暂时不能发生作用。这涉及另外一个宇宙法则，强弱法则。这个留到以后我们详细讲。

▪ 全面了解一个人，才知道他能量场的强弱

我讲个故事给大家听。我最近碰到一个老板也是这样，在我们当地比较有钱，但没有一个人说他好。包括我另外几个朋友也说呢，这人那么坏，为啥钱又多，儿女也孝顺，他们想不明白。

我当时也在想：这个人发财，子孙贤孝，一定有他的原因，只是我们

没找到。

我给大家讲过《了凡四训》里面卫仲达的故事，他上过一个小小的奏折，给皇帝谏言不要大兴土木劳民伤财。就这一个奏折的善的力量，超过了他一堆恶事的力量。判官就说："虽然只有一个奏折，可你当时心里面包含了全国人民。你做那个恶事虽多，只是针对某一个人。"

我们学了反作用力法则，就明白了。为啥一定要无私，一定要心量大呢？

就是因为，我们心里善念所发射的对象不一样。

我们骂一个人，一个人骂回来。

我们要想对全国人都好，为了去救全国人，那你等于对全国人都发射了一个善念的能量波，那全国人都给你反射回来一个正能量波，这个积累起来，正能量就不是一般的多啊。大家想想，就是这个道理。

我后来就去见了这个老板，正好他也想见我，说他看过我的书，觉得讲得非常好。我见完他以后，知道这人为啥能发财顺利了，因为内福外福都修了。

什么叫内福呢？尽孝！他父母去世得比较早，他把老家的房子盖完以后，只要他回去，就会把父母的遗像摆起来供东西，他说他爸爱喝酒，给他爸就会倒点酒，专门为供他爸喝酒买了一大坛子酒，在那个老式的供案底下放着。上坟地还买最贵的茅台，给坟头倒几斤茅台酒，祭祀用心非常至诚。这称为内福。

我讲过，人的运气不好，第一大原因就是亏孝。我一看，他孝顺做得非常好，人家不是做样子，也不是为给别人看。他心里能对过世的父母都常起感恩心，能珍惜，这个能量很正，运气肯定增加。

第二呢，我发现他的悌道做得很好。他有个哥哥，还有个姐姐，他哥哥家里比较穷一些在农村，他就在县城给哥哥专门买一套房，让哥哥住在县城享福。咱们经常看到兄弟姊妹，为争父母财产打得头破血流。他没有这么干，对哥哥姐姐都好。这也是他的内福。

那外福呢？他告诉我说："我们当地的这些城市修的路，所有的市政工程凡是能参与的，一定不偷工减料，不能把国家亏了，一定要符合质量要求。我宁愿以后不做这个工程，可是我做完以后不要被别人骂。”

很多人不是这样，层层转包，一百万工程款，只花五十万，自己挣五十万，这个品质肯定不过关，要故意偷工减料，等若干年路坏了，这个肯定要被很多人骂，这也是赚了大凶的财。

这就是反作用力法则，你今天所行的善，反作用力回来，你的善比较多，你今天作的恶，反过来，你的祸就比较多。

我一看这个人，内福修得好，外福修得好，怪不得人家发财呢。怪不得孩子听话，儿女优秀，连孙女孙子都聪明了。

别人就只觉得这个老板脾气不好，还克扣人的工资。这些反作用力回来，也对他有伤害，他告诉我，身上病很多，又是肝病又是糖尿病。

可是，他精神状况还挺好，不像得了那么多病的人，精气神很足，就是因为他做的那些善事反射回来的正能量场，养了他的精气神。

人家工程做得那么大，省长、省委书记都接见，什么原因啊？工程质量非常好，领导放心啊。你去他的办公室，你一看，都是省长、省委书记和他合的影，我们就知道，这叫外福修得很好。

▪ 做好我们的本分，修好内德

有的人还问我：“我做了不少好事，为啥没有反作用力。”

我说：“先别说你行善积德了，你的本分做没做好，做一个儿子有没有做好，做一个丈夫有没有做好，做一个父亲有没有做好，这个很关键。”

要不我说，现在很多人，犯了大忌，犯了出位大忌。

当儿子不懂得尽孝，根就坏了。当丈夫不懂得尽责，一嫖娼就被阴克了。当父亲不能以身示范，吃喝嫖赌，你肯定享不了子女的福，你孩子肯定要败家。

是我们自己做错了，你作恶的反作用力太大，善的太小而已。

一个人发财倒霉都有原因，你要全面了解一个人，再去分析判断，就能明白一个人倒霉和发财的原因。

就像我一个朋友说："我这人也没啥能力，我怎么都能当亿万富翁？"

我就给他讲了，我说："就因为你没能力，你才能老老实实地孝敬父母，对兄弟姊妹好，你才有感恩心。这就是你发财的原因。"他一想还真是，他对父母好的这种程度，和别人真不一样。

我们都知道，房地产销量不好，可是我这个朋友，一天能卖二十多万平方米。别人说："营销策略和我们一样，他们为什么能卖那么好？"

我和几个房地产老板在聊天的时候，我就告诉他们说："人家有内德会修内福。他爸妈说想种地不愿在城里住，人家能在十八楼楼顶，整个铺成土让他爸妈在楼顶种地，你们谁做到了。"他们一想，真没有！

我说："你说他该不该卖楼？"他们说："真该卖楼。"

我说："父母是大树之根啊，他给根上增加能量了，原因在这个地方。"

所以，一个人发财一定有他发财的原因，倒霉有他倒霉的原因。我们首先要明白，坏运气、好运气，全部都是我们自己的能量场导致的。那你要每天想，你给自己的能量场里，每天在增加负能量还是正能量，就这么简单。

大道至简，什么叫大道至简？真正的大道，就是你做好你的本分就行了，你不用出格，做好儿子，做好父亲，做好丈夫。只需要把本分做好，下来你就交给宇宙法则、反作用力法则、共振法则都会自然帮你反射和吸引正能量。

用古人的话来讲，就是天地护佑有道之人。为什么我们古人讲：人算不如天算。就是这个道理，天算，就是按宇宙法则运作。

第二十二章

惯性法则——第五大法则详解

▪ 世界极其规律，法则无处不在

这次我们讲第五大宇宙法则——惯性法则。

我们想一想，为什么我们开车的时候，一百迈的速度，一脚踩下去刹不住，开车的人都知道，这里面有一个惯性。刹的话，你要点刹，脚点一下，再点一下，慢慢地车就停了，这里面就有惯性法则。

为什么考试跑步过终点线时，不能立刻停在终点线上？这也是一个惯性。

为什么我们心里知道很多事不对，就是改不过来？这也是一个惯性。

包括我们嘴臭骂人一样，也是个惯性，你要一下让那人不骂人了，他好像习惯不了，他张嘴那个脏话就来了，他还不认为那是脏话，实际这就是一个惯性。

我们古人讲：隔行如隔山。为什么呀？他可能对本行业很了解，但让他换一个行业，他适应不了，这里面也有个惯性。他在这个惯性圈里，没有出来。惯性可以叫做习惯性。

我们在倒霉的过程中，是在倒霉的惯性圈里。我们在兴旺的时候，是在兴旺的惯性圈里，一般在惯性圈里以后，都会随顺五行相克或者相生。只有学懂了法则并会运用法则的人，才可以跳出惯性，掌握自己的运气。

我们常说大道至简，实际上，随着我对每一个法则不断地讲解，相信我们慢慢就会发现，原来在生活中，很多很小的事情，都是一个法则的具体表现。

我们处在一个极其规律的世界里，法则无处不在，很多人由于不懂，以为人生在宇宙的一切，都是偶然性决定的，其实是大错特错，一切都在法则之内，一切都是规则的。

当我们彻底懂了以后，你就知道世上没有一件事是偶然的，一定没有偶然，包括大家在这个地方听我讲课。

你看，我经常在讲："同样在这个环境里面，你感冒，人家不感冒，同样在一个教室里面，一个老师教，有第一名，还有倒数第一名。"

我们想一想，这里面的原因啊，起作用的法则也是非常多的。

▪ 物理运动和心理运动中，惯性法则比比皆是

所以，今天我继续深入给大家讲惯性法则。

在经典力学里面，牛顿的第一运动定律即惯性定律。

你看，在物理运动中，惯性法则比比皆是，前面我们讲了跑步的例子，开车的例子。你看，我们开车的时候，一脚踩下去，谁都刹不住车。即使我们不踩油门，从原有的一百迈速度，降到零的速度，也要一个时间过程。

在心理运动中，惯性法则也比比皆是。心理各种习惯的改变需要比刹车花更大力气。

要不很多人说，你看我都做了好多慈善了，我怎么还没好运呀？

我听完以后都觉得比较可笑，他心里面还没有改，恶都没止，就那么

急着要好运。你看，有的老修行人，还挺倒霉，你就知道，他还在恶的惯性里面，没有出来，实际只是修了个表面。止住恶，需要和内心强大的惯性对抗。

我们很多人在学传统文化的过程中，也知道自己的很多言语、行为都是错的，但改变不了，实际这就是因为恶的惯性太强，当你明白了惯性以后，你才能逐步把这个恶止掉。

你看，从刹车的过程中，我们就知道车的惯性，不可能一受阻力，就能立刻停下来。刹车就像是止恶，恶的惯性太强，还会带着你这个车继续向前一段时间，直到恶的惯性越来越小，才能真正停车。

▪ 人生其实就是一团巨大的惯性

无论是物理还是心理，我们的一切运动都具有惯性，尤其是习惯这个词，对我们的一生影响巨大。很多事情，我们都是喜欢按照自己的习惯来。

习的意思是学会，惯的意思是我们总这样。

比如烟鬼，你要让他停下来戒烟，真是太难了。抽烟的惯性一旦形成就很难改变，他可能戒了一个月，看到别人一抽烟，或者递过来一根烟的时候，他的惯性又被激发出来，他思维和身体里面的这种惯性已经扎根太深了。

我们再看看自己，在饮食上面和生活习惯里你会发现，每个人都在惯性里面运作。你看，我是陕西人习惯吃面，这实际也是一个惯性。不过，这个惯性无关善恶，所以无需过分关注。

我们，人的一生，几乎都根据惯性法则进行运作。

你看，爱上网的惯性，爱看电视的惯性，爱抽烟爱喝酒的，这真的都是一种惯性。包括我自己，有一段时候爱发微信，每天发微信量非常大，突然间，在发微信的过程中，我发现我成了微信的奴隶了。

你看，我们现在很多人拿手机刷屏，不停地在那儿刷屏，被手机控制了。当我发现这个惯性的开始以后，我立刻就把手机换了。为什么呀？不培养这种惯性，先从形上开始，慢慢地我的意识就不想了，慢慢这心里也不想了，久了，你很自然的就没有这个概念了，你就把它断掉了。

再深一点看，惯性法则影响更广。

比如，佛教知识里，把第八意识称为阿赖耶识，阿赖耶识里储存了很多深层信息，并且，这些信息也有惯性。比如一个小孩子一生下来，就热爱音乐，其实这是延续了他以前信息场的惯性，有的孩子生下来就爱读书，有的不爱，有的人天生多愁善感，有的孩子天生好静，有些孩子生性淡泊，有些天生脾气暴躁，这些都不需要人教育，其实都是延续了原来心念流的惯性力。

目前，科学还没有对这个进行研究，就只能把这个性格因素叫天生的，但是，有可能，这些全是惯性法则导致的。

▪ 要一点一点地改变，不要急于求成

当我们对惯性法则的作用明白了以后，我们就知道，孔老夫子等圣贤之所以在这个世间行大道的目的是什么？就是让我们止恶扬善，让我们不受惯性的影响。我们把恶止住了，祸就不能产生。

其实，很多事情我们知道不对，可是就是控制不住自己，为什么呢？实际就是自己的惯性起了作用，是我们的控制力低于过去恶的惯性力所导致的。

我们的自控能力能不能控制住这个恶？是非常重要的，你今天的正能量，要是高于负能量的话，那你今天遇到的都是好人好事和好运，当你的负能量超过了正能量的时候，那你今天就是会倒霉出事不顺。

就是这么的简单。但是，有的人负能量场太强了，坏的习惯力大大超过了好的习惯，就会屡教不改，不管怎么教育他，但他就是不改。

所以，我们不要急于求成，对于任何坏习惯，我们不可能立刻停止它，我们只有持续不断地刹车，才能最后停车，这需要有一个时间过程的。

所以，我们必须一点一点地改变，不要急于求成，一定不能短期不成功就灰心丧气，这样是不对的。

我也用过这种方法教育大家。比如，我说过，人要想运气好，一个腊月三十天，一个正月三十天，不要吵架，一吵架一年运气都不好。

很多夫妻两个人听懂了，忍了六十天以后，习惯了不吵架，以后就吵不起来了，久而久之，他骂人的这种惯性，就给刹住了。

我们一定要明白，如果我们不对坏习惯采取刹车措施，这个坏习惯将会反复加强，不断加深，力量越来越大，根越来越深，陪伴你一生乃至更长时间。

就像我们很多抽烟的人、赌博的人、吸毒的人，一辈子都戒不了。

我们经常听古人讲：富不过三代。可是，我们都知道，山西的乔家大院乔致庸，他的家族是旺了五代。我去山西乔家大院，导游讲，乔家之所以旺了五代，因为乔致庸给乔家家人订了六条规矩，我记得其中有一条就是，凡是乔家后人，不能赌博，这是第一。第二不能虐仆，对仆人不能虐待。第三不许纳妾，第四不许嫖娼，这是我记得的几点，我觉得非常重要。

不许虐仆，就符合《弟子规》上讲的，待婢仆、慈而宽。当你和一个仆人计较的时候，由贵命就变成贱命了。那你不嫖娼，就不违背阴阳之道，还不许纳妾，不许赌博，那就把这些恶习全部制止了。

所以，非常旺的家族里面，都有好的家规，都有好的家风在里面传承。这些好习惯传下来，才能让运气不断兴旺。

孔子家族旺了七十多代两千多年。那孔老夫子他的家族，为什么这么旺？因为孔老夫子讲了大道，他的后代都说自己是圣人的后代，不能给圣人丢人，他自己因为这种念头的约束，就不做坏事了。

他们在良性的、善的惯性里面，我们是在恶的惯性里边，忽好忽不好。

我们在学圣贤教诲和传统文化的过程中，实际就是在持续地刹车，止住我们的恶。要是不采取刹车措施，这个习惯将会反复加强伴随你一生。

我们要看懂了惯性法则以后，就要给自己多一点耐心，改变自己的运气，必须要和自己的惯性作斗争。你要超常发挥自己的善，恶一定要改变，把坏的惯性转成好的惯性，这是需要时间的。

▪ 作恶的时候，就是给福气在踩刹车

坏的习惯变成好的习惯，需要时间。

同样，人生运气从福气轨道往灾难轨道转的时候，也需要时间，每次干坏事，坏的反作用力回到自身后，都相当于给自己的好运点刹车，多次刹车以后，才会停车，才会转向。

很多人都说，我这运气为什么突然不好了？

实际不是，不是突然的，你的好运也是一点一滴被你做的坏事消磨掉的。你今天吸毒，你明天嫖娼，还亏孝，后天再做点违法乱纪又违背伦理道德的事，你就是在给你的好运气踩刹车呢，今天踩点，明天踩点，好运就停了。

我们都知道，癌细胞的形成要十年的过程，他不是一下就得癌症的，他开始就有了坏的细胞，这些坏细胞越来越多，一点一点地，超过了自身的免疫力，就形成了癌症。

当你把这个道理明白以后，你就知道，为什么做坏事的人还没倒霉，因为他刹车是有惯性的，今天踩点、明天踩点就出问题了。这就是我们经常听的一句话：恶不积不足以杀身，福不积不足以富贵。当一个人从好运转成倒霉运的时候，不是一下就倒霉的，也有一个过程。

福和祸、善和恶，都是生命中强大的惯性。

比如这个人先挣了一亿，可是有了这一亿以后，他开始作恶了，他作

恶以后大家就觉得，你看这人作恶还有钱花，又有豪车，可是你不明白他那个一亿，是过去他的福气，是他自己或者他父母祖先留给他的好运能量场，这些好运都是过去为善所得的。

可是，现在他作恶以后，好运已经不增长了，厄运正在不断增长。

他只有把他的好运消耗掉了，才能显示出来他的倒霉。一倒霉起来，就被全收走。你看，有的贪官贪污两个亿，藏在家里，保险柜里，也没怎么用，被查出来以后，一口气全没收了。

你看，这个小伙子为什么吃喝嫖赌还那么有钱，其实那是他爸给他存的，也不是他的，他要把积蓄花光以后，他的祸才能显出来。

所以，福和祸，这两种力量都是有惯性的。完全停下来，转向另外一边运动，都需要时间和过程。

当然，也有人比较快改变了自己的命运。我们经常听佛家讲：放下屠刀立地成佛。儒家也讲：浪子回头金不换。这些都是一个好的作用力的起点，从心上真改了，行为就不作恶了，刹车力度就大，改起来就快。

▪ 从细微处知人祸福

这个惯性法则讲完以后，我们就知道，为什么有的人一辈子就很平庸，有的人一辈子会非常地兴旺，甚至有的人一辈子非常地坎坷？实际都是他自己的习惯思想和行为导致的结果。

习惯，就分为好习惯或者坏习惯。有很多人，过去好了若干年以后倒霉了，他就是习惯不好，让自己从福气的轨道里面，慢慢地转入了凶灾不顺的轨道里去。真正能改变命运的人，就是从灾难和不顺的轨道里面，能改习惯，转向好运里面。

我有个朋友，已经负债了五六十万，谁都看他倒霉呢，我就在他这个孝顺和悌道上面，在节约粮食的小小的习惯里面，我就知道他未来要发财。

我还有个朋友，领我去见他的一个领导，一个银行行长，业务能力很强。可是，没过几年，49 岁不到就死了。

他就反思为啥这个行长这么倒霉。我和他聊了聊，才知道，原来他这个行长有个不好的习惯，把银行里面的东西，当成自己私有的东西了，随便拿。

我明白了，这个习惯，就是行长从福转向祸的原因。

你不要以为，那个是很小的一个动作，其实很损运气。

你在这个地方当厂长的时候，你是全厂员工的总负责人，你不能爱厂如家呀。厂里有的，你家里都有。这个就可怕了！要是厂里有的，你家里也有的话，我就知道，这个人一定要被抓。这个就是从有福转成灾祸的原因。

我在一个公司，我会看到一些员工未来的运气。如果我一看这个员工，每天把公司的笔也拿回家，把公司的笔记本也拿回家，我就知道，这个员工，在给自己的好运踩刹车了，不停减少，他一定就从福转成祸啦，这个毫无疑问。

你不要认为，这是个小东西，这笔值多少钱啊，这个笔记本值多少钱啊？你不能这么思考，这代表了你的内心世界坏了，你的心，这个运气场的核心，这个主管发射和吸收的能量源坏了。

▪ 学懂了惯性法则，就能发现对方的道和运气

古人讲：不以善小而不为，不以恶小而为之。

为什么我在甚小细微的事情中，我就能断定一个人未来的发展，包括他出什么样的事情？

就因为我懂得宇宙法则，我懂得惯性法则。虽然是一个小小的细节，但是，这个惯性非常可怕，你没有意识到自己错了，这个恶的行为，就会不停加强，每天反复，影响越来越深，越来越难停下来，长此以往，每天

减少好运，你觉得，你的命运能好了吗？

所以，惯性法则是非常可怕的。每个人都在强大的惯性里面。

福就是好运，祸就是厄运。所以，懂了惯性法则以后，我们一看人的细节和行为，就能明白人的未来，能知道这个人有福没福。

我一看，这人没福了。为什么呀？有福人不会做没福的事呀！福人一定是做福事，在自己的富贵道上行呢，你一旦偏离了你的富贵道，你肯定会变成贱人，或者变成短命，这个是毫无疑问的事情。

你看，当一个人稍微有点钱以后，非常张狂的过程中，你就知道，他灾祸已经很近了，福马上就要消掉。当一个人非常贫穷，非常不顺的时候，他还懂得谦让，他还懂得惜福，还懂得孝顺父母，还懂得为人处世，我告诉你，这个人很快就会发达了，因为他由穷给富上走了，由贱给贵上走了。

我们每个人学懂了惯性法则，就能随时随地发现对方的道和运气。

你看，我参加政协会议的时候，我会注意大老板和领导的举动。在同一个桌子上，在吃饭的时候，有的大老板啊，他不断地在给整个桌子上的人盛汤，不管认识不认识，这个勺子都到不了别人的手里。

你看，就这样一个小小的举动，我就知道他为什么发财。一个桌子上的人，都认识他呀，都知道他很优秀。可是这个优秀的人，他能低，肯定就会非常平安了。要是高傲的话，一定要栽跟头。这个是毫无疑问的。

你想，他给所有人都在盛汤，那我们这些人在接受他盛的这碗汤的时候，我们会是什么感觉？欣赏他，喜欢他呀。是不是？那他的运气场肯定好呀，大家都发射好的能量给他，正能量就越来越强！

所以，在这个细小的举动中，就知道他肯定要发财了。

这也是“大道至简”。

我们都知道，文王六十四卦里面，唯独有一卦是六爻皆吉，就是谦卦。他懂得谦虚，懂得谦卑，祸不临身的，这个是非常重要的。

▪ 一个习惯如不刹车，会自己不停重复加强自己

人啊，仗什么势，受什么害。你看，很多人说，我认识某某领导，那领导一被双规，马上把他也抓进去。为啥？你仗人家的势嘛，你所以就被害了。你以为是好事情啊，不是什么好事情。

真正成功的人，真正有实力的人，有真材实料的人，我告诉你，他走路的时候，脚跟儿一定声音很重，脚梢儿的声音是很轻的。

可是呢，虚虚飘飘的，爱吹牛的人，你注意，他脚跟儿啊，经常是不着地的。他脚跟的声音轻，他脚梢的声音重。为什么？内心世界虚啊，他在吹牛的过程中，你去看吧，他一定是五个脚趾头朝下扣着的，怕别人拆穿。

包括我们说话一样，有前音、中音和后音。当一个人前音非常重的时候，我告诉你，大部分都是直肠子。中音非常重的人，大部分都倔强。后音比较重的人呢，大部分都比较有心机。

从气场上看，当一个人的声音总高，中低音是很弱的，这个人的气一定是非常旺的。当这个人没有高音，中音和低音比较旺的时间，那这个人最近已经可能是遇到经济困难，要不就可能面临国法的查处了。当这个人高音和中音都没有，只剩下低音的时间，你就知道，这个人正在难中。

所以你在惯性里面，就能发现一个人。这里面有道理啊！不是神话。

你有没有细心，你细心了以后，一定在他的言行举止中知道，这个人未来的富贵，或者未来的倒霉，这个是真实的。

古人对这个也很有经验，我看到一个曾国藩的故事，李鸿章带了三个人请曾国藩任命差遣，当时曾国藩刚吃饱饭正在散步。他有饭后缓行三千步的习惯，所以那三人就在一旁恭候。

散步之后，李鸿章请他接见那三人，曾国藩却说不必了。李鸿章很惊讶，曾国藩说："在散步时，那三个人我都看过了，第一个低头不敢仰视，是一个忠厚的人，可以给他保守的工作。第二个喜欢作假，在人面前很恭敬，等我一转身，便左顾右盼，将来必定阳奉阴违，不能任用。第三个人双目注视，始终挺立不动，他的功名，将不在你我之下，可委以重任。"

后来三人的发展，果然不出所料，第三人就是开发台湾有功的刘铭传。

所以，贵人是稳而健的。不会因为你的身份，而改变他的思想，也不会因为你的钱，而改变他对你的看法。

我们现在很多人，张嘴就是："哎呀，我认识某某领导，我认识某某老板。"

你认识他有啥用啊，人家是领导你不是领导呀。人家是老板你不是啊。是不是？你这么一说，我们就知道你有虚荣心，非常虚荣，想借别人领导的身份和老板的气势抬自己嘛。

所以，好有好的惯性，坏有坏的惯性，这就是惯性法则决定的，一个习惯如不刹车，会自己不停重复加强自己，到最后都强大到改不了，在你的灵魂里不停加强，非常可怕。

我们学圣贤教诲，就是把我们过去的坏习惯慢慢止住，像刹车一样。我今天骗人话说十句，那我明天说五句，后天说两句，再往后，我不说总行吧？就这么简单。所以改恶没那么难，很容易的。很多人一说就是："我就改不了。"我说："是你不想改。"

所以我们人啊，一定要懂得观察自己的习惯，要努力把坏习惯扭转过来，在做任何事情的过程中，一定要低调处世，这个是非常重要的。

善不积不足以护佑子孙，恶不积不足以杀身。

恶和善，都在我们自己的惯性里面，就看你给哪一边刹车了。

第二十三章

强弱法则决定命运方向——第六大法则详解

▪ 强弱法则：最强的力量决定运动方向

接下来我们要讲的是强弱法则。

强弱法则说的是：任何一个物体都会承受多方的力量，但是同一时间，该物体只能有一个运动方向，而物体的总体运动方向，是由当时最强的力量决定的。

大道至简，无处不在！

我们还是用最简单的方法，来给大家举个例子。比如说，你站在中间，一个小孩拉你左手，一个大人拉你的右手，请问你会向哪边走？

那肯定是朝右边走啊。小孩的力量，一定没有大人的力量大，这个是毫无疑问的事情，肯定是被大汉拉着走。

我们人的命运就是这样。善的习惯强，还是恶的习惯强？恶超过了善以后，你被恶牵走了。你的善要是超过了恶的话，你被善就牵走了。这就是强弱法则。

▪ 能量的三个层次

实际，心念是一切能量的发射源，念头是能量的起点，我们身上分三个层次的念头，就有三个层次的能量。

一个就是天性的能量，纯善无恶。

一个就是禀性的能量，纯恶无善。

一个就是习性的能量，半善半恶。就看谁来指挥。

我们很多人，都是被习性的能量所牵扯。包括我们抽烟、吸毒、赌博、嫖娼，这都是习性的能量。

那禀性的能量呢，就是发怒、生气、怨恨、嫉妒，这是禀性的能量。

那天性的能量是什么啊？喜悦、真善美、感恩。

我们很多人呢，都是天性的能量不足，禀性和习性的能量超强，就导致我们很多人，天性没了，禀性长了，习性被惯了。

习性是给惯出来的。你看，习性爱抽烟，习性爱吸毒，习性爱嫖娼。这些习性都是后天学的。小孩子一出生，他会饮酒吗？不会。他会嫖娼吗？不会。他会赌博吗？不会。他会偷盗吗？也不会。全部都是后天学会的。

所以我说，现在人，被习性影响得非常厉害。

还有一类人，是被禀性影响了。他就爱生气，自己和自己都气得受不了。最后怎么办？跳楼自杀，完全失控了。

人啊，经常会被禀性和习性，强拉着走。因为，天性没用了。我把天性称为皇帝，禀性称为大臣，习性称为士兵。当一个人用天性做事情的过程中，他都是纯善无恶的，用禀性的时候是纯恶无善的，用习性是半善半恶的。

习性被天性所指挥，肯定是纯善无恶；被禀性所指挥，肯定纯恶无善。

就像我给大家讲，一把刀能削苹果也能杀人，削苹果，就是天性指挥，给人削苹果，招呼客人。杀人的时候，就是禀性掌握呢。

这个我们可以衡量的，你今天是在用天性做事，还是在用禀性做事。

天性做事的话，你会孝敬父母；禀性做事的话，你会抱怨父母。

到底哪个念头的能量强，决定了你的行为方式和未来的运气。

▪ 福力和祸力的强度决定人的命运方向

强弱法则也是宇宙普适法则啊！

如果中间的那个人，就是我们的命运呢？中间的是命运，左边的是正能量，或简称福力，那右边是负能量，简称是祸力。你的命运往哪边走呢？

我们可以这么说，由福力和祸力的强度决定。强者选择方向，就看福祸的力量谁大了，谁就把你先拉走，对不对。

当一个人被好运拉着走的时候，这个人肯定发财，常遇贵人，子女贤孝。

当一个人被厄运拉着走的时候，这个人就要出车祸，子女不孝顺，倒霉赔钱，出非常多的问题。

就是说，我们人的命运、运气，实际会受祸的力量，或者福的力量所影响，全部在于你现在是用什么样的心态去面对它。

如果福力强过祸力呢，干坏事儿回来的反作用力，对你的运气运行的方向，只能起到刹车的作用。很多人，作恶的时候还没倒霉，可是他做的恶事已经对他产生了一个刹车的效果了，只是车还没停而已，比以前已经慢了脚步。

那时，我们人生这个车辆的总体，依旧是福气的方向运作，祸力起到的作用是间接的，或者是有些小的灾祸。

但是随着时间的推移，福力减弱而祸力增加的时候，两者的总体力量对比就会出现变化。一旦祸力强过福力，我们总体就开始倒霉了。表现为诸事不顺，并会呈螺旋效应扩大。

一旦到了这个时候，你啥事都倒霉，没有一件事儿顺的。你看，他赔钱，父母生病，孩子不孝顺，老婆跟人跑了，进入恶性循环了。他这个时候是福尽了，祸已经太强大了，福已经不产生任何作用了。

很多官员被双规的时候，可能不是他现在犯的事儿，可能在某一个地方当一把手的时候，已经种了祸根了。那个祸的力量，那时还没有长大，后来祸力长大变强了，才出问题了。

同样，我们看到有的人为善呢，为什么还没有享福?

没好转的原因就是我们在给厄运点刹车，但它有个惯性。汽车跑一百迈的过程中，要想让它立即停下来是不可能的，一定要连续点很多次刹车。

当你在行善事的过程中，在学习圣贤教诲的过程中，就是在给恶的惯性踩刹车。经常做，那我们这个厄运的车才能刹住。

我给大家经常讲，要先止恶，你的恶都没止住，你这边做的慈善只加一点好运，但是你的恶的习惯还没停住，给厄运增加的力量更多。

两个一比较，好运没有厄运力量强，好运就出不来。

我遇到有的人说自已修行十几年，我一看，他连脾气都没改，等于恶就没止住。我们经常听到一句话叫：火烧功德林。就是你所做的慈善，可能因为一场大生气，功德林就会被毁掉。这个是毫无疑问的事情，这也就是为什么善不能起作用的原因，大家一定要明白。

一定要先止住恶，对厄运刹车。一旦这个车一停，祸止了，再加上你不停地做善事，好运就发出来了。

我们看到了凡先生，就是这样，他修福，做三千善事，逐步把祸力减少，把福力增加，命运的方向就越来越走向福气了。

▪ 决定运气的两个指标

所以，决定我们运气的，就是两个指标。哪两个指标呢？

第一、我们过往的福力和祸力的累积程度，决定我们当前的待遇。

第二、我们当下每天福祸力量的增减，决定未来我们的待遇。

那我们过往的福力和祸力已经形成了，今天你在享福还是在倒霉，这都已经是现实了。那么，我们能掌握的是后一个指标，每天福祸增减。

福祸这两个指标，在我们每天的行为里随时增减。这就是我们经常提的一句话，叫“日行一善”。你今天，是日行一善，还是日行一恶呢？

日行一善呢，就是给我们恶的习惯里面增加刹车效应。

日行一恶呢，就是给我们善的这种行为里面，增加了刹车效应。

日行一善，则福力增强。你今天吸收的是正能量，生活就会和谐。

当我们日行一恶，则福力消退，祸力增加，你就倒霉。

你今天抱怨人、嫉妒人、仇视人的时候，就是增加了负能量。

你看人倒霉，是慢慢地，倒霉了。其实，人生病也是累积来的，很多人一说查出癌症，几个月就死了。可是，实际这个癌细胞在好几年前就有了，因为你不良的习惯，情绪的暴怒，导致身体环境越来越差，癌细胞越来越多，越来越恶，导致你才死的。

说白了，打个比喻，我们的运气就像银行存款一样。

过去，存款的多少，决定了我们可以用多少。

现在，我们每天是往账户里面接着存钱，还是不断地花钱，决定了未来我们账户的数额。

你在行善的过程中，就是在给账户存钱，你在作恶的时候，就是在从账户里面花钱。

按我们现在的话讲，就是你今天给自己的运气场里面，聚集的是正能量还是负能量。

▪ 常为他人着想，增福减祸

所以，强弱法则看懂了以后，我们就要思考，只有让福力变强，人生才会顺利。只有让祸力减弱，人生才能安稳。

如何做到增福减祸呢？

就是我经常给大家讲的话，常为他人着想，就是上等运气。

你要常为他人着想的话，这首先就发了一个善的愿，你就不会抱怨。你看，这个人开车着急呢，他插车呢，你要想：哎呀，这人可能家里孩子生病了。

当你学会这么为别人着想了，你就不会生气。不然，你会气死：你看这人怎么不懂道理，怎么抢道？

你很气，你自己在你车里气，他还不知道。等于你受了两次害，他插你的车，受了一次害，你自己再一发怒，是不是受了两次害啊。如果，你再不放过他，你再开车，给顶上一下。你看，就出车祸了，你就受三次害了。

那你转换一下，我要为他着想：哎呀，他孩子可能生病了，你看他着急呢。立即你火也消了，还起了个善念出去了，这运气立即就不一样了。

有的朋友就问我说："秦老师，那我是福力大，还是祸力大呢？"

这个全看你自己。你今天在为他人着想，还是在为自己着想？你今天挣钱，是为了养父母，你还是为了吃喝嫖赌，你还是为了面子？如果你今天挣钱，为了买个豪车耀武扬威的，那这个就麻烦了。

▪ 观察自己的生活，这是福祸的现状指标

我们回过头来，自己观察自己的生活。

你目前在哪里工作，生活如何，条件如何，心情如何，这是福祸的过去和现在，合并在一起表现的现状和指标。

你今天为什么遇到这样的老公、老婆，遇到这样的经济状况，遇到这样的老板，包括你今天遇到的所有外境，是福和祸合并在一起的一种

指标。

如果你现在倒霉呢，你工作还无着落呢，你经济还在受困呢，我告诉你，你现在还在祸力里面呢。恶缘还把你笼罩着呢，你现在还在恶的惯性里面呢。

你今天听了我的课以后，你听懂了，你决定要止恶扬善了，你在落实的过程中，就是由祸力转为福力的过程。因为我讲的这个东西，没有玄妙的，就看你自己干不干，干了就能改。

要不我说，人生没有快捷方式啊！有很多人都说，秦老师，你有没有快捷方式，让我发财，让我升官？

没有，真的没有。

我说的转变运气命运，最简单的方法，孝亲祭祖。你是不是真孝亲祭祖啦？有些人听完我这句话，回去也祭祖，也孝亲去了。为啥？为了发财。

这麻烦了！你产生这种念头，我跟你说，祭了也没用，你心坏了。

你去上坟，烧几张纸：哎呀，祖先你保佑我发财，我才给你烧纸了。

这个真没用，你是贪心去做生意去了。只有你是真心诚意感恩父母养育、祖先护佑，那这个心才有效果。你要是用功利心去祭祖，我跟你说，绝对没效果。

当你看我这个书的过程中，你内心世界没动，光看表象，就效果不大。有些人也看了，只看懂了什么沙发没摆对，住宅桌子没摆对。他在家里不停地换桌子、换沙发，没啥用。为什么啊？心没变，这都是外在的东西啊！

我们要观察自己的生活圈，你在犯桃花的过程中，你会发现你周边的朋友都是犯桃花的，没有一个例外。赌博的，周边遇到全是赌鬼，爱喝酒的，遇的全是爱喝酒的。为什么你和这些同样有负能量习惯的人同频共振？你把他们吸引来的。就像吸铁石吸铁呢，绝对吸不了金子。你在这个惯性里面，完全跳不出去。还吸引越来越多的同类来你身边，帮你加强习惯。很可怕。

▪ 观察自己的情绪，这是福祸未来走向的趋势指标

观察完了自己现在的生活状况，那再观察自己情绪，看看每天的烦恼有多少。

你看看，自己是开心多呢，是和气生财的善事多呢，还是吵架、怨恨人的恶事多呢？这是观察你未来走向趋势的指标。

不过，当你发财的过程中，看上去结果一样，但是不同钱的来处，导致你以后的情绪完全不同。你这个钱是吉中来的，还是凶中来的，还是违法乱纪来的，还是违背伦理道德来的？这个来处是非常关键的。

你看，很多人挣钱，挣来的是凶财，挣完以后，就寝食不安，怕人查他。这个能量场就开始降弱了，睡不好觉了，身体就出问题了。

有些人呢，当上人大代表了，还给弄下来，还被抓进监狱啊。就是因为你今天挣的这个钱，是凶道来的，禁不起查啊。一查，你就完，你还进去了。傻帽才做这件事儿，这个财就是凶财。

当这个人钱要是来得非常正，他不惧怕公、检、法来查，查了反而把他保护了。

我有个朋友就是，公、检、法查完以后，还弄成省级劳模啦，还是优秀纳税大户。为啥？他说，要不是公、检、法查我的话，我得不到这么多荣誉。最后，还给弄个省政协委员，市人大代表。

大家要懂得观察你未来走向的趋势指标。再深一点看，你要是情绪能量都好的话，连你儿子的未来都能看出来。

你看，我就知道我两个儿子未来好不好。为什么呀？因为我今天做的行善积德的事，全部都在给他们增加正能量，他们的运气肯定好了。

你看，一个有钱的人很烦恼，跟我说："我孩子怎么爱上个赌博啊？"

我就跟他讲了："你这个钱，来自不义之财嘛，孩子用这种方法，把钱要给你返还回去。"我在他挣钱的过程中，我就知道他孩子未来的发展了。

▪ 学会观察自己的惯性，带来了什么影响

古人讲：孝悌之至，通于神明。就是你今天行善的念头，孝敬父母的念头，已经达到了通天彻地，已经强到了一心一意，那你就受它的福了。

实际世界上任何事物的运动，都离不开惯性法则和强弱法则。

你今天的这种惯性，是善的惯性？恶的惯性？你今天是被祸力所影响，还是善力所影响？我们要学会观察自己，你有哪些惯性，这些惯性给自己带来的是何种影响，强度有多大，我们要经常反思自己呀。

就像过去一样，大师算我命短，命中无子。

人家在跟我说这个的时候，我就在想我自己：确实身体不好，我那个时候经常背后发凉，我就一直觉得自己身体不好。别人是拿瓶子吃六味地黄丸呢，我是一买就整箱整箱，成年吃呢。

人家说我无子的时候，我一想：我的肾这么弱，哪能有子啊。

人家说我短命的时候，我就在想：过去我脾气急躁，火克金啊，火一旺以后，命中有座金山，都变成水流掉了，我肯定短命穷命。人家算我命不好，一定是我这个发火的习惯不好。

当人家算我不好的时候，我就开始观察我自己的习惯，对我的影响：人一生有 75% 的疾病来自于生气。我过去性格确实不好，怒伤肝啊，气大了以后，我就折寿命啊。

▪ 改变运气的四大法宝

其实，过去我这个命是挺苦的。父母虽说没离婚，却吵架分开了，我是跟爷爷奶奶长大的。所以，我有点抱怨，也没学会笑。那我如何把这个

命运破掉啊？

我给大家讲过改变运气的四大法宝。

第一、孝亲祭祖，福气的源头啊。我每次只要回家，一定要上坟祭祖先，向祖先忏悔。下来呢，对父母不产生任何抱怨，开始孝顺他们。

第二、夫妇和谐。夫妻和谐能化解一切灾难啊。

第三、微笑。过去我整天愁眉苦脸的，就是不会笑。我一想，全世界所有动物不会的功能，只有人会，就是微笑。人要不会笑了，就和动物没啥区别了。

你看，我们细细观察，猫和狗的眼睛发瓷呢，不会笑的。是不是。

我要超过动物啊，我是人啊，那我就要微笑。微笑是不需要花钱的一种布施，不需要花钱，拉近人与人之间的距离，化解人与人之间的矛盾。

第四、常为他人着想。那你把它延伸一下，不光是常为他人着想，你还要常为地球着想，常为花草树木着想，我们也要常为五谷着想。我们人是万物之灵嘛，你想享万物之福，一定要向万物着想。

这就是四种改变运气命运的方法。今天，我用了这个方法，所以我是谁的福都能享。

你要观察自己，把你过去造成短命的原因、无福的原因、无子的原因，一个一个全部列出来。列出来以后怎么办？改变！

这就是由短命转长寿，由贱命转贵命，你把它转过来就完了嘛。你一旦懂了，做到了这四个方法，你肯定由贱转贵，由穷转富，由短命转长寿命啊。

▪ 时刻观察自己，设计自己人生

只要学会了观察自己，我们就能反省，就能思考原因。观察我们自己，你每天的烦恼多还是开心多呢？是和气生财的善事多，还是吵架怨恨的恶事多呢？

你想想你这一天，今天为什么被老板骂啊？今天为什么和同事吵架？夫妻为什么吵架？我们找一找，原因在哪里。

观察自己，你有哪些惯性，今天是恶的惯性当家，还是善的惯性当家？

你看，有人说我股票赔了，我要自杀。

我说：“你傻呀，一个烂股票赔了，都要自杀呀，是不是？那股票是你的命啊？不是嘛。那你为什么误以为股票就是你的命呢？这个就错啦。”

真的是这样，人有时候在痛苦里走不出来，就因为不懂得观察自己的情绪。

就像很多女士说：“我在和我老公生气，把我气得吃不下饭。”

我说：“你傻嘛，你在和他生气，让他气得吃不下饭，这才是真的你在和他生气。你假借了你和他生气的名，实际气得自己吃不下饭，你傻不傻？”完全没必要嘛。这是我们错了，我们被乱发火的负能量习惯控制了。

人家两句话能让我们笑，两句话能让我们暴跳如雷，你想想，我们是什么人生啊？枪子弹的人生啊！人家指哪，你就打哪儿，傻帽才这么去做呢。

你的快乐烦恼，应该都要掌握在你的手中，而不是掌握在别人的手里。

现在很多人说，我们家坟地不好，住宅不好，我太太跟我相克呢，影响我的运气了。我告诉你，你全部都是让外在的东西掌握了人生的幸福快乐。

我告诉你，真正懂道理的一个人，能设计自己人生，福力和祸力这两股力量，就是我们所谓的正能量或者负能量，都是由我们自己培养的。你是把负能量培养得越来越大，还是把正能量培养得越来越大，我们自己是可以当家的。你的运气全由你自己掌握。你祖坟再不好，不影响你。你住宅再不好，也不影响你。

学会运用法则的人，会影响住宅，影响坟地，你完全把它们改变了。你会发现你的住宅比过去越来越好，这都是你的改变，这个是非常重要的。

在生活中学会运用法则

和运气有关的法则部分，我给大家讲到同频共振，能量法则，自然能量学，包括吸引法则，强弱法则，还有惯性法则。

我讲了很多，实际都是为了让大家了解，一切运气命运，都是我们自己掌握的，不在一个神或者在一个佛手上，这个是非常重要的事情。

一切都在法则之中，一切都根据法则运作。当你懂了法则，你就会观察自己和观察世界。

你看，一棵大树，我们在树上也能观察到，它的运程，它的法则。

当一棵树的枝叶非常旺盛的话，你可能知道，它这个树根扎得肯定很深。它吸收的营养比一般树都强。那当这个树的枝叶半死不活的，你就知道，它根上出了问题啊。我们看到的表象是枝叶，实际问题都在根上。

人家发财，有发财的道理。我看人，不看表象。一个人未倒霉之前，我一看他的行为，就知道他未来会越来越好，还是越来越倒霉。

所以我们一定要懂得习惯法则，我们要观察自己，观察了才明白，才能改。

我经常在讲，你都倒霉成这样，你还没倒霉明白，还没倒霉清醒啊。有很多人都是一直倒霉得家破人亡，他才能清楚。甚至有些人，家破人亡还不清楚，真的是这样。

你要清清楚楚地知道，你今天在和谁生气。千万不要再犯那个傻毛病了。你跟他生气，把自己气得要死，你活该嘛。实际啊，我们假借了和他生气的名，实际是自己在和自己生气。

我给大家经常讲的一句话，上等运气在自己身上。

上等运气吸收正能量的方式：

眼睛的厚德，就是对人微笑。

嘴巴的厚德，就是说正能量的言语，不说尖酸刻薄的词语。

耳朵的厚德，就是常听圣贤教诲，不听是非啊。

行为的厚德，就是行为端正，不做违法乱纪、违背伦理道德的事情啊。

心的正能量，所谓的福报，就是长存感恩、珍惜之心啊。就是这样啊！

我们把身上这种工具，由恶转善，我们要化敌为友啊，这就是方法，一定要这么去做。那你今天一微笑，就给身体增加了正能量。那你一愁眉苦脸呢，就增加负能量了。你一发脾气呢，增加负能量了，你心平气和，就增加正能量了。

你要在一天生活里面，观察你自己，你哪个惯性强，哪个弱？你今天是善的强，还是恶的强？我们所谓的惯性法则，实际就这么简单。

▪ 能量场强，就能心想事成

你明白了这个道理以后，我告诉你，你真正就能做到心想事成。这个就是我们所讲的，能量场的强与弱来决定的，我们的运气场强的话，真是想啥都来。

你看，一个店里的生意好坏啊，全部与老板有关系，与员工真没啥关系。当这个老板的能量场非常强的时候，大街上的人都吸引到他这来了，就是不想消费的人，都要进他这儿消费一下。

大家有没有注意，一堵墙之隔，一条街，这家商铺天天排队，另一家商铺就是没人去，便宜都没人去。你打个牌子说自己便宜，人家还会说，哎哟，那便宜没好货。隔壁店贵得要死，人家还说，贵了东西好。你看，这就是运气决定的。

我最近碰到一个朋友，他就运气非常好。我们都知道，房地产这几年不好，他开了个混凝土厂，别人生意都不好，他生意好得不行。

为啥呢？我知道他有个好习惯。他们家有祠堂，他对整个家族的人都愿意帮助。花钱，他从来不吝啬。他对面有个庙，寺庙举行法会时，他给所有朋友打个电话，说我今天来这个庙了，你们也钱都不少，我带头捐，你们也都捐一下，捐两千也行。

你看，他做慈善的时候，还把身边朋友全部号召起来，朋友碍于他面子，不去还不行。你看，他的善的能量场，带动了周边人围绕他旋转，就像他变成了太阳，周边的是卫星一样。他在带动别人的时候，自己的正能量场也越来越大了。

可是我们现在很多人，都是被负能量场越带越差了。自己去歌舞厅找小姐，还一打电话，把什么狐朋狗友全叫来。你看，这个就是负能量场扩大了，把所有的朋友都拉到里面，跟你一样倒霉，互相影响，以后就越来越倒霉了。

同样一个电话，你在给人家传递的，是正的还是负的？差别很大呀。

为善为恶，都在我们的一念之间啊。

有的人身上的正能量场非常厉害。你和他谈生意的时候，你净落下风。为什么啊？他能量太强了，他说什么，你只能听什么。我遇到一个老板跟人谈生意，长盛不衰，就因为他经常往他的能量运气场里面加正能量。

当你在管员工的时候，员工都不听话了。你这个老板就要注意了，这说明你现在的能量场里面，负能量马上超过正能量了。

这也是能量场的外象，就像树叶的叶子黄了一样，其实说明根能量不够了。那个时候，遇到个员工都听不懂你的话，把你气得要死，甚至员工跳槽，把你的生意给抢走，真的是这样。要不我们古人有一句话叫：会怪了怪自己，不会怪了才怪别人呢。根源是我们自己能量场产生了问题。

▪ 强弱法则内的能量流动

负能量流动会形成螺旋下降的循环，正能量流动会形成螺旋上升的循环。

正能量和负能量强大到一定程度以后，都不会因为人的去世而消失。

孔老夫子的学说也可以称为一种能量，这个正能量的流通不光是对孔子的后人有帮助，孔子文化的能量场对全球的人都有影响。

我们想想，孔子的能量场消失了吗？没有，还越来越强呢。

要不很多大企业家跟我说，要学成功学。我说：“你别学了，你把孔老夫子，把释迦佛、老子的思想学一学，学十分之一，你这个企业将是千年企业，你叫儒商、佛商、道商。”

现在的员工，你几个月不发工资，马上告你违反《劳动法》。

我告诉你，这三个人的员工，连工资都不需要发。你看，那些和尚头都剃光了，坐在寺庙里面，一辈子又敲钟又念经的，是不是。没人发工资给他。

你想想，他们的能量场强不强？太强啦！

同样，负能量场也不会因为去世而消失。我们也知道，秦桧的负能量场强不强？太强了！我姓秦呢，别人一说：“老师，你姓什么？”我说：“姓秦。”他说：“秦始皇的秦？”我说：“秦桧也姓秦，为啥你不说，难道秦桧没后代啦？”

很多姓秦的人不去西湖。为什么呀？看见秦桧，他是祖先嘛，你给他跪，还是他给你跪啊？比较尴尬。不过，我这还没事儿。因为我把家族历史查了查，我们是周公的后代，和他没啥关系，所以我还去了趟西湖，专门看了看秦桧。

你看，秦桧的负能量场也会影响几千年，就是我们经常讲的话，流芳才百世，遗臭还万年呢，可不可怕？

第二十四章

家族内部的能量流动法则——初讲第七大法则：干支法则

这次，我们要讲到非常、非常重要的能量流动干支法则。

我们是一个能量场，能量场是开放的，每时每刻都在和外界发生能量交换，我们的能量会流动。人际能量流动遵循强弱法则、反作用力法则和共振法则等。

还有一种特殊的能量流动，是有血缘关系的，家族内部的无形能量场流动，遵循干支法则。

▪ 家族能量流动的规律——干支法则

家族内部的无形能量流动法则。我必须要给大家重点讲讲。

我告诉大家，有血缘关系的，家族内部的无形能量场流动，遵循干支法则。

《易经》上有一句话：积善之家必有余庆，积不善之家必有余殃。就在表述这个道理。

作为一个人，我们的能量场来自于什么地方？肯定是我们的祖先。我经常在讲，中国人虽说没有共同的宗教信仰，不像西方国家都信上帝，可是中国人有共同的祖先信仰。中国人的祖先信仰程度，超过世界上的五大宗教。

我们都知道炎黄二帝，这个历史渊源有五千多年了。道教在中国两千多年，佛教在中国才一千多年。它们的传承还没有祖宗信仰的虔诚多。在周朝的时候，有太庙专门祭祀祖先，一直传到清朝都有祭祖的仪式。

我们家族内部能量流动是有规律的，什么规律？

我们看自然形态，比如江河，首先看到的是源头有水，然后水越来越多，逐渐变成主干河流，再慢慢分出支流。每当河水上游水势大的时候，干流就会丰富，支流才不会干枯。

大道至简，是不是。我们是拿河流做了个比喻，但是，从这里我们发现了能量流动的规律——干支法则。

我们的源头在哪里？实际就是炎帝和黄帝，这是我们的源头。

主河道会逐渐分成多条支流，我们都知道，黄河有支流，长江有支流。那我们自己就是祖先的支流，这个是毫无疑问的。

我们再看各种植物的形态，所有植物都先有根，根就是这个植物或者树木的源头。所有植物都先有根，再有主干，再有枝杈，不断分支，再有果实。

植物内部的能量流动也是遵循干支法则运作的。

那么，人的能量和植物和江河运作一样，都遵循干支法则

你看，我爷爷有六个孩子，等于是六个分支，我爷爷就是主干。

我们再下面的堂兄弟十几个，这个分支的面积更大。而这些支流的旺盛或者干枯，几乎都是与家族的源头——父母和祖先这个根是直接相关的。

我们现在科学讲基因遗传，孩子长相有的像爸爸，有的像妈妈，这也是长辈对我们的一些影响。

▪ 孝亲祭祖是运气的源头

大家仔细回想一下，我们的根是谁？肯定是父母。

那父母的根是他的父母，这样一代一代上去以后，那我们大的根就在炎帝或者黄帝，这是我们的祖先。

当一个人命运不好的过程中，当一个人不顺利的过程中，我们古人说，子孙遇到麻烦，要先问我们的父母和祖先。

我们的祖先是谁？你看，我们现在人可能知道太爷爷就了不得了。太太爷爷以上几乎不知道。这也就是我这几年，一直告诉大家，孝亲祭祖是运气的源头，也可以说孝亲祭祖是命运的源头。这个是毫无疑问的。

实际上，根据干支法则我们就明白了。我们在尽孝的过程中，首先我们在护根。父母是树根，我们是树干，孩子是果实，父母的根要死了以后，你这个树干就枯萎，那孩子这个果实自然就落掉了。

这个就是遵循规则来的，所以，古人就有了一句话：百善孝为先。帮我们把行为归到正道上。祭祖就是连根养根，连接我们太爷爷辈的根，曾祖父的根。

你看，我们中国最大的一个特点是皇家有宗庙，民间有宗祠。在中国的族群族系里面，族谱建立最全的应该算是孔子家族。两千五百多年，从孔子手里面，人家都续家谱到现在。

我们的家谱，我看了看，到我这一代也就才二十三代，简单算算，也才回溯刚刚到清朝时候，等于上面的这个族谱都没有续下来，中途都是断裂的。

那我们要连根，如何能跟祖先的运气的根连上呢？这也就是我最近给大家讲的供祖先牌位。

▪ 供祖先牌位就是连根养根

供祖先牌位比较简单。为什么呢？咱们都知道，现在网上很多人卖祖先牌位，只需要填一个姓就行了，你要是姓王，就是王氏历代宗亲之神位。如果，我们对于上多少代不知道，也记不起来了，我们就供一个总牌位。这是其一。

第二，填一个谁供奉的。这个左是以牌位面对我们的右侧，是牌位的左侧。在牌位自身的右侧下面，男的可以写孝子什么，或者是阳上王什么奉。

这样我们就能和历代祖先的这个根真正连上。这是非常了不得的一件事情。我记得，祭祖我应该也讲了十几个小时，过去一堂课都在两个半小时左右，专门讲祭祖。包括如何去坟地祭祖，如何在家里供牌位，讲得都比较多。

为什么讲这个？按科学的词来讲，就是能量的流动是有规律的。

所以，我们就是要养根、护根、连根，你才能连接祖先的能量。我们中国历来有一句话叫：祖宗保佑。谁都想得到祖宗保佑。

当我们一旦亏了父母这个孝，如同自掘坟墓，可以说自己挖断了树根。

就算你的九十九件善事不做，你只要把孝这一件做好，都算是好人了。

我们看到古时候的《二十四孝》，之所以能流传百世，我们自己细想，他们做什么其他功德了？没有，他们只是孝顺了自己的父母，就被我们大家记住了。

可是，一个人只要没有孝顺自己的父母，就会被别人所唾弃嫌弃。

一个人，他最基础的道，一定是在孝道里面。

干支法则这个规律适用于整个自然界，我们人是自然界的一部分，同样适用此规律。

古人为什么让我们要行孝？孝顺是开启和祖先沟通能量的一把钥匙。

我给大家讲孝亲祭祖，祭祖属于阴孝，孝亲属于阳孝。我们对去世的父母也要至诚地祭祀，儒家把祭祀父母定得非常高，称为五礼之一。

我们都知道，过去的朝廷有父母去世还乡的习俗。不管你的官职有多高，只要父母去世，必须辞职回家守孝三年，这是古时候的传承。孝道一直传承到清朝，以孝治天下，那时，孝文化的传播是非常广的，清朝大臣都在学《孝经》，就是为了和能量场接通。

当我们一旦亏了阴孝，不祭祖先，那你和祖先的能量场是没有办法接通的。

我们在祭祀祖先的过程中，你用祭祀的正规礼仪，加上我们至诚的心，你就能拨通祖先的电话，连接祖宗的源头，开启他的能量加持。

按我们现在话来讲，就是你拿这个手机，只要知道电话号码，那你可以打遍全球。什么美国欧洲的人，手机号一打就过去了。

我们用正规的礼仪祭祀祖先，就像《弟子规》上讲的“事死者，如事生”，因为心是一切能量的发射器，那你至诚的心肯定就能和祖先至诚感通。一旦沟通了，就真正能体现出来对我们的帮助。

▪ 一年五次祭祖，方式可以灵活

我经常说：“佛你可以不供，神你可以不敬，祖先不能不供。佛有寺庙，神有道观，可是你的祖先不供的话，他跑哪去了？孤魂野鬼啊。”

也就是因为我丈母娘家的这一件事情，我又随后增加讲了两集祭祖。现在一直在推行建祠堂。

我上次讲过一个好朋友，认识十几年了，人家整个家族非常兴旺。人家姓韩有韩氏祠堂。每年大年三十，整个族人要去祠堂祭祖的。现在房地产行业这么不好。他是做混凝土搅拌站的，就他厂里热火朝天，生意就那么好。

他也想不通，我就告诉他。一个是你懂得捐赠，还有一个重要的原因。

我说："你们家有祠堂，祖宗保佑你肯定发财呀。"他一想有道理。他说："我这几年，对祠堂贡献还蛮大的。"他还找到中国道教协会的会长任法融道长，给他们祠堂上面题字，修建门楼。

要不我经常讲一句话：谁祭谁有福。真是谁祭谁有福。除了用常理在祭祀祖先的过程中，我们也要保持一个至诚之心。

那我们回过头来，再看干支法则。

江河有源头，是水的源头。大树有源头，根是源头。那人的源头在哪里？那肯定就是我们的祖先。

我在我们家里供祖先堂已经很多年了。我这一年祭得多得很，不光是清明节。我们过去知道的祭祖可能就两次。清明，这是很多人都能记起的。还有一个十月一，送寒衣，寒衣节。

其实还应该有三个。一个七月十五，道教称的中元节，佛教称为欢喜佛日。那一天佛教做很多盂兰盆会。加上一个冬至和大年三十，一年应该有五次祭祀。

我一年五次祭祀都不止，我只要回去就上坟祭一祭。

我为什么这么去做呢？我给大家讲过例子。我在北京有个朋友是做市政工程的，运气非常好，家里住着别墅，家庭非常和乐。一家十几口人没分过家。

人家两个儿媳妇两个儿子，小姑子都在一起住，和乐得不行。他们家刚来北京的时候也是比较困难。

他第一次买了一辆面包车，竟然从北京开回河南老家，开车跑到祖坟上面就按喇叭，他就给祖先说："你看，祖先啊，老祖宗们，我这光宗耀祖了。我这去的时候坐火车去的，穷得叮当响，我这几年好得，都买了个面包车，我开回来，先让你们看一看。"

后来，他每换一次车，就把车开到坟地去一下。他就告诉我，他这么多年从来没出过车祸，包括他工地的工程车。他最后问我："这是什么原因？"

我说："或许这是祖宗保佑呀。你每次把车都开到祖坟上去按喇叭，这种方式也是一种祭祖，是现代的和祖先沟通的方式，效果还非常好。"

在他身上我就发现了这个道理，原来，你哪怕去不烧香不点纸，你在祖坟那坐坐，跟你去世的爷爷、奶奶、父母聊两句总行吧。

有宗教信仰的人，比如佛教徒，那你在那个地方给读一遍《阿弥陀经》或者《地藏经》，那效果可能更好。

你可以改变一下祭祖的方式，效果是非常了不得的。

我爷爷是六个孩子，我属于孙子辈的，就我把祖先祭着呢。就我现在过得最好。我知道干支法则，我明白了，运气的密码是孝亲祭祖，我就把祖先供了。

我就在想：祖先是树根，我们是树干，树枝，树根上有营养，这是人的源头，源头里面的能量源源不断，我这个枝干，就会受到营养的滋养，那我肯定很顺利。那你不养根的话，你和祖先断绝了关系，你这个枝干就容易枯，就死了。

我们想想，是不是这个道理。你就明白了我为什么提倡大家要孝亲祭祖，包括供祖先牌位。这个是非常了不得的事情。

▪ 供奉祖先子孙平安

很多人都想：我要剖腹产，我要生孩子生个好日子。

我告诉你，你只要不亏祖先，你的后代子孙一定会生个好日子好时间。

我们讲江河有源头，源头没水了，江河水干了。大树是有根的，根死了，请问树能生根发芽吗？

当我们亏了活着的父母的孝，亏了去世祖先的孝，请问，你的子孙如何兴旺？

我们光看孔子家族兴旺，孔子是全球人民在供奉，在祭祀呢，我们想一想他后代能不兴旺吗？

可是，我们的祖先谁在祭祀？连我们自己都不祭祀。

我们过去有一句俗语讲：那家坟头冒青烟。你看，出了那么多当官的。

青烟就是后代上坟烧的那个香烟，不然那个坟地怎么冒青烟？就和这个道理是一样啊，我们孝顺了，就是连通树根的能量场。

▪ 活人的名字不要写在墓碑上

我记得我去南京的时候很有意思。南京有个地方，我给这个老师提建议说："建一个万姓宗祠。"他说："那你选个地方吧。"

我说："我们先在这一带走走，说不定有很多信息就会指引我们。咱们就在那个地方建就好。"

走了一圈，到了一个地方正好是个小的景区，还盖着门楼。里面立了很多历代名人写的碑文。实际都是现代仿的。我和这几个老师从这个门进来，看着这个碑文转了一圈，刚走到门口，巧不巧，一个男士推个自行车走那，东一看西一看说："这是个什么地方？这怎么像个陵园一样啊？"

你说巧不巧，我们都听见他说那句话，那些老师就说："真巧，看来这个地方最适合修万姓宗祠。"

我说："这就是共振信息给我的回应啊。"

我记得我在东五环那个地方讲了一堂祭祖的课，本来是私下的课，没有想让人听，觉得录一个视频就完了。突然间，不知道谁叫来的，来了很多人，都坐那儿听我讲。我一想，这也是自然吸引来的。

当时，就有一个人问："有一个老人去世了，墓地刻碑的时候，就把活着的另一个老人的名字也刻在上面，行不行？"

因为我们现在去墓地经常可以看到，死人写一个名字，这个活人名字也在上面写着。这人还没死，都把墓地都占了。现在有很多公墓为了一次省事，一问那老头死了，那老太婆叫啥名字，一次都写上面。

最后我说："这个，死人把墓碑给立了，活人名字不要往上面写。无非到最后刻的时候费点事。那还活着，你把他名字刻上面干什么？这样肯定是不如礼也不如法的。"

▪ 我们的族谱就是一棵大树

干支法则适用于整个自然界。我们人是自然界的一部分，同样适用此规律。

凡是看过族谱的人，就会有直观的感觉，我们人类的结构，就是一部树形的图谱。大家有没有注意，其实，每个人的头顶的结构，就是一个树形图。你看，我在我上面，有我的父母，还有我姥姥、姥爷和爷爷、奶奶。

那我的爷爷、奶奶同样顶着他的父母，他们的姥姥、姥爷。我们想一想，我们一个人头顶上顶的，是不是一棵大树啊。

你把族谱一看，你娶谁家女儿了，那这个女的头顶还有四个老人，我们拿算数去算，一个老人头顶又是四个老人，都是翻倍算上去的。

把族谱看完以后，真是发现每个人头顶就是一棵大树。

我们人类的结构就是一部树形图谱，往下看也一样，两个人生五个孩子，每个孩子又结婚生五个孩子，和一棵大树是一样的。

我们和上面，我们和下面，细想真是一棵大树。

我们每个人都是父母的分支，父母则是上一代的分支。那父母的父母，更是上一代的分支。

▪ 孝亲祭祖是开启祖先能量的钥匙

我们的运气能量流动就是如此样子的。不过，祖先树根的能量流，还需要开启的钥匙，要不然，这条管道堵了，流不到你这里来。

我们同样看到，弟兄五六个，有的发财，有的很苦。有的家孩子考上学了，有的家孩子没考上学。为什么呀？好的那个人，他一定有开启祖先能量流的密码和钥匙。这个钥匙就是祭祀行孝。

人和人都是一样的，你对谁好，谁就对你好。

就像我一样，我堂兄弟姊妹十几个呢，有死的，有犯法被公安局抓了的，还有的走出去回不来的。唯有我最兴旺，为什么呀？我想来想去，我祭祀最多。我对爷爷、奶奶都好。

我这次见我姑，我姑还说："你爷爷跟你奶活着的时候，孙子辈里，享你福最多。"人家都说没有养爷的孙子，我爷爷生病期间的轮椅和所有的花费，包括爷爷、奶奶去世，墓碑都是我立的。

我一想：我为什么得这个福啊？就是因为祭祀和至诚。能和祖先的能量场所沟通。那别的兄弟，祖先想给他能量，给不了。为什么呀？他不接收。

那我为什么让大家在家里供祖先牌位呢？实际你供一个牌位的过程中，祖先的能量就容易和你连接了，用孝心，感恩心，就是连接祖先能量场的办法。

就像上无线网一样，你一定要有一个密码，不然你上不了这个网。我们在供祖先牌位的过程中，在祭祀他的过程中，实际就是在上能量网。

这就是一个大秘密啊。真的是这样。

所以大家就明白了，我为什么让大家要孝亲祭祖。这是好运的源头。

第二十五章

父母祖先的细分能量流——干支法则讲解二

▪ 子女与父母一荣俱荣一损俱损

我们继续讲最大的秘密：我们的运气能量流动，遵循干支法则，能量源来自于父母和祖先。别看我们的肉体被父母生出来，但是我们的无形能量场，和父母的运气能量场是紧密联系的，一荣俱荣一损俱损。

我们经常看到的表象是：三十年前看父敬子。比如，人家会说，这是某某局长的儿子，这是某某老板的儿子。你看，父亲的荣耀，父母的能量，儿女也能享受。还有后一句话：三十年后看子敬父。比如，人家会说，这是某某局长他爸，这是某某老板他妈。

所以，树干和树枝的能量就是紧密联系的。

实际，你有出息了，就是光宗耀祖。宗是宗亲，祖是祖先，宗亲就是和你有亲戚关系的人，都会因为你的荣耀而受到大家的尊敬，这是我们表象所看到的。实际内在的，就是我们的运气能量场，和父母以及家族的运气能量场一定是紧密相连的。

我们再延伸看一段，母克子、父克子、子克母、子克父，夫妻对克，为什么能克？我今天给大家讲的这个克，和我们经常听到算命先生讲的克是不一样的。

为什么不一样？我讲的是和则相生，逆则相克。

子要不孝养父母了，这就叫子克父母，父母要是对子女不能慈悲，就叫父母克子女。父母对子女以慈相生，子女对父母以孝养老。

你没有完成你作为父母的义务，我们看到《三字经》上讲：养不教父之过，教不严师之惰。我就是拿克做了一个名词，并非八字相克，属相相克，命理相克，这是两种不一样的现象。

过去讲的多是外在运气学，我今天给大家讲的是内在运气学，内在运气学，你学懂了，可以百分之百掌握人生命运。

那么遇到相克的人你要怎么做呢？他克你，你不克他，就完了。我们要和他相和，不要相克，就完了。这就是和则相生，逆则相克。这就是我们讲的一荣俱荣，一损俱损，这是父子母子之间的这种关系。

那么夫妻之间也是一样，妻以夫为贵，夫以妻为荣。

我们都可以看到，一说这是某某领导的太太，这是某某的夫人，你看，就要把某某领导挂上。所以，夫妻，父母，子女，家族，它都是这种，一荣俱荣一损俱损的关系。差别只在于亲密度大小，决定影响大小。

▪ 一个娘生的子女，命运为何各不相同

这里为什么我反复告诉大家，这是个秘密呢？

就是因为我们的运气能量流动，大家只看到了表象，没理解背后的深层。

首先，你的祖先要积德了，要有正能量场，如果没有，未来就不可能有我们这些子孙。我们是祖先的支流，支流现在能存在、能流动，肯定是主流上的脉气很旺，也就像江河的源头还有水，大树的根还有营养，这样枝条才能继续生长。

至于你这个果实长得大小，就不怪祖先了，要怪就怪你自己。

你的果实大，证明你这个枝干和根部能连通，没堵住，你和祖先之间产生同频共振，即所谓的互动。你开启能量通道的钥匙，就是孝亲祭祖。

就像我给大家讲的，我父亲是姊妹六个，我是两个姑姑，一个伯伯和两个叔父，可是就我们家过得最好。

我父亲他有个特点，就是我爷爷、奶奶只要过生日，我父亲都会带着我们从家出发，去给我爷爷、奶奶过生日，这是我们心里清楚的。父亲说，你爷爷今天生日，你奶奶今天生日，我带你们两个去。其中还有一个姑姑也去，所以我那个姑姑家也过得不错。其余人都没去过，看不见。

要不我就说呢，对活着的父母来讲，谁孝顺谁有福，对祖先来讲，谁祭谁有福，这就是人生运气的重要区别之一。

所以，其他的几个，他们家里诸事不顺。我一看，亏孝了，真是亏孝了。这就是我们没有和父母祖先的运气场产生共振，你就享不了父母祖宗之福。

这个上面我们就可以发现，同样是一个娘生的，命运各不相同。有当官的有农民，还有死有残的，这就是原因了，你就看他对父母的态度吧。这种例子很多，大家可以照我说的方法去比对。

我在西安有个朋友也是，他和他大姐对父母最孝顺，就他和他大姐是有车有房，生活过得很好。其他的那些兄弟姊妹都比较可怜。

我在北京有个朋友也是，他父母都八十多岁了，两口子都是官员，双方的父母轮流在他们家，他供养，他孝顺。可是其他的兄弟姊妹可怜到什么程度，来北京看一趟他的父母，连车费都出不起。

我就问他为什么？他告诉我，其他几个兄弟对父母从来都不给钱。

你看，这就是我们讲的反作用力法则，古人叫舍得法则，一舍就得了。

■ 有舍才有得，关键在存心

有些人就跟我说："秦老师，我得有钱，才能舍得。"

我告诉你，说这个话就错了，真是错了。

我在北京遇到一个集团公司的一个老板，他们夫妻两个结婚的时候，连婚礼都办不起，每天骑个自行车做生意上班，一个月挣一千多块钱，他都有习惯帮助比他更可怜的人，他就爱捐赠，他穷的时候就习惯了捐赠。当他最后有钱的时候，一捐就是几十万、上百万地捐。

我当时问他说："你是有钱才捐吗？"他说："我们那个时候没钱也捐。"

《了凡四训》上有一则故事，说有一个贫女，当时给寺庙里面捐了两文钱，方丈和尚亲自出来给她祈福消灾。可是，这个贫女被皇帝选为王妃的时候，给同样这个寺院，捐了千两黄金，主持和尚只让他的徒弟出来给她祈福消灾。

这个王妃就理解不了，就问方丈说："我当时只捐了两文钱，你都亲自给我祈福消灾，我当了王妃了，捐了千两金，你怎么派徒弟祈福消灾，你不来了？"

老和尚说了一句话："两文钱是真心，千两金是傲慢心。"

意思就是说，你那个时候捐的这两文钱，是你全部的家当，是非常至诚的，可是你贵为王妃了，虽然捐了千两金，却是用傲慢心捐的，心就不对。而且，千两金对你现在来说九牛一毛，原来穷的时候，那两文钱那可是你全身的家当，那不一样啊！

所以，在佛家来讲，捐赠关键在于你的存心。

像我这个朋友，我就知道这个人为什么发财，因为他那个时候，一月一千多块钱的时候他都捐赠，他捐一百二百，心是非常至诚的，所以在这个舍得上面，大家也要注意。

千万不要这么想：等我有钱了，再孝敬我爸妈，等我有钱了，再做慈善，等我有钱了再做捐赠。我告诉你，全错了，你起这个念，就已经落在乞丐念上面了，你肯定很难有钱。

我记得我过去做捐赠的时候，我也很穷很可怜，一年一个孩子资助一百块钱，我还坚持资助。我那个时候没钱，我可以少捐点。我现在有钱，可以多捐点。

人做一件好事容易，做一辈子好事是很难的，关键在于你能不能真坚持？你一次两次时候，别人说这是作秀，那你时间长了，别人就会被你的坚持感动，反过来就会支持你了。

所以，捐赠，我们也要把它养成一个好的习惯，不能等有钱再做。

你看，现在很多人都是做生意，求上天，你保佑我挣五百万，我捐一百万。

我一听这个话，我都觉得可笑，你跟谁做生意呢？那老天爷还不如自己捐五百万算了，他让你挣五百万，你才捐一百万，你不错了吗？完全错了，这个是有问题的，你的心是个做生意的心，心坏了呀。

▪ 上智者由心向外，下智者由外到心

所以，我们通过这个反省自己，如何能借助到祖先运气能量场来帮助我们？

那我们对祖先，必须祭祀以礼，恭敬以诚。就是心里要至诚，表面上、形式上也一定要有礼。

有很多人说："我不做形式主义。"我说："形式上去做，今天可能是假的，你做十次以后就变成真的了，就像你今天练笑，一开始还笑得不自然，等你笑个一年，你就笑得很自然了，就和这个道理是一样的。"

上智者由心向外，下智者由外到心。那你首先要看，你是不是上智，你要是不是上智的话，我还是劝你，由外向内，先从形式上做起，做久了成习惯了，就能走心了。

我们往往把自己估计得太高了，我们一定要明白，低处有道，高处有险，低低矮矮，才最平安，做任何事情稳稳妥妥才好。

■ 祖先的能量影响我们五代

之前，我给大家讲过，祖先的能量要影响我们五代，在祭祀祖先的过程中，能享五代祖先能量场的护佑，过了五代以后，只能隔代影响了，我们就和祖先的直接关系减弱，间接关系加强。

它影响我们五代的原因是什么？

就是我们古时候，有一个说法，叫五服以内不能结亲。结亲以后，因为血缘太亲近，生下来孩子容易是畸形。

可是，五服以外，因为男士都娶老婆，娶一代、娶一代，血脉就冲淡了，基因的变化，越来越多，导致离血脉之源开始越来越远了，到五代以外，就能避免近亲产生的这种负面影响。

所以，五代以内的祖先和我们的运气场紧密联系，一荣俱荣一损俱损。

■ 四位老人的能量细分影响

我们再细分去讲的话，每个家庭都有四位老人，每一个老人与我们的能量连接不同，影响运气的效果不同，从不同的根茎过来的能量还不一样。

我这里，借用五行定位，给大家讲一下，一个家族四位老人的五行能量定位各自是什么。

自己的父亲是中央土，我们的血脉是来自于父亲和祖先。所以，中央是我们自己的父亲和祖先。你要是一旦亏了自己的父亲，亏了祖先以后，你在当地一定是挣不下钱的。

大家有没有注意，有些人在当地都能当首富，可是有些人在当地就遭难和赔钱，有人一出来，就不赔钱了。为什么？因为他亏了父亲，亏了祖先，那种负能量场把他的运气压制了，他离开当地这个能量场以后，就不大受克制了。

自己的妈妈是北方水，水也是财。我们要是亏了自己的妈妈，导致的问题是，你挣的钱一定是存不住的。

最近我一个朋友看了我讲的五行定位，就跟我说："秦老师我明白了，我为什么挣那么多钱都存不下了？"

我说："为什么？"他说："我对我妈大吼小叫的，对我妈不尊敬。"

我说："你知道了就要改，你改了，钱就能存住了。"他说："还真是，我钱没少挣就是存不住，原来找不出来原因，我还老认为是我房子不好，运气不好，原来是我对我妈不好。"

我说："你知道原因就行了，亏了自己的母亲，一定是存不住钱的。"

父亲是中央土，母亲是北方水，亏了父母，一个是在当地挣不了钱，一个是挣下钱存不住。你只有把父母都孝顺了，那你在哪儿都能挣下钱了，那你在哪儿挣的钱都能存住。

你要对你爸爸不好，谁最难过？你妈最难过嘛。你要对你妈不好，谁最难过？你爸最难过嘛。他们这两个老人都不高兴以后，你就受他们负能量的直接影响。因为你们的能量场是紧密联系的，顺着树根，负能量就流到树枝去了。

你想让父母旺你，就要让他安心省心乐心，不然的话一定受克。他心里产生的不舒服的这种负能量，不是他故意的，是你导致的，结果就自然形成一种恶性循环：他们难受，你倒霉，你对他们生气发火，他们更难受，你更倒霉！

下来还有一位老人是岳父，岳父是西方金。亏了自己的岳父，容易犯国法，公检法就容易收拾你了。它是连带关系，是相生关系。

自己的丈母娘是什么呢？是南方火。为什么丈母娘在南方火位？岳父在西方金位呢？因为你的太太是她妈妈的小棉袄，你对丈母娘一孝顺以后，你太太就高兴，你太太一高兴这叫元宝脸，元宝脸就干什么？旺夫啊。

要不很多人一说："秦老师，你看我老婆旺不旺夫？"

我就在讲："天下女人没有不旺夫的，关键旺不旺你这个夫，那就看你的表现了，你对岳父岳母好不好？你对他们一好以后，你太太一高兴就旺夫了，你要是对人家爸妈吝啬，太太一难过，立即就克夫，这是连带关系的。"

反过来我们再要想，妻子对自己的公公婆婆要是不孝顺，也是克夫，也是自己受克。实际这个道理是相互的。

夫妻两个人，自己居东方木位。这个木要长成栋梁之材，一定需要土，需要水，水和土是滋养这个大树根的。我们在 24 岁以下是享父母的福的，你这个时候在读书和上学，需要土和水的滋养。

这个大树一旦长成了栋梁之材，就需要金。24 岁以后你成了家，就需要金和火的滋养了。

为什么呀？我们都知道，金能做成利器。你这一根木头要做成家具怎么办？你需要金把它砍断，用利器才能把它做成一个家具出来。

那你人生想红红火火的话，这个木头遇到火以后才能旺起来，所以你 24 岁以后就开始主要走妻运了，不主要走父母运了。

你走妻运的深层次原因在哪里？在你的岳父岳母这里。

大家有没有注意，古时候送月饼，和现在的月饼不一样，过去的月饼是，四摞八个拿纸包装，上边有比较吉庆的一个红色的象征，我们把那个月饼称为什么呀？四平八稳。

这个月饼给谁送的呢？人上年龄了，牙不好了，送给老人吃的。你只要把这四个老人孝顺好了以后，就会四平八稳。

这一块儿我给大家提一下，就不详细讲了，因为我曾经专门讲过两个小时这个课，叫"如何能五福临门"。就是专门讲解我们与四位老人能量场的影响，孝敬这四个老人以后，你会得什么好处。你亏了这四个老人，你会出什么祸。它是个连带关系。

▪ 走好了四位老人的运，叫四平八稳

我们反过头来再想一想，木生火、火生土、土生金、金生水、水生木。金火水土，这四个都是来助木的。水土帮助它茁壮成长，成为栋梁之材的。金火是帮助它来服务社会的，因为你要燃烧自己需要火。你要做成桌子，就必须要靠金这个利器分割开。哪个都缺不了。

这就是夫妻结婚以后，家庭里大的五行定位：岳母是南方火，岳父是西方金，父亲是中央土，妈妈是北方水，我们自身是东方木。

我们只有和这四个老人的能量场共振，和他们的正能量连通，你这个东方木才会茁壮成长，成为栋梁之材。不然的话就被克住了。

我们想一想，水太过了怎么生木？大海里头有没有木？没有。海水那么旺没有一棵树在里面长。你把妈妈一亏，妈妈把你淹死了，你怎么旺啊。所以，只有土来旺木的过程中，再来合适的浇水，这个木就成材了。

我们想一想，你不想燃烧自己的时候，火主动来烧你呢，火把木就焚成灰了。木没有成才，金直接来克木的时候，这个木就被乱砍，成了废品了。

可是，你与他们和，就相生了。要是不和，它的负能量直接扑过来的时候，这叫逆了，就克了。顺则生，逆则克。

要是西方金生气了，直接砍木，你就成了断截了。可是这个金要是柔和的，主动帮助你修剪枝叶呢？你就成长好了，这叫顺运。

要不我说人这一生，干支法则太重要了！

你要走好了这四位老人的运，这叫四平八稳。四平是东南西北，东北、东南、西北、西南，正好是四个主方向，再加四个偏方向。你四平八稳了，就会非常顺利，你的一生一定会非常如意。

细讲了这一段，大家就知道了，我们无形的能量场和父母的运气场，是紧密联系的。不光是和自己父母，和岳父岳母也是联系的。一荣俱荣一

损俱损。

你看，我们要遇个岳父非常能干，别人说，那是谁谁家的女婿，那了不得啊，那是相荣的，这就是相生相荣。

前面讲过，江河能量场的根在水源。大树能量场在于树根。我们的运气能量场的根在父母祖先。这一段深入讲解，实际就是告诉大家一个秘密，我们大的一个家庭的能量场，还和父母以及岳父岳母紧密联系。

我们经常听到一句话：不成亲是两家人，成了亲就是一家人。你连着父母，你老婆连着岳父岳母，这个是深入的复杂连动关系。

▪ 父母对孩子影响的能量场细分

这是往我们的源头上讲。那么，往下面的分支讲的话，根据干支法则，我们自己也是孩子的树根树干，孩子是我们的树枝和果实。

孩子和我们能量场的连接，也有细分的差别的影响。

我下面给大家讲讲，一个小家庭内部的能量方位。这个和大家庭的方位影响都不一样。小家庭里，就有变动了：祖先居中央土位，妻子居北方水位，丈夫居南方火位，长子居东方木位，次子次女居西方金位了。

小的家庭，丈夫要是在南方火位不好好待着，跑到水位，这个丈夫就是窝囊废了。那么女子一旦不在水位待着，不柔和，自己跑到南方火位去，去当丈夫的家，做任何事情都欺压丈夫，这个一定克夫。

夫妻两个人，一旦水火克，我告诉你，这个负能量很强，首先就直奔东方去了，导致木位一定是死长子或者是长女，即使不死，长子长女也一定会生病，一定会出问题。

要是长子和长女的肚量非常大，容忍心比较强，即使受到这个负能量影响，他也能宣泄出去，这个克就会降低弱度。

然后，夫妻水火冲的负能量，直接就会奔到西方金位去了，去冲击次子和次女。次子和次女要是性格非常内向，有什么话说不出来，那么次子次女一定会伤亡，要不然就得精神病抑郁症。

我们想是不是，当一个家庭里，妈妈脾气很坏很暴力，她这个水变成了开水。如果爸爸肚量大，有智慧，就可以保护子女，缓冲妈妈的情绪负能量。

一旦爸爸也生气，夫妻两个人水火对克以后，这个家庭的场能是非常负面的，三天一吵，几天一打架的，孩子很可怜的。家里的长子长女和次子次女，是没有地方躲的，一定会被负能量场直接影响。

▪ 子女如何化解父母水火克

夫妻水火克直克子女，子女如何化解呢？

长子要是结婚以后，肯定要找他妻子化解，妻子要是非常贤惠，就会帮助丈夫开解心胸。长女就会找自己的丈夫，与丈夫要是关系非常恩爱，和父母的这个恶性场能就划清关系了。她只尽她的孝，就不会受父母克了，独立出来不受这个坏场能影响。

总体来说，伤害程度取决于孩子的内向性或者外向性。

我们都知道，外向性的性格，暴怒，几句话骂出去就完了，自己该吃吃该喝喝。可是，内向心眼儿小的人，或者肚量小的人呢？他一生气，就开始患精神官能症，抑郁精神病都是被气出来的病。

这就是父母克子女最典型的方式。不是说命理克，实际是父母出位的克。

所以，我讲：男人是风，女人是水，夫妻和谐就是上等运气。

夫妻一和谐，就不产生负能量。一失和，就产生克。克到最后，夫妻离异，子女受害，甚至孩子坐牢。我遇到很多孩子生病，包括出车祸、得癌症去世，与被父母克都有关系。

水、火位要是扑到了木位，水能把木淹了，火能把木焚了，一定是长子长女出问题。

水、火位要是跑到了金位，水也能把金给泡了，火能把金化了，这是恶性的能量场导致的。这是我给大家讲的，小家庭里的五行定位和互相影响原理。

▪ 倒霉的外在和内在三个原因

一个家庭用这个方式一对照，你就可以看到，他们现在谁被谁克。为什么会死人，为什么会出车祸，为什么会赔钱，全部都是丢了三和。

倒霉的三个外在原因，是丢掉了三和。第一和是家和万事兴，第二和是和气生财，第三和是以和为贵。人一般出现问题是三和丢了。

不过，丢掉这三和的真正的深层次原因在哪里？我告诉大家，第一亏孝，第二犯邪淫，第三浪费五谷，这是内在原因。外在原因我们感觉好像在于家庭失和。

不孝父母，家庭肯定就失和了。媳妇不孝敬公婆，女婿不孝敬岳父岳母，这大家庭的家和就失了。

和气生财呢，两边老人关系都处得紧张，夫妻两个人为四个老人的事儿经常吵，你对我爸不好，你对我妈不好，这两个人也就失和了。夫妻一失和以后，把财就丢了。

所以，太极八卦阴阳鱼，就是一个女、一个子，合一块儿就是“好”字。我们古人造的这个“好”字，就是一个女人，一个男子，合一块儿自然就好了。

当夫妻两个人一旦失和以后，紧跟着就会犯小人。这男的一出门肯定就说自己老婆不好。要是在女性面前说老婆不好以后，这女性就会产生一个诧异的想法：这男的是不是对我有想法呀，老说他老婆不好。

那么，这个家庭肯定到最后出现婚外恋、离婚。

夫妻关系失和，不是从外面打进来的，是从里面打出去的。

比如，女的丈夫对她不好，她看见另外男的对老婆很好，她就见这男的就倾诉：你看我老公对我这不好那不好。那这男的就开始觉得有机可乘了，稍微一引诱，就搞成婚外恋了，这就犯小人了嘛。

实际，真正的小人都不是在工作中，婚外恋才是让你家破的小人，严重的话还人亡呢。我们都知道，有很多婚外恋，导致最后把对方杀了。

所以，失和深层次的原因，出在了亏孝、犯邪淫和浪费粮食上。

那么粮食为什么能产生这种效应呢？我给大家讲过：种子是能量。

我们都知道，民以食为天。我们在浪费粮食的过程中，就进入了一个浪费的恶性习惯圈里，五谷的能量场是连通全球五谷的，你浪费它多了，你会受到它的反作用力严重伤害。

相反，我们在珍惜粮食的时候，这个五谷就会养人。让你的内脏五脏六腑都会精气神具足，你就通天彻地了。那你自然就得天地护佑了。

最后温习一下，人为什么倒霉？

外在原因就是家失和：家庭不和，破财了，犯小人了，夫妻吵架离婚了。

实际真正倒霉的内在还有三个原因：第一是亏孝。第二是犯邪淫。第三是浪费五谷。这是内三因和外三因。都是我们自己的行为导致的。

▪ 以柔克刚，方能不受克

所以，父母子女以及长辈的运气能量场都是紧密联系的。

作为子女，我们一定要推转五行。推转五行的方法是什么呢？孝。

以你的孝顺，行到火运上去，行到水运上去，最后行到祖运上去。你就全部受五行相生，就不克你了。

那大家庭方面，你用孝顺，行到岳母运上去，行到岳父运上去，再行到自己妈妈运上，以及父亲和祖运上去。你也就受生了，就不会受克了。

受克还是不受克，你自己是完完全全可以掌握的。

为什么被克呢？因为你接招了，和他共振了。他一骂你，你就暴跳如雷，告诉你，这是直克，你跳不出去，那一定是直克！

若你不和他产生共振，他骂你，你当唱戏，那他就克不了你呀！

我们不光受内在五行克，也受外在五行克。外在五行是什么？士农工商官。你当员工，老板骂你的时候你要想：老板为了让我成才，让我干好事情。那你就不受他克了。如果他骂你的时候你就生气，你抱怨老板，你肯定就要辞职，生命不息跳槽不止，你就受克了。

他可以用暴力对我们，可是我们用什么方法应对？古人讲得非常好：以柔克刚，四两拨千斤。古人把这个方法都告诉我们了，你不受他克就完了嘛！

他克不住你以后，反过来会被你的能量场吸引，你会把他影响了。

不论我们今天是被谁克，我们在克谁，唯一的化解方法就是：以柔克刚。

我们想一想，钢刀砍到石头上面，钢刀就裂口了。那么钢刀砍在水上呢？有反应吗？没反应。

所以我们古人讲了一句话：上善若水。把水称为上善，水的特性是什么？调五色，和五味，随圆就方，任何一个容器都能融入。我们要明白这个道理。

我们再想一想，我们的身体里面有两个东西，一个是牙齿，一个是舌头。你看，八九十岁的人，他的牙齿掉了，可是没有看见掉舌头的，这也是给我们讲道呢。舌头因为软，长存。牙齿因为硬，短命。真的是这样。

实际这一块儿就是告诉我们秘密：我们要在被克的环境中，用柔的东西来借它的能量，助我们成就大业。

我给大家讲过刘备，大家有没有注意？刘备太弱了，可是当皇帝了。诸葛亮强不强？太强了。关云长强不强？张飞强不强？太厉害了。可是最强的人被最柔弱的人所掌控，你看厉不厉害。这三位助刘备成就了霸业，刘备用的什么方法？就低而下。

第一个就低：关云长是武夫，张飞是杀猪的，可是刘备这个汉室的皇亲国戚，就和这二位结拜，所以他遇到大将啊！他和曹操对立才有筹码。

曹操不怕刘备，怕谁呀？关云长和张飞。

第二个就低：刘备为了他的基业更稳固，拜访诸葛亮，三顾茅庐，把诸葛亮硬是感动得，对刘备鞠躬尽瘁，死而后已。

我们想一想，这里边谁最厉害？刘备。不是诸葛亮和关云长，也不是张飞。刘备能借助诸葛亮，关云长和张飞的能量，他能享他们的福。

人是万物之灵，一定是能享万物之福的。可是你今天不能享万物之福，说明你一定是失去了万物之灵的资格。

就是我经常讲的：上等运气在自己身上，你今天运气不好，不怪祖坟，不怪住宅，怪你自己能量场产生了问题。不论别人克与不克，我们都以柔克刚，这样就行了，你一定不会被克。这就是古人告诉我们的化解怨气，改变运气的方法。

▪ 掌握干支法则，得祖先护佑

最后，我们复习一下干支法则。祖先是我们的源头，是我们的树根。父母与子女的能量场紧密联系，夫妻结婚以后，与两个家庭四个老人的能量场也紧密联系。

我们在祭祀祖先的过程中，就可以连通祖先的能量。

我们可以看到这样的场景：有的家族连旺很多代。我遇到很多大的企业家，最奇特的一点就是什么呢？修建祖坟修建祠堂，兴旺得很。人家为什么兴旺？实际他就用这种方法开启了与自己祖先能量场的沟通。

我告诉大家一个方法就更简单：就供个祖先牌位，没事给他烧烧香，到祭祀的日子摆点东西。说不上来哪天运气就变好了！

我看到个新闻《农户在院中挖出鱼泉，涌出大量河鱼增收 30 万》。

说的是巫溪县宁厂古镇有个农户，在家里挖出个鱼泉，重庆很多报纸都报了。当地人说，这个“聚宝盆”，已成为巫溪县的一个神奇景点。去看鱼泉涌鱼场面不是免费的，每人要收 5 元门票。原本还比较贫困的李家，这些年来靠这个鱼泉，新建了房屋，买了小车，家庭走上了致富路。

据说，发现鱼泉的过程也充满神奇。老人回忆说："2008 年 10 月的一个晚上，做了一个梦，有人要他在屋子底下挖坑来致富。"坚信这个梦的老人找到女儿借钱挖坑。当时家里人都怕把房子挖垮了，女儿、儿子都不同意。但在父亲的坚持下，最后家里只得找人借了 5 万元。

老人雇人在屋子下面挖了一个 13 米深的大坑，不过，当时什么也没有挖到。担心挖出事的儿子只得陪着父亲挖。有一天儿子自己挖坑时，突然出水了，并且还从石缝里涌出了不少鱼，父子俩欣喜若狂。后来经过渔业部门实地考察认为，鱼泉涌出的是云南盘鮈鱼。

包括大家有没有注意，很多人买彩票并不是老手，晚上做梦梦到几个数字，写下来，第二天一买，中了五百万，这种例子新闻也报了，有些老手还中不了，为什么呀？这里面的好运，说不定有祖先能量场的影响。

总之，没有祖先不爱子孙的，都想子孙长命，都想子孙富贵，都想子孙发达。还是那句话，孝亲祭祖是运气的源头，谁祭谁有福。

第二十六章

因果法则是规律不是迷信——第八大法则详解

▪ 因果不是迷信，因果是规律

接下来我要给大家讲的，是因果法则。

很多人一说因果，以为就是迷信。这个观念大错特错。

任何事情的发生，一定都有原因，这是规律。

伟大的哲学家苏格拉底也讲因果法则，苏格拉底认为：每一个结果都有一个特定的原因，或者多个原因。

发生在你生活中的任何一件事情的结果，必定有一个或多个与其相伴而生的原因。在这个世界上没有一件事是巧合，人们每天都生活在因果定律之中。

每一个事件的发生一定都有一个理由，商业上或个人生活上的成功或失败，都不是偶然的，两者都有因果关系可以解释。

所以，因果是规律，没有佛陀出世的时候，因果法则也存在。

大道至简，因果是生活中随处可见的规律。

中国有一句俗话：种瓜得瓜，种豆得豆。

有播种才会有收获，有付出才有可能得到回报。播种付出是因，收获回报就是果，有因才有果。这是因果法则的基本内涵。

我们对因果内涵要有一个基本认识。因果无处不在，影响我们整个人生。比如，哪个父母不希望儿子成龙女儿成凤！那女儿为什么没有成凤，儿子为什么没有成龙呢？原因在于你不听话，不认真，或者你亏孝，你对你上一代没有尽到你应尽的子女义务。是这些原因综合导致的，这就是因果。

▪ 菩萨畏因，众生畏果

当我们认识了因果法则，我们就要明白，如果不想要苦的果实，我们自己就不要去种下苦的种子。

菩萨实际上就相当于我们说的通达规律的人，这些圣贤做一件事情的时候，他会首先想到后来的结果会是什么样的，所以他连这个恶的因都不犯。

可是我们呢？非要得了癌症做手术，他才觉得痛苦，可是他完全忘记了，过去我抽烟，我喝酒，我熬夜，是那些原因，导致今天得了癌症。如果我那个时候不抽烟，不喝酒，不熬夜，我的生活定向，按规章制度去行事，那我就避免了这个癌症。

所以，圣贤和我们的区别在于：菩萨畏因，众生是畏果的。

我们现在人，真的只有苦到了极处，他才知道真苦啊！你看，我们看到很多有钱的人，那简直张狂得真的就没边了，就癫狂得不行了。这是非常可怕的一件事情。

▪ 一切都和因果定律息息相关

从天体运行四季轮回，到小河叮咚大地回春。从花草树木鱼虾成群，到红杏枝头山峦迭起。这一切都和因果定律息息相关，也可以说是因果定律的运行结果。

树为什么掉叶子？因为天气开始干燥，开始冷了，一冷一干燥，水分没了，树叶子就待不住了，掉下来了。再一冷，树叶也不生长了。春天万物为什么生根发芽？天气暖和了，湿气足了。

我们的身体也有对应四季的方式：立春以后我们手上不用涂润手油了。因为立春以后骨缝开始打开，人的手自然就开始光滑了。可是立秋以后皮肤就开始干燥，手上面开始长茧，因为那个时候骨缝闭合，骨油出不来，我们就需要靠润肤的东西把手润一下。你看，这都是我们身体上面的一些小变化。

每一件事都有它的原因，我们这个世间是按照因果法则运行的。

布瑞姆博士在《阿波罗精神》一书里曾经说过：自然界有它的均衡性，这是人力所无法破坏的。当我们看到一种现象的时候，无需感到不可思议，难以置信，因为这一现象的出现必然有其原因。

我们今天看到的现状结果，是过去种下的因导致的。

你今天开车为什么出车祸？最简单的原因，你开车快嘛。

你今天为什么会遇到不孝子孙？你今天为什么遇到的妻子很凶悍？你今天遇到的朋友同事为什么不喜欢你甚至要害你？都是因为我们往自身的运气能量场里面增加负能量了，种的不是好的因，就自然没有好的结果。

你要增加的都是正能量场，种了好的因以后，肯定会碰到别人帮助你。

我们经常可以看到，很多人喜欢锦上添花，其实是这个人成功以后，他的这种场能会吸引人来，导致很多人自然就给你锦上添花来了。当你倒霉到极处的时候，我告诉你，也不要怪别人落井下石，是你那种负能量场吸引来的，导致人家不落井下石也不行呀！

他只有落井下石了以后，才符合你自身种的因。是你让他来落井下石的！

反过来讲，你为什么现在被锦上添花？是你种的因，叫他来锦上添花的！

你今天倒霉或者享福，我告诉大家，一切皆有因果，都是你自己造的。

我们要想有好运气，必须符合自然之道。什么叫自然之道？就是自然规律和人伦规律。

什么叫人伦规律？老板和员工之间就是臣忠君义；父母和子女之间就是父慈子孝；夫妻之间就是夫妇有别，这个“有别”是指家庭责任不同。这就是人类社会正常运作的道理规律，我们一定要清晰，一定要明白呀！

▪ 天作孽犹可违，自作孽不可活

这一段的道理明白以后，再回头看《太上感应篇》。开篇太上就讲了一句话：祸福无门，惟人自召。

天也不会降祸，地也不会降灾。那病灾福祸从哪里来的？你自召的。

古圣先贤之所以兴出于世，就是要告诉我们，求福、息灾、息祸的方法，让我们做一个好人、贤人、圣人。这是古圣先贤兴出于世的真正目的。

我们看到一个人倒霉，出事，一个家庭种种不幸的过程中，我们不要觉得非常悲哀，一定是他自身有原因。

爱默生曾说过：因与果，手段与目的，种子与果实，是不可分割的。因为“果”早就在“因”中酝酿，目的存在于手段之前，果实则包含在种子中。

每一天，你的生活是过去耕耘的结果，如果你过去辛勤耕耘、矢志不渝，你就会得到应该的尊重和成功。当你环顾自己生活的各个方面，你的健康，你的人际关系，你的收入，你的业绩水平，等等，所看到的都是过去的耕耘，也就是投入生产因素的成果。

因果真的是规律，更是人生哲学，对我们人生帮助非常大。

你栽下樱桃树，就会收获樱桃，你栽下苹果树，只能收获苹果，每个人都应坚信，没有昨天的行为，就肯定没有今天的结果！你今天所受的任何一件事情，一定没有巧合。

当你明白了这个规律以后，你是个明白人了。

懂因果法则的人，他看你的行为，你的言语，就知道你未来的发展情况。他今天看到你的所作所为，就知道你以后享福还是受罪。

要不我们经常在讲：天作孽犹可违，自作孽不可活。

你自己造孽是不可活的，是你自己自作自受来的。所以因果饶过谁呀？

我们细想想，因果把谁都没饶过！就像我们今天看见犯法的人，被抓进监狱了，我们认为是被抓进监狱，实际是他自己把自己送进监狱的。你想想，他种不犯法的因，谁去抓他？

抓你还浪费国家财产，还要管你吃、管你喝、管你住，还要派几个人把你看着，劳民伤财呀，国家也不想抓你呀！这是你有问题了，违反了国家法律导致的。

所以呀，祸福无门，惟人自召。你今天享福也好，遇祸也好，完完全全是你自己召的。你今天孩子不听话，夫妻不和睦，工作不顺利，你今天企业倒闭，犯法，都逃不出因果法则。

▪ 因果成熟需要时间和过程

中国有句古语：善有善报恶有恶报，不是不报时候未到。

开始我们就讲的是因，你今天种的是善因或者是恶因。

这个因，肯定会结果子。不是不报时候未到，一定是会报的。那这个时候是什么呢？有的人种的东西是当年就收，有的人四五年才能收获，它有一个时间的维度。

从人际规律来看，比如说一个人做了一件好事，赢得了别人的好感或者感激。当他有困难的时候，自然就容易获得别人的帮助。

相反一个人做了一件坏事，损害了别人的利益，别人很可能会对他心生恶意，说不准哪一天报复他，一定是这样的。

中国还有一句话叫：天网恢恢疏而不漏。这也是我们经常讲的一句话。天道就像是一张大网，看似很稀疏但是什么都不会漏。世间万物都有其自身的铁律，一切结果都有它的原因，任何事任何人都无法逃脱。

人这一生就是三个道。第一天道，天道就是天网恢恢，疏而不漏。地道是厚德载物。人道是仁爱慈悲。就是你在做一个人的过程中，一定要符合天道、地道和人道，你出了道，那肯定要出问题的。你在道上，你才会得到天地护佑。

我陕西有个姓赵的学长，跟我一块赠送《弟子规》。开始非常困难，可怜的很，还欠银行的债务。谁知道人家 2015 年就挣了一百多万。挣钱是小事情，还出现什么奇迹？大家都知道孩子毕业以后，找工作是非常难的，竟然他们两个孩子没有费什么心，直接被省移动公司给招聘去了，没托人，工作解决了，奇得不得了。

陕西的所有的书籍光盘流通，都从他那个地方出去的。他逢人就说："要是找人托人孩子办工作，要花不少钱还有风险。我这什么心都没操，把钱也挣了，两个孩子还很乖，工作全都解决了。"虽然他的两个孩子考的学校一般，一个二本一个三本，可是工作比一本大学的工作都找的好，工资还非常高。

所以，所有善因到结果的中间，都有个时间过程，我这个朋友 2007 年跟我一起做好事，到 2014 年后半年才有了收获，这个历程也是六七年。前面几年，经济困难得很，经常闲着没事，突然间，运气变好了。

还有一个朋友，夫妻两个人都是博士，跟我也学了好几年，上完班回来就整理了我一本书，五六十万字。整理完以后出现奇迹，单位分房了，那个地方房价要七八万一平米，还在三环以里，好像几千块钱就分给他了。他自己也提职了，那真是双喜临门。

▪ 可以通过控制缘来控制结果

因果定律的难点和重点有两个，一个是缘，第二个是种子的特性。

我们要是学过《易经》的话，就可以知道，人这一生的很多事情都是因、缘、果促成，没有偶然。

大家今天能来到这个地方，听我讲课，一定有一个前因。你可能在网上看过我的东西，或者有什么问题，想见我后问我。这个前因会促使你创造一个缘，比如我开谦德讲堂的信息传递出去了，就是缘，通过缘，最终产生了你能见到我的果。因、缘、果是缺一不可的。

我给大家讲过，一粒种子，你种在土壤里面能发芽。种子是因，土壤里有水，水代表缘，生根发芽就是一个结果。同样是一粒种子，你要种在桌面上，它就不会生根，也不会发芽，因为把水这个缘断掉了，就不呈现最后的果。

所以，只有等到缘分成熟了才能得到善报的结果，缘是一种重要的中介条件，好比我们种下一粒种子，必须给予一定水分肥料温度，才能结出果子。缘就是水分阳光肥料等中介条件。

我们在调整自己的命运格局和运气的时候，实际也要善用因缘果。有一些前因我们已经种下来了，那个，我们就没有办法掌握了。但是，我们可以通过掌握缘，控制缘，只要断了缘，就可以让最后的果不出现。

我们学习圣贤教诲，真正的目的就是增长善缘、断绝恶缘。也就是浪子回头金不换。浪子一回头，就把他的恶缘断掉了，这是拿钱都买不回来的好处。

佛教讲放下屠刀立地成佛，也是讲的缘。

放下屠刀了，就把他继续为恶的缘断掉了，所以最后他能成佛。

那我们回头想一想，在人生道路上，我们的所作所为，现在是在助长自己的善缘，还是助长自己的恶缘。

▪ 但行好事，莫问前程

只要多做善事，多积善缘，必定能让善的种子先长出善的结果。就好像，我们每天给善的种子浇水一样，发芽就快，成熟就快。不过，从种下种子，到收获结果，中间的过程，每个人都不一样。但是，只要坚持，就一定会有收获。

有句话说得好：但行好事，莫问前程。为什么这么说？因为，结果一定会好，这是因果法则决定的。

就像我一个朋友在银行工作，夫妻两个人跟我认识了很多年。2015 年前半年的所有的视频，大部分都是他夫妻两个保留的，摄像都是家用摄像机。我在哪讲课了，他们觉得很好，就给录制下来。前期出了这六七本书，都是家用摄像机摄下来，最后整理成文字的。

他们夫妻两个人，闲着没事就做这个工作。只要我讲课的光盘一出来，立即就会刻制很多给大家赠送。别人当成母盘，又不断地再复制，就流通出去了。

前两天他还给我讲，有一个两亿美金的一个项目，问我能不能成。我说你想它能成就行，不要想它不要成，你要产生正能量的念头。

你要相信善有善报，既然你种了善的种子，那肯定会有善报的。

后来，他跟我打电话说，批了。这是他做的最大的一笔项目。我们想想，将近十四亿人民币，光要给他的费用就要五六百万，现在经济这么萧条，都能谈下这么大的项目。

我们一个领工资的人，多少年才能领五六百万呢？真是不容易的一件事情。

他们从种树到结果，也将近有十年。不过，这只是其中的一件好事。

他们家孩子考学上了一本，还是重点大学。他们本来想让孩子在国外留学，可是，人家去的这个大学是重点，前两年在国内读，后两年就在英国读，自然而然就满了他们两口子的愿望，本来要单独让孩子出国留学，那还花不少钱。

包括谈业务，别人都逾期还不上款，就他把这个逾期的风险全部都能避开。分房子也很好，单位一分都是一百六七十平米，只用七八千块钱就买到了五六万一平米的位置。很多好事他都能遇到，这都是从行善中一点一滴的积累而来。

这个朋友，跟我将近学了十年，算是跟我时间最久的，中途有很多人在他跟前攻击我。我 2007 年的时候，二十六七岁还很年轻。他就说了，我坚定相信秦老师。

要不我经常在讲，一个人跟一个老师学习，最容易退心的原因，就是别人一说不好，他也就跟着不好了。实际修学传统文化，对认定的好老师一定要坚信不疑。我们对老师的不信任的过程中，也是对自己的不信任。

不信老师没有引导，我们容易走偏，你不相信自己，就肯定成就不了。

我还有一个朋友，大家在网上能看到我的视频，几乎都是他编辑上传的。人家现在一儿一女，房也买了车也买了，生活还很好，这是其中一个例子。

还有一个朋友，他上班有时间就整理我的博客，我博客过去三年点击量也就十万，现在的点击量马上过三百万了。后来，夫妻两个人竟然共同升职。

你看，一个人巧合、两个人巧合、三个人都巧合，我们就明白了，这不是巧合，这是因果定律，种了善因，必定得到善果。

▪ 供养父母是做人的本分

现在很多人分不清楚啥是善，很多人问我：“我对我爸妈很好，我为啥不发财？”我听完以后就觉得很笑话。你对你爸妈好是你的本分，因为你爸妈对你好，养你了，你再给他们这是应该的。你供养父母了这属于你的本分，你本该如此。

你要是给了乞丐，就显得你这个人很慈悲，你要是捐给寺庙了，说明你的心量也是很大的。

如果，你爸你妈要是对你不好，你还能对他们更好，我告诉你，这你就有福了。我们看《弟子规》上讲：亲爱我孝何难，亲憎我孝方贤。就是父母在爱你的时候，孝顺父母并不难，但是，如果父母对你不好的过程中，你要再能尽孝，那你这个孝才是贤孝。

我们都知道,《二十四孝》里面的，第一个首推的孝是舜帝。他的后母和他的父亲，天天算计要把他害死，他的妻子只能用种种方法帮舜帝避开灾难。

舜帝之所以最后能得到古圣给他传位，也就是因为他做到了贤孝，并且把贤孝做到了极致。这就等于在前面种下了一个善因，他要没有做到贤孝的话，我相信舜帝肯定不会被选成接班人，这个是他前期种的种子因。

我们种下的善因，不一定立即产生善报，只有等到缘分到了，才能得到善报的结果。

▪ 种子的特性不一样，结果不一样

那么，我们讲第二条，种子的特性。不同的种子，发芽和生长时间也不一样。

从自然规律来看，你要撒菠菜籽，一撒上一发芽，长两片叶子就能吃了。

可是你要种一个苹果树籽，得几年以后才能结苹果。

每个种子成熟快慢都不一样，产生的结果也不一样。

这个特性，是我们在观察一些事情前后联系因果关系中比较复杂的部分。

从人际行为来看，不同的行为，就好像不同的种子。

不同的行为，善恶程度不一样，导致成熟的时间不一样，结果就不一样。

比如说，你要是偷个东西，这个恶的种子，力量还比较轻，可能要偷好几次，才能被发现，才会被抓进去。

但是，你要是去杀人了，种了这个很强大的一个恶因，你立刻就被通缉，被抓住以后，很快就要枪毙。恶的力量太强，所以，发芽就非常迅速。

你要是只是喝了一些酒，微微有点醉，被警察查了车，顶多驾照扣几分。

你要是喝醉了，喝酒头晕还撞死了人，那你就会进监狱，还要大笔赔偿。

在这些行为里面，我告诉大家，婚外情等邪淫的行为，是属于非常强大的恶因，力量非常大，对人的命运影响也非常大。

你看，很多贪官污吏，都是在二奶，三奶上落马的。很多社会新闻上，我们都看到，男的杀了女的，或者女的毒死出轨的丈夫，都是邪淫招的祸。

所以，每个行为都是一个种子，我们明白了这个，就要多做善行，多得善果。少作恶行，尤其是不要种力量强大的恶因。

▪ 一个恶因可以产生多个连续恶果

种子要成长出来，必须要阳光雨露和水。这些都是缘。

那么，通过自然规律我们认识到，给什么种子浇水施肥，什么种子就更快更容易长出来。

那我们在做善事的过程中，就是增加它这个缘，让善的结果提前成熟。我们要做恶事的过程中，就是增加它这个恶缘，让恶的种子提前成熟结果。

我还要告诉大家，一个恶的种子，并不是只结出一个恶果，有的时候，一个种子可以结出非常多的恶果。

我有一个朋友，做生意为了挣钱，请人家管理层的人去嫖娼。这是一个力量很强的种子，这个恶因产生了一连串的恶果。

紧跟着，他就遇到一个女的，他就不顾自己的妻子孩子了，紧跟着自己的生意急速下降，开始倒霉，连续出了很多事情。现在借高利贷负债三百多万，人家最后把他告了，告他非法集资，通缉他，吓得连家都不敢回。

我给他说，就是你前期种的这个因，请别人嫖娼，为了不择手段挣钱，结果产生了连环的倒霉，这是因果循环。

最后追债的人都影响到他的父母。累及父母替儿子借债，把亲戚孩子老师的钱都借完了。最后弄得这些亲戚邻居在他家里天天围堵。真是可怜。

作为他的弟弟，看到他哥哥犯这个毛病以后，本来应该劝谏，你要给你哥哥讲：嫂嫂嫁给你这么多年，穷的时候都过来了，你现在有点钱就嘚瑟成这样子。

但是，这个弟弟不但没劝谏，还认为我哥找到真爱情了。结果，导致父母帮他哥哥向这个弟弟也借了八十多万，把弟弟的企业也拉垮了。

你看，这个因果的连续作用，首先把他自己影响了，接着把父母影响了，还把兄弟姊妹影响了。他的债主就说了，等过年回来了问他弟弟要钱。害得他弟弟妹妹都不敢回家，你看，这叫连环因果啊！

古人把杀人不定为万恶之首，把邪淫定成万恶之首，其中一个重要的原因，是你一犯邪淫，把五伦就毁了三伦了。

首先是夫妻这一伦毁了。然后，婚外情就不要孩子了，把父子和母子这一伦毁了。接着，父母很伤心，你把父母的这一伦也毁了。所以，邪淫恶的力量强在这个地方。会毁掉家庭关系，一犯，就把五伦大道的三伦都毁掉了。

你再延伸一下，兄弟见哥哥犯这个毛病不能制止，反而再给他们花钱，结果一起倒霉，导致互相伤害，互相怨恨，感情都完了，兄弟这伦也毁了。

还有朋友那一伦也毁了，你把朋友叫去也嫖娼，一起倒霉，到最后做不成朋友了。

古人为什么把邪淫定为万恶淫为首，因为一旦犯了邪淫以后，你周边的所有正能量全部消耗掉，全部变成负能量。人世间的五伦大道，没有一个能保留下来，全部毁光了，这罪在这个地方。这是非常可怕的一件事情。

我们看到，很多官员、老板出现问题，全部与亏孝和犯邪淫有关系。你拿这两把照妖镜对照，他为什么倒霉，不是犯桃花，就是亏孝。这是两个极其恶的种子，果子成熟很快，力量很强。

所以这个因果里面，最重要的一个是缘，第二个就是种子的特性，我们要明白这个道理。

▪ 很多人一边种善因一边种恶因

我们种下的是善因，或者种下的是恶因，等到结果，中间都有一个时间阶段。你看，现在很多做慈善的人，一边种善因一边种恶因。

首先，你自己的脾气就改不了。你的恶断不了，恶中有善，善中有恶。恶没有止住的话，这善不容易显。你先得把恶止住，你再行善，善就出来。

当善完全把恶的给压制住了以后，善缘大增。那你的人生就会非常顺利。

现在很多人就是没有主见，在做慈善的时候，甚至对自己都没信心。

我有个朋友说："我都学传统文化学几年了，还老不好。"

我说："你恶都没止你怎么好啊，是不是，你的善缘还没有增大，你的恶缘还在天天增加。"

你把你做过的恶，你敢列出来你算算，你善才做了多少。你作恶作了几十年，好多缺点没改呢，才做一两件善事，修个一两年你就想好，我说这买卖也做得太容易了，是不是？传统文化不是做生意，你要明白这个道理呀。

你好人好自己，坏人坏自己，你今天受的福，所受的祸都是你自找的，与古圣先贤没有任何关系，人家也没有义务保佑你。

学习圣贤教诲就是反省的过程，改正的过程。这个道理我们一定要懂得，一定要明白。

唯有止恶了，才能让善出来，善一出来，你的贵人心，你的福心，你的财心，你孩子的孝心，你家庭的和睦心，就全部发芽了。

你自己就是一大块土壤，你现在这个土壤是被污染的土壤，恶的土壤，那么，在这个土壤里，各种恶的种子，就容易先发芽。你就容易贪污行贿违法乱纪，违背伦理道德。

你要把你自己这块土壤，变成你子孙行孝的土壤，你遇贵人的土壤，夫妻和谐的土壤，发财的土壤，那你肯定发财了。你首先要止恶，才能让土壤干净起来。

自身的土壤一干净，各种善的种子就发芽很快。我就是这样，想做什么，都很容易。

▪ 土壤好，加上种子好，种子生根发芽就很快

别人有时候跟我就说："秦老师啊，我们都觉得做事情特别难。"

我告诉大家，我觉得太容易了。我经常愿望出现了，就会实现。我在沿海赛洛城住的时候，我西安有个朋友姓苏，跑来看我，当时和他聊天。

我说："我有个愿望。"他说："什么愿望？"

我说："我想资助五百位特困学生。"他说："有钱了吗？"

我说："没有，我先发这个愿。"

这个正能量的场，我先把它给种起来，那肯定就有回应。除非发这个愿里面有自私自利，肯定是没回应的。

我当时给我这个朋友说完以后，下午我那就来了个老板，跟我聊完天以后，我没有提资助特困学生的事，他临走时突然说了一句话："秦老师，

你给我找几百位特困学生吧，我想捐一笔款，把这个慈善做了。”

我们想想，愿望实现就很容易。所以我做慈善，是从来不募捐不化缘，也就是这个原因。

我 2014 年想给特困山区的孩子们买羽绒服，还专门要买好的。我记得当时买的是波司登，这几百件买下来也得十万块钱。巧不巧，我的《命运设计师》，被深圳一个老板买了一批，出版社给了我十万块钱稿费。这个钱数正好和我买羽绒服花的钱数吻合。

你产生这个念头的时候，要是纯善无恶的，不光是对外面会产生作用，你即使想拿这个钱孝顺父母，想照顾家人，这个愿望也会容易实现。

我丈母娘一直在北京给我带了几年孩子，去年就说她要回去了。我当时就在想：我们一直没去过香港、澳门，我应该带她和孩子去一趟香港、澳门。可是，香港、澳门去一趟要花不少钱。

然后，我去上海的招行讲了一堂课，人家竟然就给了五万块钱的旅游券，把我要陪孩子老人去香港、澳门的愿望满足了。我们住的酒店还很好，不紧张，玩得还非常好。

你说，这也太巧了，人家什么都不给，就给你旅游券，你不拿着旅游，它就过期作废了。你看，逼着你就要去。他为什么不给成钱，给成钱可能拿我手里，我还舍不得花。可是他就给了你五万块钱的旅游券，就让你旅游去。

所以我就在讲，一个是你自身的土壤是否干净，换句话说，就是正能量足不足。正能量场够的话，再看你的念头是不是纯善，念头就是种子，就是因。有时候，你为了孝顺父母，这个念头也是善的，也可以实现。

土壤好，加上种子好，这个种子生根发芽就很快，你会自然感召善缘，会和正能量波产生共振，最后一定会让你满愿。

第二十七章

阴阳律——第九大法则详解

▪ 阴阳法则包含：二元律、和合律、互含律

前面把与大家自身运气有关的主要法则，给大家大概介绍了一些。

剩下的，介绍最后几个根本法则，因为我们的生活时刻都在这些法则之中，对一些有兴趣深入了解宇宙的朋友，应该是非常有帮助的。

这次先介绍阴阳法则，也是我们中医上面，经常讲的阴阳。

我们对阴阳最初期的了解在伏羲大帝，伏羲大帝创造了太极阴阳八卦，很多人都把它认为是道教的标志性的图案。太极阴阳八卦在宇宙之中，自然界中，无处不在。人、动物、植物里面，都具备阴阳。

阴阳法则本身包含了二元律，二元律是第一个概念，第二个概念是和合律，第三个概念是互含律，有这三个层面。

我们先讲二元律。宇宙中我们最熟悉的星星是什么？太阳和月亮。

太阳主阳，月亮主阴，它是二元律的表现。

白天主阳，夜间主阴，也是二元律的表现。

八卦里面，乾卦、坤卦，乾为天、坤为地。实际天地也是二元。

植物界，我们也可以看到都是二元律。植物界里面最出名的银杏树，

有公树和母树，母银杏树要结果必须和公树非常近。我们陕西眉县是猕猴桃之乡，猕猴桃树也是有公树和母树的，公树开花是不结果的。

我们经常在讲：顺则成人，逆则成仙。

什么叫顺？男大当婚、女大当嫁，是顺成人，一旦结婚以后就有后代了。

那逆则成仙呢？我们看到的和尚、道士，他不走外部的阴阳结合之道，他自己单身了，我们把他们称为纯阳之体或者是纯阴之体。

那和合律呢？人是最简单的例子，阴阳合则生人，那植物界也是有雌雄这种分别，这就是和合了。

那互含律呢？就是阴中含阳，阳中含阴，阴能助阳、阳能助阴。

▪ 宇宙间的万事万物都发于阴阳

阴阳二元律，是宇宙中最根本的规律之一，宇宙间的万事万物都发于阴阳。

世间一切东西，包括做的物品，像螺丝和螺丝帽，它也是阴阳。

世间万物在阴阳里面演化出来，就像人分男女，动物有雌雄、公母等；方向东西对应，南北对应，上下对应，左右对应，还有前后对应，一定是两两对应的。

事物有内外、强弱、正负、粗细、高低、大小、表里、反正、虚实、公私等，实际这些名词里面，都具备了阴阳。

强为阳弱为阴，正为阳负为阴，大为阳小为阴，表为阳里为阴，公为阳私为阴。我们人有五脏六腑，五脏为阳六腑为阴，都是这样。

再看物理学，力分为向心力与离心力、动力与阻力、作用力与反作用力。

数学里，数分为正数与负数、奇数与偶数，等等，这都是阴阳律产生的。

我们可以类推除了本性以外其他一切事物，都在阴阳之中。

本性是什么？天性，天性是纯善无恶的。其他一切事物都在阴阳之中，因此阴阳二元律是宇宙根本的规律。

目前我们人类所处的整个世界，都是由阴阳两种特性组合而成的，而我们所正在经历，亲眼所见的奇迹，像计算机网络世界也是如此。我们学过计算机基础的人都知道，计算机里面的图像，包括德国莱布尼茨所设计的二进制，最小的单位是字节，一个字节就是 1B，由八个 0 或 1 组成。

也就是说，你今天打开网络的时候，我们看到精美的图片，所有的这些东西，实际它都是 0 和 1 组成的，因为 0 是阴 1 为阳，现代科技，它也是包含在阴阳里面的。

阴阳物质的临界点，是光和光速。当物体的运行速度降到光速以下时，物体就呈现出以基本粒子组合而成的三维阳性物质，这样我们就可以看到了；当物体的运行速度达到或者超过光速时，物体就呈现出光，或磁场或者更不可见的物质。

其实，在这个无边无际的宇宙中，我们肉眼能看见的三维物质实在太少了，绝大多数是我们肉眼看不见的阴性物质。阴性物质充满空间，又不占有空间（比如磁场、光、电波）。比如，在一间房子里只能装下几十个人（因三维阳性物质组成的人占有空间），但可以容下无数的阴性物质（因为不占有空间）。

我们都知道，就像家里装了一个无线路由以后，计算机不用插到网线上面就能上网，包括我们的手机，它的网络信号是充满整个空间的，可是它不占有空间。

▪ 万事万物都由阴阳物质合成

那接下来我们要讲的是和合律。阴阳如何和合？首先，我们最能明白的就是：万事万物包括一切生命，都是由阴阳两种物质组合而成的。

道教的阴阳太极图，黑鱼白鱼结合成一个太极图，说的就是以上的道理。

如同手心和手背，一方存在以另一方存在为前提，一方不存在另一方也不存在。因此，孤阴不生，独阳不长，缺一不可。我们的手背为阳，手心为阴，要是我们的手是手心朝下手背朝上的话，我告诉你，你这是符合阴阳的。这种手的姿势我称为富贵手，当我们手心朝上手背朝下的时候，我把它认为是乞丐命。

我们想一想，乞丐平时用什么方法乞讨的？手心朝上，阴面向上，他总说给我打发点吧。为什么阴容易倒霉？因为他心里光想得到别人的好处。手心朝上的话，贵命变贱命，富命就变穷命了。

当我们手背朝上，阳面朝上的话，我告诉你，你富不可言。

这也正好符合我们的阴阳法则，舍是因，得是果，舍为阳，得是阴，它是阴阳互生的，它是和合的。

你看一个人，他的存心，他要天天想着占人便宜，我告诉你，他一定是从富命转到穷命了，一定最后成了乞丐命。他即使做成了几笔生意，我告诉你，也是暴发户，土豪金。他的富，延续不下去，可能几年就浪费完了。你会发现，他那几年暴富，过几年，突然间怎么穷得那么可怜呀。

你就知道，他的运是不稳定的，他一定爱占人的便宜、占国家的便宜、占社会的便宜、占亲戚的便宜。一旦人有占便宜的念头，就在由贵变贱，由富变穷。

所以，我们的手心朝下是符合阴阳的，朝上的话是逆阴阳的。

▪ 人体是个阴阳和合体

大家有没有注意，我们的手指，在手背上全是两个节，可是，我们的手指在手心的这一面，手指纹路全是三个节。因为单数为阳，双数为阴，它是个阴阳的一个载体。

再看我们的手，我们的大拇指和这四个手指头是不一样的，它可以对掐，我们大拇指称为阳指，大拇指里面是两个节，它是阳中有阴。

我们这四个手指是平行的，我们称为阴指。可是我们的四个阴指里，都包含了三个纹路三个节，这是阴中有阳。

包括我们的五官也是阴阳和合的。左眼为父眼，右眼为母眼，所以，这两个眼睛也称为阴阳。

我们回头再看鼻子，我们鼻子看上去是一个整体，但是却有两个鼻孔，这也是阳中有阴。我们嘴巴是一个，却有两片嘴唇，还是阴阳和合。

这么看，大家就会发现，我们身体的各个部位，所呈现的都是阴阳和合律，因此我们经常讲：孤阴不生，独阳不长。真的是缺一不可的，所以道教的阴阳太极图画了一个圈，圈里面是黑鱼和白鱼，由两条阴阳鱼结合而成。

这实际上，是懂了宇宙法则的人，用图画的样子，传递给我们万事万物的构成规律。由于各个地域文字不同，传递的过程中，会出现意义的扭曲。但是，图画没有文字的误差，谁看了都是这幅图，不会出现意义偏差。

太极图要传递的，阴阳两条鱼就是万物阴阳二元律，两条鱼合成一个圆圈，就是意味着阴阳和合为一。

正如现代科学中，每个正电荷的粒子旁边都环绕着阴性电荷的粒子一样。

我们肉眼所看到的各种阳性的物体里面都必然有一个，肉眼看不见的阴性体，现代科学把它称为“场”，由于现代科学已感知到一切事物中，都有个磁场的存在，因而产生了“场科学”。

我们也是阴阳结合体。由父母阴阳结合成胎，我们自身的身体是物质体，属阳，思维情绪记忆感情灵魂等不可见的精神能量场属阴。

▪ 我们不断在经历阴阳物质的反复组合

根据现代科学认定的物质不灭定律，阳性物质无论怎样变化，但始终都是基本粒子的排列组合。例如我们知道的，种子聚合空间的各种能量长成到小苗、到小树、到大树、到木料、到桌子或者其它木制品、到旧桌子以及灰土，无论它如何变化，但它始终是基本粒子的变化和组合，只是表象上的变化和原物体表象的消失，但这些基本粒子始终都没有消亡，它是消亡不了的。

那么，同理，我们可以推论明白，像信息、磁场、能量场，这些阴性物质也同样是不灭的。所以，这些好与坏的信息和能量，还存留在时空之中不停地对我们的命运产生影响。

比如我们一直说的，家族的干支法则，祖先的能量场是有传承效果的。孔子家族就是最好的例证。

能量场会变化，但是本质上，能量场是不灭的，只要我们掌握了钥匙，就能开启这些能量场。不然，你无法接通祖先的能量。

因此，生命的本质是不灭的，我们只是不断在经历阴阳物质的反复组合。

▪ 婚前同居打胎，严重折损夫妻之福缘

那么，在阴阳和合律里面，还有一条特别重要的，我告诉大家，夫妻看上去是两个人，实际上却是一个阴阳和合体，一旦夫妻和谐，则阴阳和合，这个叫家和万事兴。为什么能兴旺？就因为符合阴阳和合律，符合阴阳法则了。

一旦男人女人不在其位，各自找了小三、小四，就成了多阴克阳、多阳克阴这样不好的格局了。我们想一想，这就是典型的阴阳不平衡。

桃花分三种，桃花运、桃花煞、桃花劫。正婚称为桃花运，因为桃花是春天开的，粉红色。男子女子经媒人介绍，或者自由恋爱结婚，这个我称为正桃花，也是我们所谓的命中动婚，这种婚姻是天作之合，好缘分。剩下的两个都不好，桃花煞是败运生病，桃花劫那是要命坐牢啊。这是对结了婚的人说的。

我告诉大家，没结婚的话，一样有桃花煞，桃花劫。男女相处，要是不愿意和人家结婚，就随便上床的话，你的运气一样很惨，六神和祖先也收拾你。你以为光是针对结婚的？不结婚收拾得也惨，要是打胎了就减运更厉害，就算最后结婚了，你的婚姻都肯定要走向离婚。

我们有没有注意，现代人结婚的时候，那大车小车恨不得上百辆，结婚不到一年、半年离婚的，特别多。很多就是因为没结婚之前就同居了，把夫妻之福缘折损一半了。

▪ 一男两女就成了双阴克阳

我们自己现在看一看，现在白天不像白天，雾霾挡住了，蓝天太阳都没有；晚上不像晚上，月亮总是看不见；夫妻不像夫妻，除了吵架的时候在一起，你还不知道明天晚上，谁跟谁又睡一块儿去了。

现在人追时髦到什么程度？都是五十多岁的女的，搞个什么网友就跟人家跑了，老公不要了，家里人都不要了，生意不要了跟人就跑了。这还不是在北京，在我们小县城都是这样，我都觉得非常惊讶。

阴阳法则里面，它有两个位是非常重要的。一个是妻子位，一个是丈夫位。

太极八卦的内容是阴阳，阳为男子阴为女子。好字怎么写？一个女一个子，和一块就好了，你一吵架就不好了。所以，孤阴不生，独阳不长，当阴和阳平衡的时候，才是互生互利互惠的。

要不我讲运气课的时候讲过一句话：夫妻和谐是上等运气，阴阳平衡万事则兴。贵人多助小人远离，子孙兴旺万事通达，这是阴阳和合以后所得到的福。

当一个男的，在外面找一个情人的时候，他的妻子位就会被移位。

为什么称为移位？你一男两女了嘛，格局就成了双阴克阳。当这个男的阳非常旺的时候，这个阴只能慢慢克阳，这个男的开始就得慢性病，首先腰痛、肠胃开始不好、记忆力开始下降，最明显的就是头发上面出头皮癣就比平时严重了，头部出油，这是在身体上慢慢出现的问题。

接着，在人生道路上你就会发现，过去非常正派有能力的人，和你就疏远了；反而爱去夜总会的、爱让你喝酒的、嫖娼的、吸毒的、赌博的人慢慢就向你跟前聚集了，引诱你开始下水了。

从你身体上到周边朋友圈上，这种变化就来了。最后你自己仅仅嫖娼还不过瘾，接着小三、小四、小五就来到你前面了。这就是从贵命逐渐变贱命的状态，这是多阴克阳形成的倒霉运。

就像一天下午，来一个朋友跟我就讲，他倒霉得很，运气不好。我就跟他讲了，我说："人倒霉有三种原因，我跟你说两种吧。第一亏孝，第二犯邪淫。"他说："哎呀，我也就是犯邪淫，我都已经离婚了。"

我说："那你就倒霉透顶了。为什么呀？妻位没了，你又在外面找个情人，那情人你还不知道她是什么命，她要克你了怎么办？她要成了桃花煞怎么办？桃花劫怎么办？桃花煞败运，桃花劫要命。"

大部分人倒霉，实际就是我讲两个原因：诸事不顺皆因亏孝，诸事不顺皆因犯邪淫。一个是动了你的根，我们所谓的干支法则的源头，因为你的生命来自于父母。一个是不符合宇宙之间的阴阳定律，邪淫是万祸之首，就是这个原因。所以，阴阳的和合律是非常特别的。我们刚才讲的倒霉案例，都是违背了阴或者违背了阳，导致生病、出事、出问题。

▪ 不仅夫妻能和合，各种阴阳关系都能和合

阴阳和合律决定了，夫妻一旦可以互旺，一个家庭就是和谐的，和则生，逆则克。夫能借妻运，妻能借夫运，这个运是相互的可以借的，甚至懂了法则以后，能借祖运，借父母运、兄弟姊妹运、孩子运。

人生可以走十二部大运，其中除了六亲以外，还有员工运、老板运等等，为什么现在很多人，富十年以后就穷了？因为他的运茬没有接到。

不仅仅夫妻之间能和合，各种阴阳关系之间，只要能和合，就能形成能量场的共振和沟通。

妻能敬夫、夫能爱妻，这就和合了。

父对子能慈爱，子能对父尽孝，这就和合了。

君对臣能尽义，臣能对君尽忠，这就和合了。

和合，也就是我们说的相生不相克。人与人之间产生克，就是因为不满意对方，攻击对方。

我在福建认识一位企业家，他的员工全部是老员工，很少有员工跳槽。我跟他的员工聊天："现在很多企业，招不到人，留不住人，你们为什么在这个企业能待十几年？"人家员工就说了："我们老板对我们有知遇之恩。"

这位企业家家里盖的房，跟五星级酒店一样，孩子夫妻之间非常和谐，公司也非常兴旺。

人为什么发财？人为什么倒霉？倒霉的人都是失和。

你看，男的嫖娼、女的找情人，阴阳就失和了，不能阴阳和合了；和父母抵触，这是上与下失和了；君臣之间，君不能义、臣不能忠，也是失和了。可以说，所有的倒霉的原因都是失和，违反了阴阳和合律。

人与人之间是相互作用的。妻能旺夫、夫能旺妻，过去男尊女卑，一般都是说女的克夫，其实男的也克妻。男子可以定位为火，女子可以定位为水，水和火可以相生，叫水火既济。那么夫妇之间，如何做到水火既济

呢，就是和。

古人经常讲家和万事兴，只有和是阴阳兼容的。最怕的是水火相克，夫妻一打架，运气就坏了。

最后，我还要强调一下，实际上，女人对家庭运气的影响非常大。男人可称之为命，女人可称为运，当妻运非常旺的时候，就把夫运推动了，这叫运命。命是定的，运是活的。一个性柔如水的好女人能旺三代，就是这道理。

▪ 阳中有阴，阴中有阳

接着我们讲阴阳之间的互含律。

再深一层说，在阴阳组合中，同时还有一个特性，阳中有阴，阴中有阳，阴阳之间可以转化互换。

我们先说阴阳互含。你看，现代人，有非常多的阴阳互含现象。

我们知道的，有很多女的被人称为女汉子，是不是？她身体是女性，她性格是男性，那也是阴中有阳。有很多男的，你看他走路说话，就像个娘们一样，他就是阳中有阴。

我们有没有注意，有的女的身上雄性激素多，她还长胡子，有些男的就是不长胡子，他身上雌性激素多。

每个人的体质也不一样，阳性体质的人几乎噩梦都很少梦见鬼，连梦都不做。阴性体质的人经常梦见过去的人，还很容易出现现代科学上讲的癔症，因为他阴性体质和阴性的场能是容易共振的。

很多人在做事的时候，也是阴阳互含的。你在为善的过程中善中有恶，是为了私心，为了名利，那你这个善就不纯净。这也是我们现在很多人，在做慈善但是运气不好的原因。

▪ 福祸相依，阴阳特性会互相转化

阴阳互含之外，还有一个重要特性是阴阳会互相转化。

黑格尔穷其一生，述说的也仅仅是这个道理，他说，“每一个事物都含着自身的否定面。”

人出生（是聚合），然后死亡（消散），这就是阴阳的规律。我们每次出生，都注定了要死，谁也改变不了。生中本身就含了死，死本身又含了新的生机，因为消散后意味着再次聚合。

在道教的阴阳鱼里，黑中含白点，白中含黑点，说的也是这个至理。

我们生活中，例子也比比皆是。失败是成功之母，成功和失败它也是相互依附的。

正因为能量是互相转化的，所以，我们一旦愿意谦和低下，反而能得到别人的抬举和尊重。

你要是一味想要突出自己，反而会高处不胜寒，木秀于林风必摧之。

古语说，塞翁失马焉知非福，福祸相依，说的也是这个道理。人的一生是由好坏的运气组成，但盛中含着衰的趋势，跌到低谷的时候又含着重新振作的趋势。

当你遇到坏事的时候，不见得是坏事，说不定坏事里面就有好事；而当你遇到好事的时候，也并非全是好事，说不上来里面就有坏事。所以，我们经常说福祸相依。

我们都知道北京大兴发生过一件惨案，起源是房子拆迁赔偿款，忽然有了好多钱，看上去是好事。但是，这钱来以后，人是不是真能享福呢？

我们看到结果却是，因为拆迁款分配，小伙子把全家人都杀光。

新闻上说，警察把他抓住以后，问他后不后悔。他说后悔，警察说你还知道后悔呀？他说了一句话：“我后悔钱还没花完。”

你看，这钱来了，它到底是吉财还是凶财？一般人很难分清的。

我们还看到过非常多报道，彩票中了五百万，家庭反而破裂离婚了，家族六亲也反目了，这种例子非常多。这个就是福祸相依。

大部分的人因为德行不够，不懂怎么用钱，太多钱来了，反而会把这些人害死。外国有一个研究，发现中大奖的人，下场都不好，不是吸毒，就是早死，财富在短短几年就被挥霍一空，整个人都被毁掉了，再也回不去原来的样子了。

我把这个现象，叫命理福薄财轻。

命理很复杂，里边有非常复杂的规矩。可是有一个最重要的指标：善恶。你的父母祖先要是经常积累正能量了，那你的命运肯定好。现在有很多人选择剖腹产，希望给孩子找个好日子，其实这都是假日子，年不如月，月不如日，日不如时，时不如祖德。

这个家庭的正能量场要是非常好，孩子出生肯定遇到好时候。即使是一个时辰，还分吉时和凶时，这一秒和下一秒都可能不一样。

有句话叫：鸡叫生三子，三子命不同。说宋朝的时候，一声鸡叫的时间，三个人出生了，第一个是宋朝皇帝，第二个是包拯，第三个就是一个乞丐。

我们都知道，公鸡打鸣，哦、哦、哦，那第一个音是朝上的，第二音是中音，第三音是朝下的。这就是命运之差，那还真的是差之千里。同年同月同日同时生，只是不同秒，可命运就差这么多，原因是什么？因为外在因素——善恶，也就是运的力量，运的力量非常强大，能让命的力量消减推动。

所以别追求名字，别以为改了个名字就发达了，实际不是。如果真有变化，也是你起了名字以后，心态转变了，善念或恶念转变了，从而导致正能量增减。

▪ 四季也是阴阳两种能量变化而成

对于自然而言，我们经历的四季也由阴阳两个性质决定。

春天——少阳，阳气初生，万物发生。

夏天——太阳，阳气旺盛，万物生长。

秋天——少阴，阴气初生，万物衰败。

冬天——太阴，寒冬腊月，万物敛藏。

但在冬天（太阴）中却含着春天（少阳）的气息，夏天（太阳）三伏最热的时候，却已经蕴发了秋天（少阴）肃杀之气的抬头。

你看，冬天地底下是热的，它一定是含着春天的气息，为春天万物复苏，准备生长的养分。大树的根在土里，不会受到冷冻，要是根部受到冷冻，这树肯定就死了。夏天的太阳里却已经蕴含了秋天的少阴了，肃杀之气抬头。五六月的时候，地下室凉快得很。

所以，这是阴中有阳，阳中有阴，阴阳之间可以转化互换。

农村过去有句骂人的话："你这个人不善，会死在五黄六月。"什么叫五黄六月？就是农历的五六月，那时候地底下是极寒的。

这个时候，要是住在地下室，你会发觉特别凉爽；而如果冬天住在地下室就非常热，甚至不需要暖气。

所以说，五黄六月，阳生阴藏；寒冬腊月，阴生阳藏。

我们的身体也是随着四季变化，立春以后骨缝就开合了，我们的内热就散出来了，我们会感觉手开始变得光滑；立秋以后，骨缝开始闭合，我们手就开始干燥，出现倒刺什么的。这就是我们的身体机能应对四季的变化。

我和很多人说过，立秋以后就不要吹空调了。不少人觉得"秋老虎"太热了，要吹空调，其实立秋以后吹空调，骨缝正在闭合，寒气一旦进入骨缝，一个冬天是出不去的，冬天肯定得病。

中医讲冬病夏治，因为夏天治的时候，身体的所有机能包括毛孔、骨缝全部是开合的，药能很容易进入身体，也最容易吸收。反之如果是冬天，药效就很难进去。所以，治冬病靠穴位比较多。

▪ 舍就已经注定了得，这是阴阳能量互相转化

尽管我们讲，一切外在运气场，都受你内在运气场的影响而变化，但是我们一般人没有学过增强内在运气场的知识，大多数人都受外部影响。

真正能改变命运的人，确实不多。因为大部分人不懂得，命在谁手里、运在谁手里，用什么方法去推动。

孝顺公婆、孝顺父母只是本分，要在本分之外行善积德，才可能把命破掉，把运改掉。

很多人说《易经》看不懂，我告诉大家，《易经》实际上就讲了两句话："积善之家必有余庆，积不善之家必有余殃。"什么叫善事？做好本分以外的好事称为善事。你要是不想被外在运气场影响，唯一能做的事情就是积德行善。

当你做女儿的时候，给父母当好小棉袄，做好本分；如果你能再帮助嫂嫂完成她的孝道，帮助哥哥或者弟弟，这就是为善；当你能替父母来照顾兄弟姊妹，这才是大孝，就圆满了。

很多明星之所以非常火，因为他们都是慈善家。我知道的大概有 200 多位明星都在不停地布施捐赠。

我们有时候就会纳闷，为什么他们不停地捐赠，钱却没有减少反而增加了呢？除了古人讲的舍得定律以外，就是阴阳互含律的道理了。

你在舍的过程中就已经注定了得，阴阳两种能量在互相转化。

这个得是大得还是小得？在什么时间成熟？在于你的心态，你是真舍得还是假舍得。如果你在行为舍的过程中用的是不舍的心态，你是为了想得，才去舍的，那你最后得到的，返回来就很弱，甚至得不到。

因为你的起点能量错了，你是为得而舍，不是为舍而舍的。所以，这个能量转化不了。

▪ 阴阳是互含的，还是共生共亡的

结婚的时候，我们会送上祝福：白头到老。如何白头到老？不知大家有没有注意到，夫妻两个生活时间长了，就有夫妻相了。

我们讲妻能旺夫、夫能旺妻，阴阳不仅和合，阴阳还互含，夫妻是同一条命。

我在农村碰到过一个例子，老太婆去世了，老头子给老太婆烧纸，说："老太婆，我把你安葬好了，过两天就来陪你了。"很稀奇，过了两天，老头子衣服穿得好好的，躺床上睡着就走了。

这种例子很多，我去年看到一个新闻，老太太和老爷子结婚快五十年了，结果老爷子没到金婚就死了，老太婆也把衣服穿得好好的，坐沙发上就没了。在这些例子里，我们都可以体会，阴阳是互含的，是共生共亡的。

▪ 心中缺了爱，阴阳就不能互生了

我还有一个朋友，自己身上有病，还在外面找了个小三，我一直跟他讲："虽然你在外面找了个情人，可最后救你命的还是你老婆，能不能不离婚？"

他对我讲的话还蛮在乎，就忍着没离。

结果，半年以后，他自己的病忽然就恶化了。到肿瘤医院一检查，脑动脉瘤。这个病很凶险，十个人做手术，九个都要死，活的几率非常低。

当时他经济状况也不是太好，做这个手术要几十万。他母亲没钱，兄弟姊妹没有一个人借给他钱。最后还是他那个早就分居的老婆真着急，跑回娘家借了几十万。借到钱后，他老婆给我打电话说："秦老师，他要死了，我人财两空啊，我就想怎么让他不死。”

我说：“他死不死不在于你，在他。”她说：“那怎么办？”我说：“你问问他吧，看他病好了以后是什么心态。”

她和她老公一聊，老公就说了：“我对不起你，我病重这段时间，情人也跑了，父母经济也不行，兄弟姊妹没人管我，关键时候，还是你把我救了。我这次要能活过来，要好好地对你。”

这女的就是好哄，听完感动得痛哭流涕，就打电话跟我讲了她老公的话。

我们知道，阴阳是宇宙间的根本定律，代表阴阳能通天彻地的，就是男子和女子，两者一定是互生、互含的。阴阳律的各种表现，在夫妻上面最容易见到。古人有一句话：“家有贤妻，丈夫不遭横祸。”我们回过头来讲，家有贤夫，妻子也不遭横祸，它是个互惠的过程。

阴阳两种能量是可以互相转化，互相支持的。当一个人死了的时候，一定是缺了爱了，阴阳不能互生了。药物治病只是其一，阴阳互惠是其二。要是心中爱没了，心死了，所有药物对他都不产生作用了。

反之亦然，这样的新闻报道很多，比如老婆变植物人三年，丈夫照顾了三年，妻子突然间醒了过来。

阴中有阳，阳中有阴，阴阳互生，互相转化。也就是我们讲的水火既济。阴阳是宇宙间的根本定律，所以能产生这种震撼。所以古人讲，男子是天，女子是地；父是天，母是地。这里面的道理，非常深刻。

阴阳互含律，我们这里主要讲的是人，因为人最有代表性。我自己就遇到很多真实的例子，孩子出现问题，妈妈用爱让孩子复苏，在医疗界也创造了很多这类的奇迹。我们常常讲，娶一个好妻子旺三代。女子是运，男子是命，当运的能量非常强，就变成了运命，运强于命，就是妻旺夫的时候。

古时候有很多言语都体现着古人的智慧，有句话叫：“宁弃当官的爹不舍要饭的娘。”为什么这么说？因为妈妈对孩子的影响非常大。

▪ 父母不和，阴阳对克，孩子倒霉

阴阳两种能量，会发生两种作用。一种是生一种是克。

阴阳互含律，阴中有阳，阳中有阴，它是相生的，相生在一个和字上。

很多家庭出现变故，包括孩子出现问题，夫妻之间出现问题，包括兄弟姊妹和父母之间出现问题，全都是相克导致的。把这个克改成和了，就没问题了。

所以阴阳属于根本律，它影响太多太多。

我看过一些家庭，见丈夫生病，我就知道丈夫一定是窝气，妻子一定是脾气很暴躁，妻子一定夺了男子的志，丈夫就窝气，憋出了病。

我常说，命运最怕火和烟。人一暴躁就上火，火一上来，命里的金变成水流掉了。一般着急上火的人，嗓子呼吸道都容易出毛病。烟是窝气，表面忍住了，但是肚子窝气，一窝气把胃气就伤了，一般窝气的人肠胃都不好，吸收功能差。

火克命中金，烟克你的运。天天窝气，你就笑不出来，心情郁闷，内脏功能就出问题，精气神就不足了。很多人说自己脾气很好，我就光笑不说话。其实，很多人是火转化成烟了，过去不能忍，现在能忍了，这的确是进步，可是，你还没有达到容，真达到容了，连烟也没了。

我经常讲一个故事，一个修行的老居士，觉得自己修行很好了，于是在门口挂一个对联，上面写着“三十年来不发火”。正好，远处来了一个年轻人，看到以后就问这个老人：“老人家，这写的是三十年来什么？后面的字不认识。”

老人就跟他讲了，年轻人听了，哦了两句，又问了一遍同样的问题，老人又解释了一番，年轻人连续问了十二遍，老人生气了，斥责了年轻人。

年轻人笑了笑，说：“原来这三十年来，灰里有火啊。”随后化身虚空了。老人家这才知道，可能是菩萨考他来了，赶忙把对联取了下来。

所以，很多时候，我们觉得自己没脾气，其实是忍了，你的火仍然在。要是真没火了，那就是容了。

阴阳互含律其实就是告诉我们，阴中有阳、阳中有阴，人与人之间是和则相生、逆则相克的。日常生活中倒霉的人、身体不好的人，基本上不是急躁肯定就是窝气。

看得的病就知道他的性格，女子窝气，气向下行，肯定妇科不好。人要发火暴怒，火则克金，肺脏是金位，肺肯定出问题，呼吸道肯定出问题。不管火向哪里走，只要火多了，两个火摞一块，就是炎症的“炎”啊。

所以，我常说，得病的都不是好人，好人绝对不得病。病从哪里来？就是烟和火导致的。烟和火是疾病的养分，发火就是给疾病喂水喂食，你不生病谁生病？

孩子生病呢，一般都是父母对克的时候，孩子心里不顺、没有安全感，对这个家庭没有信心、没有温暖感，孩子心就凉了，就生病了，一定是这样的。因为能量场是连着的，我们身体来自父母，父母的能量场是容易直接影响我们的。

阴阳是宇宙的根本法则，阴阳对克是所有克里最可怕的，阴阳对克最严重的，就是夫妻对克。总之，阴阳法则的内容是非常丰富的，我们讲了阴阳三个法则，二元律、和合律以及互含律，大家可以在生活中深入理解一下。

第二十八章

易法则——第十大法则详解

▪ 三大原则：变易、简易、不易

我们接下来讲另一个法则，也就是宇宙最根本的法则——易法则。

中国古代有一部伟大的书——《易经》，它号称群经之首，《易经》包含了三个大原则，第一个是变易原则，第二个是简易原则，第三个是不易原则。

▪ 万事万物都在不停变化

大家看，世界上的人和事乃至万物，没有一样东西是不变的。表面上看，我们坐在这个地方没变化，其实暗地里每个人都在变，一秒钟前的我和现在的我都不一样，我的细胞在瞬息间就经历了生、老、死。

自然万物也是如此，铁放久了以后有铁锈，铜放久了以后有铜锈，金子放久了以后还有金锈，受着阳光、空气的变化，我们使用的物品也是在不断变化。

我老家有座太白山，我在山上待过，最奇特的一点，我们在山下要一天刮一次胡子，如果在太白山上，一个礼拜刮一次就行了。为什么？寒冷。导致生长速度变慢了。冰箱也是这个原理，温度低了，微生物生长的速度就慢了，热的话它生长的速度就快了。比如植物界的松柏，它们生长比较慢，一年四季对它的影响很微小，但也是时刻在生长的。

因此，在时空中，没有一事、没有一物、没有一种思想是不变的，这就是第一个原则——变易原则。

你听完我这堂课，看完我的书，你的内心世界也在变化，你的运气在变。万事万物，随时随地都在变中，非变不可，没有不变的事物，没有不变的人。

▪ 能知变，能应变，才是有智慧的人

不但知变，而且能适应变，这就是非常有智慧的人。有智慧的人讲课都是应不同人的特点讲的。他讲课首先是有契机的，一定要适合这个人听；第二是要契理的。

当他知道你需要深奥的东西来引导，就讲给你深奥的东西；当他知道你只能接受浅显一些的东西，他就给你讲浅的东西。这就是契机又契理。

真正有智慧的人，见婴儿就会讲喝牛奶的方法，见小伙子就要讲吃馒头的方法。这才叫契机又契理。那没智慧的人呢，给婴儿塞块馒头去就卡死了，给小伙子天天喝牛奶，他就喝不饱。

所以，契机又契理乃是圣说。契理不契机等于闲谈，你对牛讲人话，对着美国人说中文，等同于废话闲语，对别人产生不了作用。你给小孩拿一本大学的课本，给大学生拿个小学课本，都叫不契机，也就产生不了同频共振。

契机不契理，就变成魔说了。道理说错了，是非常可怕的，会误导人。

所以，必须针对不同的人，用不同的方法，原则就是契机又契理。要做到这一点，就是要知变应变。

儒家经典传承几千年了，它还能适应这个社会，既能适应古人又能适应现代人，还能适应不同族群、不同宗教信仰的人。这就叫真理，才能称之为经，以不变来应万变。

那我们在学习圣贤教诲的时候，也是如此。

我们首先要明白这个人是用什么心在讲，一些书籍，我都不敢看，翻开书以后，大部分都是在推销自己，或者卖一些自己厂家设计的摆件。看来看去就是一句话：要花钱买他东西就好了，要不买他东西就是不好。他不断创新出很多东西出来，每年样子都不一样，但内容都是刺激人的贪念。

▪ 世间万苦，无常最苦

正是由于万事万物都在变化，所以，我们民间经常讲一个词，叫无常。

什么是无常？常就是不变，无常就是不能保持不变。

佛在经里问弟子，人的生命有多长时间？有弟子讲，也就几十年。有弟子讲，朝夕之间，白天可能活着呢，晚上就死了。佛说，你们都没说到生命的本质。又一个弟子说，生命在呼吸之间，一口气上不来就死了，这叫无常。

现代医学告诉我们，一个人的大脑死亡，几十秒钟就完了，心脏最多也就五分钟，这就是真正的无常。

生命真的是在呼吸之间，你不要认为你很年轻，真的是这样。阎王殿前，年轻的、年老的都有，儿子活不过父母的多得很，年轻人活不过老人的也多得很。

我们去墓地最能体会这一点，也许若干年以后，说不准就在明天，我们就一样躺着了。所以我经常提醒自己，有时间要多讲课，今天脱鞋子上床，明天早上也许穿不上鞋了。

净土宗的十三祖印光大师在佛堂就写一个字：死。

祝寿的时候，人家都习惯写个寿字，觉得吉祥。他为什么要写个死字？

其实，我觉得写个死字比寿字还吉祥。你死了儿子死，儿子死了孙子死，这是顺道的，没有人能不死。印光大师写死字，就是提醒自己，无常随时会到。

有些人以为无常就是城隍庙里塑的鬼，就是黑白无常，民间喜欢说无常鬼来了，人就要死了。实际上，无常的本意是一种理，即世界上没有一种东西不变而永恒存在，比如生命，比如爱情，所以名为无常。

所以，我们看见一栋房子盖起来了，就知道这房子将来一定会倒；看见人生下来，首先也要想到，他一定也会死，这是谁都没有办法否定的。

中国人讲五福，最后一福是好死。

真正有福的人，往那一躺、一坐就走了。要我看这个人有没有福，就看他死的那一刹那，是轻松还是痛苦。有些人走的时候，面带笑容，给大家一招手，坐那就没了。

人生下来，一定会病会老会死，从孩子变成少年，变成青年再变成老年，最后变成一把枯骨，谁都改变不了，这就是无常。

我们的身体就是一个工具，你用这个工具做什么，在积德行善，还是在作恶多端？这个我们是可以掌握的。

谁拿走了我们的生命呢？是变易法则，也就是无常。

世间没有一样东西能保持常态，即是无常。经常有人说这个苦、那个苦，其实你让我说，世间万苦，无常是最苦的。

▪ 人生其实是一幕很苍凉的剧目

为啥说无常最苦呢?

我们得到的，总会失去；我们聚会在一起，总会分散；我们恋恋不舍的，也必将离开；我们曾经山盟海誓的爱情，也会渐渐变得平淡；我们曾经热爱的容颜，渐渐会被岁月这把杀猪刀刻得皱皱巴巴。这就是生活，就是变易，也是无常。

在我们的记忆里，陪伴我们年少时代的那些人，正在渐渐离我们远去。过去的明星，比如张国荣、梅艳芳，都成了我们的记忆中人。那我们未来，也会成子孙的记忆中人，这是谁都没办法改变的。

人生其实是一幕很苍凉的剧目，苍凉得很啊。

人做任何事情都会懈怠，只有一件事情，是昼夜兼程、分秒不停，就是死亡。

所以我觉得计算年龄应该用减法，我今年二十四岁了，应该是我的人生少了二十四年了，用这种方法对我们是一个警醒。

今天过完，今天的这个时间永远不会再回来，你将失去它了。关键是，我们要用有限的时间解决当下的问题，解决生死问题。

但是，我们现代不少人，不说看破生死了，能不能把好运掌握到手里，能不能一生顺利，家庭兴旺，衣食无忧，生活幸福都是一个问题。

我们被一所破房子影响，就倒霉了；甚至得一个病，就死掉了……我们的人生太脆弱了。

唯有你彻底明白了我讲的这些法则，你就知道人生完完全全可以自己掌控。即使命运再差，你都可以改变、有能力改变，这才叫幸福的人生。

生死之间的五滴蜂蜜

儒家讲仁义礼智信，也即所谓的礼；

道家讲金木水火土，顺则生逆则亡；

佛家实际也讲五个字，生老病死苦。

你学会了儒家五字，人就做完美了；

学会了道家五字，就不受五行克而是五行相生了。

要学会了佛家的五个字，就看得破、放得下，生死自由了，三家各有所长。

佛教有一则故事，说得很精彩。故事说，很久很久以前，有一个人在旷野中游走，被一头凶恶的大象追逐。游人惊慌失措，不知如何是好，恰好看到一个空井，井旁还有一棵大树，游人赶紧抓着树根，爬入水井藏身其中。

这时候有两只老鼠，一只白色，一只黑色，它们开始啃咬树根。

水井四边又有四条毒蛇，正在吐着舌头；水井下面还有一条毒龙，正在向上张望。游人心中畏惧毒蛇、毒龙，又担忧树根被老鼠咬断，真是进退两难，不知所措。

就在这千钧一发的生死时刻，从树上的蜜蜂窝中滴下五滴蜂蜜，不偏不倚落入游人嘴中。游人顿时忘了一切恐惧忧愁，尽情品尝那甘甜的蜂蜜。

这时，由于树身晃动，蜜蜂四散飞下，开始刺蛰游人。

又不知从哪里来了一团野火，烧着这棵大树。

这旷野比喻无明长夜非常旷远，游人比喻凡夫众生，大象比喻无常，水井比喻生死险岸，树根比喻命根，黑白老鼠比喻昼夜，老鼠啃咬树根比喻生命念念都在消逝，四条毒蛇比喻地、水、火、风四大，蜂蜜比喻财、色、名、食、睡这五种欲望，蜜蜂叮螫比喻邪思，野火比喻衰老疾病，毒龙比喻死亡。

因此，大家应当明白，生老病死极其恐怖可畏，应当时刻保持警觉，不要被财、色、名、食、睡五种欲望所吞噬压迫。

白鼠和黑鼠就是白天和黑夜呀，时间在催我们老啊。我们人生的名誉、财富、美貌，等等，其实是朝不保夕的，这些东西都是不长久的。等老鼠咬断树根，我们的人生就终结了。

说不上来你挣了一辈子钱，地震来摇光了。说不上来你存了那么多钱，不孝子孙给你败光败净了。这不就是无常吗？

我们的人生在不断地变化，你找到了另一半是不是很甜蜜？可结婚以后就苦恼了。当你生孩子的时候，很喜悦，可孩子不听话了，你又痛苦了。

很多人为了子女，为了妻子铤而走险，违法违背伦理道德，这何尝不是被一点蜂蜜所蒙蔽了呢？财迷心窍、色迷心窍，就如同我们在岌岌可危的时候吃着蜂蜜，而野火正在向我们袭来，要把我们的树根烧断。

我们每一个人的处境跟那个人都差不多，无时无刻不生活在无常里面，像黄粱一梦一样。你可能今天还是高高在上，明天就变成阶下囚了。这种例子太多太多了，所以我们一定要醒一醒。

悲的时候不要太悲，喜的时候也不要得意忘形、张牙舞爪，得势的时候不要欺人，失势的时候也不要绝望。谁都有兴旺的那一天，也有倒霉的那一天。

你一定要有一个正常的心态，明白宇宙法则是什么，这样才会让苦降到最低，让幸福提升到最高。在未来的人生，你能设计你的家庭，设计你的家族，让家庭避免这些风险，这也就是我为什么给大家讲最简单的运气学的原因。

▪ 做一个明明白白、清清楚楚的人

佛教里还有一个故事，很有智慧。故事讲的是一位母亲，她有十个儿子，其中一个儿子死了。这位母亲非常悲哀，她就找佛陀，问佛陀能不能把儿子救活。

佛陀说："我告诉你一个方法，你要找一个没有死过人的家庭，只要找到了，你这个孩子就活了。"这位母亲还真去问了，问了一圈之后自己恍然大悟了，世上哪有不死的人啊，谁家都死过人。于是，她开悟了。

所以，人生其实是一幕很苍凉的剧目，就像牡丹亭里面的唱词："良辰美景奈何天，赏心乐事谁家院，原来姹紫嫣红开遍，似这般都付与断井颓垣。"

任你住的是高楼大厦，你死后占地也就六尺宽，现在六尺都占不了了，现在骨灰盒就一尺。任你是将相王侯，到最后也是孤坟一座，给你埋点陪葬的东西，说不上来都被人给挖开了拿走。

乾隆皇帝厉不厉害？你去乾隆墓看看，成了旅游景点了。

释迦牟尼佛以王子之尊，放弃一切人间享受出家寻道，为的就是破解无穷尽的生老病死迷局，这是佛出世的唯一原因。佛出四门，他看到了生老病死。他出家以后，帮助他的父亲、他的家族、他的儿子都出家了，他对家庭，对全人类都作出了贡献，他自己证了佛果，把无常给破掉了。

我们要真正把时间利用起来，不要被残酷的白鼠和黑鼠，一白一黑催着我们。也不要被现在的事业，被爱情，被孩子，被外在的五欲六尘所迷惑。我们要做一个明明白白、清清楚楚的人。

释迦牟尼佛的经验，对不同的人有不同的启示，对当代生活而言，我觉得就是"不执着"这三个字，可以减少我们的烦恼和痛苦。

▪ 欲是深渊，人没有知足的时候

我们都知道，西方经济学为主的价值观入侵中国以后，我们从小被教育的，就是不停地竞争，不停地去追逐。这就让人逐渐养成了一种贪得无厌的习性。

我们古人经常讲：欲是深渊。

我记得小时候，看到古书上有一段话，讲得非常好：没有良田思良田，有了良田思美妾，有了美妾思当官，有了官职思当王。

这句话的意思就说，人在没有良田的时候，希望我只要有几亩地我就知足了；当有了良田以后，我们就开始追求美色；当有了美色以后，我们又想参政，有很多企业家，企业做到一定程度以后，他就想从政；当了官以后，又想当皇帝；当了皇帝的想干什么？求长生不死。我们都知道，秦始皇求长生不死，结果不光他死了，他的王朝也就持续了十五年，就亡了。

所以，人没有知足的时候。这个欲望真的是深渊。

我们想一想，人的力量，是不能和无常对抗的。

叔本华常说：得到了，我们感觉到无聊，得不到，又增加了很多烦恼和痛苦。于是，短暂的人生，总在痛苦和无聊中摇摆。

实际，这一句话，就是把我们人生本质讲清楚了。

所以，这无常的道理，也是提醒我们要知足常乐。

▪ 面对无常的生命，我们要那么多干什么

我经常在讲，我们口袋有一块钱，你都是有钱人。

这虽说是一句笑话，却也体现了我们人，不论穷富，也一定要懂得乐在其中。

过去，很多人问孔老夫子："你最得意的学生是谁呀？"

他说："是颜回。""为什么？"

"颜回穷到葫芦瓢只有半截，也不改其乐。"

你看，颜回只拿着半个葫芦瓢舀水喝，可是这从来不会影响到他的快乐。

所以，我们人生的这种乐趣，一定是要从这个上面去思考。

真正面对无常的生命，我们应该问问自己，我们要那么多干什么？这个很关键：我们要那么多干什么呀？

我们可以看到，释迦牟尼佛的传记里面，有两个特点。哪两个特点？第一，他贵为王子，要接皇位的，他没有接，弃富贵、弃王出家。第二，当他成了佛陀以后，大家都在供养他，他却不改托钵的习惯，还带领弟子拿个钵，去托钵。

我们想一想，为什么？就是因为他知道，要想了解生老病死苦的真相，并解决生老病死苦的问题，就一定不要被财色名食睡、五欲六尘、贪嗔痴慢疑所束缚。你一旦不在意它，就不被束缚了。

我们现在很多人，逼着孩子要考一百分。其实不是想让孩子考一百分，而是因为我们面子挂不住。为了我们的面子，逼着孩子变成什么？考试机器。因为我们在意别人的说法，导致我们痛苦。

就像我遇个朋友跟我说："秦老师，我听完你一堂课，我现在知道什么叫幸福了。没听之前，我非常痛苦。"我说："你痛苦什么？"

他说："你不知道，开始，我们住的是个小两居，我们住着还挺好。一看别人是三居，他们说，你们家才住两居，你爸妈来怎么办？我就寻思着，我要贷款买个三居。结果，买完三居，刚住那以后，别人又说，人家都有车有房呢，你这光有房，还没车。于是我贷款又买了个车。"

开着贷款的车住着贷款的房，变成了车奴、房奴。他觉得很辛苦，没有一点乐趣！他跟朋友一块出去玩，一看，人家又开着什么宝马、奔驰，他就在想：我这怎么老追不上别人？

我说："你的生活是自己在享受的，不是被别人看的。你现在的三居，你现在的车，你有没有注意，是被别人的眼光所驾驭了，不是你自己驾驭了。"他一听有道理。

就像我碰个明星一样，见我说："秦老师，你看我有啥变化？"

我说："没变化。"她说："你再看看。"

我说："看什么呀？你还是你，有啥变化？"她说："我今天穿着的是个名牌。"

我说："你做的代言呀？"她说："不是。"

我说："那人家免费给你的呀？"她说："也不是。"

我说："你个傻帽，自己花钱，穿着人家衣服，还在替人家宣传，你不傻谁傻？你就是你，衣服就是衣服，你非要把衣服当成你。"

这就是我们很多人的现状，活在别人的眼光里，活在假的生活里面。

▪ 追求可以，但无须过分执着

我们现在很多人就是不明白，真正面对无常的生命，我们要干什么？

这个世界对我们而言，只是一个过程。没有什么是真正属于我们自己的。

我们什么也带不走，真的带不走。滚滚长江东逝水，浪花淘尽英雄！从古至今，多少英雄豪杰，到底留下了什么？

你看，秦始皇并吞六国统一中国，可是，现在就剩下秦始皇兵马俑了，只是一个旅游景区而已。"万里长城今犹在，不见当年秦始皇。"

我经常在讲，我们在人生道路上，你给子女留钱，他未必能守。你想，子女要是超过你，根本就不会用你的钱；子女要是不如你，正好拿你的钱作恶。

我们想一想，那我们给子女留什么？留德。教好了子女的德行，这才能代代传承，护佑子孙，这个是真的。

所以，我们经常要想：追求可以，但无需过分执着，不然徒增烦恼。

我们要好好珍惜与父母、妻子相处的时光，知足者常乐，这是我们人生应该要做的事情。

▪ 一切都可以变化，我们的运气也可变

变易法则决定了，一切都可以变化，那么，我们的运气也可变。

所以，要想不停地增加自己的运气，就需要努力地做善事，根据反作用力法则，共振法则，因果法则，这些善事，都会增加我们的运气场。

我们遇到很多有钱的人，为什么不断地在捐款？因为他明白一个道理，做慈善就是在增加自己的正能量场。有立即返回来的作用力，还有未来共振产生的上升螺旋。所以，一些有钱人特别爱捐钱。当然，还有的人特别爱给别人讲课，开启别人的智慧，这也是慈善。

有钱做有钱的善事，用这种方法，能把你的能量场变大，把你的心变宽。

那我们没钱怎么办？怎么布施啊？

其实，你即使没有钱，你还有很多东西可以捐赠出来。

第一、颜施。就是微笑，我们给人施予微笑，这叫颜施，给人来个微笑。

第二、言施。言语的言，我们对可怜的人说几句安慰的话，遇到波折的人，我们宽宽他的心。

第三、力施。去帮别人干体力活，有钱出钱，没钱出力，体力属于是自己身体的内财，干体力活就是施舍内财了，没钱我多出点力气就行了嘛，是不是？

现在更简单了，网上还有什么慈善点击，你用手机、计算机给它来几次点击，你看看，一样把善事都做了。

那如果你开车的话呢？你一天让他三次，我们想想，三件善事就做完了。现在做善事，我跟你说，比以前还容易，关键你想不想做。

第四、思想施。给他传播正能量的思想。

第五、心思施。常怀感恩心，珍惜别人。

所以，我们即使没钱，也能做很多没钱的施与方式。

就像一个人跟我说："秦老师，我这人就可怜得很，运气也不好。怎么办？"我说："有一个方法，你可以改变改变。"他说："什么方法？"

我说："一块钱的馒头，能买得起吗？"他说："可以买得起。"

我说："你看看小区里有多少蚂蚁窝，你把这馒头掰碎了，给蚂蚁喂。再买点小米，在小区给鸟喂。你用用，肯定有效果。"

这人大概用了一个月左右，他告诉我，他一辈子天天买彩票，没抓过奖。忽然有一次，有人免费给他一个商场的彩票，刮奖票居然还抓了个电动车。

他说："我花两块钱买福利彩票没中过奖，人家免费给了一张彩票，一刮刮个电动车。真有效。"我说："你以为呢？"

你看，我们完全可以用各种类似的方式做善事，包括冬天的时候给鸟施点小米呀，这种善事是很容易做的。即使没钱，我们可以做没钱的善事。

▪ 大道至简，万事万物都有最简单的道理

易法则的第二个原则是简易法则。那什么是简易？大道至简。宇宙间的万事万物，里面都蕴含着非常简单易懂的道理。

宇宙间的任何事物，有其事必有其理，有这样一件事，就一定有它的原理，只是我们的智慧不够、经验不足，找不出它的原理而已。

而《易经》的简易也是最高的原则，宇宙间无论如何奥妙的事物，当我们的智慧够了，了解它以后，就变为平凡，最平凡而且非常简单。

把复杂的道理，变得非常简化，所以叫作简易。

我们看孔子的《论语》，我们的《易经》,《易经》、《论语》传几千年，你看一遍和再看一遍的理解，是不一样的，它是有味道的。

现在的书和文字，看一遍以后，第二遍你都看不下去了，没意思了。

现代的戏剧和古时候的戏剧都不一样。我们过去的《三娘教子》，这些戏剧我们看完以后，对人都有教育意义。可是现在没有，很多节目就是逗人一乐。

要不我说，现在是演员在上面疯演，底下傻笑。上面是疯子，底下是傻子。实际就是这样，现在就是形成这样的一个气候。

▪ 西医看病，知其病不知其理

简易法则里强调，宇宙间的任何事物，有其事必有其理，当出现“有

其事不知其理”的情况，一定是我们的智慧不够。

打比方，我们想一想：现代医疗发不发达？

很多人认为现在的医疗比以前发达多少倍。可是，我们有没有注意？现在，高血压、糖尿病越来越多，癌症也越来越多，我们有没有注意，现在医疗水平是越来越好，可是疾病却越来越年轻化，普遍化。

我见到四岁得糖尿病的，十七岁得心脑血管疾病的，得半身不遂的，二三十岁得心梗去世的，已经比比皆是了。

很多疾病，现代所谓西医只知道对病症表象进行处理，要不就化疗，要不就切掉。但是，很多病的成因，是西医没有办法解说清楚的，这就是有其事不知其理。找不出它的原理，就是能力不足。

那我们所谓的现代医疗是前进了，还是后退呢？我们自己想想。

不过，我经常在讲，疾病来了，你也别害怕。为什么呢？疾病来了是让我们大家更懂得珍惜对方，珍惜生活。

汶川地震来了以后，大家有没有注意，一说全国哀悼的时候，我在北京三环边站着，我看到所有的车全部停了，所有人都突然间站在那个地方默哀，哎呀，汽笛开始就长鸣了。那个刹那我突然发现，全国人民有感情了，凝聚到一块了，把我们人的感情和阳光面，全部给激发出来了，人不再是简单的挣钱工具了。

▪ 懂《易经》的法则以后，就懂得了宇宙事物

“简易法则”是易经的最高原则。宇宙间无论如何奥妙的事物，当我们的智慧够了，了解它以后，就变成平凡。最平凡而且非常简单。

古人懂了《易经》的法则以后，就懂得了宇宙事物。把八卦的图案排在了指节上面，再加上时间的关系，空间的关系，把数学的公式排上去，就可以推算出事情来。

你看，我们都知道《推背图》，奇书，推演上下五百年。

很多易学的大家，像袁天罡，有很多预测是非常准确的。邵康节先生的《梅花易数》也很出名。

古人找一个好地方的时候，两个大师没有商量，这个大师给那个地方埋个麻钱，那个大师给那个地方别一个银簪，竟然那个银簪就扎在了麻钱的中间，准确度就达到那种程度。

我还听过一个故事。故事说，邵康节先生和他老师是没见过面的。有一次，邵康节先生在小旅馆里面住的时候，晚上老鼠咬门，声音太吵了，他就生气，就拿头下面的枕头砸老鼠去了，结果枕头给砸裂了。

过去那不是荞麦枕头，应该是稻谷枕头，枕头烂了以后，他发现里面有一本书，书里面竟然有一个纸条，纸条上记载了，某年某月某日，一位姓邵的，在这地方睡觉，夜间因老鼠咬门，拿枕头砸鼠得此书，和当时的场景一模一样。

包括《了凡四训》流传几百年了，书里面，孔先生遇到了凡先生，把他的一生算得非常准。所以了凡先生才说“一切皆由命，半点不由人”啊，最后遇到云谷禅师以后，他才明白如何改命。

我们看《封神榜》的时候，周文王是不是六十四卦一摇，都知道什么地方要着火，什么时间全算出来。我们看京剧里面的诸葛亮，伸出几个手指，那么轮流一掐，就知道事情大概的情况，有没有这个道理？有，有这个方法。

古人懂《易经》的法则以后，就懂得了宇宙事物。把八卦的图案排在了指节上面，再加上时间的关系，空间的关系，把数学的公式排上去，就可以推算出事情来。就像我们经常看到一个大师掐指头，我们认为这是干啥呢？人家掐掐能掐出事来，而我们掐半天，手掐烂也不会知道。为什么？它有它的公式，有它的道理在里面，把复杂的道理变得简化，所以这叫做简易法。

尽管宇宙间的事物随时都在变，万事万物有错综复杂的现象，但是，只要懂得了原理以后，就非常简单了。

我告诉大家，《易经》上的核心就两句话：积善之家必有余庆，积不善之家必有余殃。它是总纲。

▪ 生活中的小事背后是简单的宇宙法则

古人讲的一句话，大道至简，真是大道至简。

咱们这个最简易的运气学，大家想想，我都讲了多少小时了？那我要再给你讲别的，我的老天，那讲几年也讲不完！是不是？也没那么多时间。

我目前还只是把里面的内在原理，给大家讲出来。

在运气法则的各种介绍里面，我经常用各种生活中的很小的一件事情，来解释法则，让大家理解什么叫大道至简，其实讲的也是简易法则中的一部分，非常简易。

我把这些复杂的东西，都简易化了，方便大家迅速理解。

你看，通过电视剧换台，我们明白了背后是波共振法则。

通过开车太快以后刹车刹不住，我们明白了背后是惯性法则。

通过手打墙，手会疼，我们明白了背后是反作用力法则。

通过种西瓜种子，浇水施肥后得到西瓜，我们明白了背后是因果法则。

通过两个人抢夺一个东西，东西的运动方向让我们明白了强弱法则。

通过四季变换，我们明白了阴阳法则。

大家看道教的阴阳太极图，复杂的万物，简化成最根本的道理，就是这样一幅图，一幅图把道理都说尽了。阴阳二元，阴阳合一，阴阳转化，万物负阴而抱阳，冲气以为和。

▪ 失和的病，药物很难治

实际最后又落到我们中国人经常讲的三句话“家和万事兴”“和气生

财”“以和为贵”。和则生，失和则克。

那我们就要想了：我们现在跟谁在和？

人的身体生病，病分为三种。一种风寒湿热，天气变化导致的病，这种病，是可以拿药物治疗的。第二种病是我们吃五谷的过程中，营养不良或者营养过剩导致生的病，这种病也是药物可以治疗的。

唯独有一种病是药物没办法治，这种是什么病？失和的病。

你和你爸妈失和了，你和兄弟姊妹失和了，你和朋友失和了，你和老板失和了，你与人全部产生了失和，这种病是药物治不了的。药物能压，可是压住以后，这个病还会出来，病根未除。

那运气场也是分为三种，哪三种啊？

第一、形象运气场。就是我们讲的山脉地形。

第二、气脉运气场。我们在飞机上面可以感觉到，看不见气流，气流来了，空姐会告诉你，我们要经过气流地段，大家注意飞机要晃动了，安全带要系好。那个时候，你看窗户外面，什么都看不见。这飞机就开始晃动了。气流运气场也可以称为天与地之间的风，风是连接天地的气场的。

第三、人自身的运气场。要是地形运气场不好的时候，我们换一个地形，就改变了；要是气脉运气场不好，我们找一个气脉比较旺的地方，也就改变了；可是当我们自身运气场出现问题了，我们怎么办？一定要以和处之。你今天遇小人，你不懂得以和为贵，你今天做什么事都不顺利。

我告诉你，你表面看着和，实际你真不和。

在身体上面我们可以发现，头上得的病，一般都是和比我们年龄大的人生气得的病，比如跟父母，跟领导，跟老板生气。

那颈椎为什么出问题？我们很多人说，是趴计算机多了。可是，有些人趴计算机上面，趴到死也没得个颈椎病。很多人趴计算机少，得颈椎病为什么？其实，颈椎病也是抗上病。

就像我最近遇个朋友说：“我腿不好。”我说：“你腿哪不好呀？”他说：“关节这个地方，在左外侧不舒服。”

我说：“你这个病和男人得的，还不是亲戚，应该是外人。亲人的话，应该在左腿的内侧，外侧一般都是和别人。”

他才说呢，他和一个捡破烂的生气了。捡破烂的是个男的，每次他扔垃圾的时候，人家捡破烂。人家骂他，他就和人家对打，结果腿就出问题了。

我还碰到一个人跟我说：“秦老师，我脚后跟突然疼，疼得不行。”

我说：“脚后跟，那应该是内三亲的病。”

脚梢得病是外三亲，脚后跟就是内三亲。内三亲，我给大家讲过是姑姐舅。

我就给他讲了：“你脚后跟生的这个病，应该和你姐姐家谁生气了，要不就是妹妹家谁生气了，要不就是姑姑家。”

他才说：“我和外甥女生气了，是姐姐家的孩子。”

我说：“怎么生气呢？”他说：“我姐姐家的大小事，都会跟我商量，我当我姐姐的家。可是我外甥女订婚了，才把我叫去，找对象的时候没跟我说。我去了本身就很生气，我一说，我外甥女还说，舅啊，我们家什么事你都当家呢，可是我的幸福你不能当家。一句话说得我生气，抽了她一耳刮走了，没想到出了门就开始脚后跟疼。”

我说：“你向你外甥女道歉，道歉就不疼了。这是你失礼呢！”跟小辈生气，气向下行了。中医讲什么呀？不通则痛，你这就属于不通。

夫妻之间生病，我告诉你，都在腰上。

你看，表象上什么腰椎间盘突出，腰疼，我告诉你，很多都是夫妻相互怨恨，导致在腰上得病。你以为得腰病那么容易？一定是夫妻对恨对克得的，左半部分是和男人生气生的病，右半部分是和女人生气生的病。

大家有没有注意，很多老人都关节疼，腿关节以下疼，那是和子女生气生的，关节以上疼，是和平辈生气生的，这叫人失和，从气上得的病。

运气场和伦常的关系也有简单的规律。

我讲过，你亏了孝，你亏哪个孝，你哪一块就出问题。你亏了自己爸爸，当地不挣钱；亏了妈妈，挣的钱存不下；你亏了岳父，我告诉你，牢狱灾肯定多；你亏了丈母娘，我告诉你，你做什么事都是要死不活的，红火不起来。

那你亏了你妻子了呢？你要亏了员工了呢？这都直接影响你的运气，这是毫无疑问的事情。

看你和谁生气，影响是不一样的，还要看这个火是上行还是下行。所以，你自身的运气场不好，就是你失和了，才导致的问题。

当我们把这些简单的方法，都明白了以后，你就知道，原来人生的很多事情都是你自找的。

祸福无门，惟人自召。这句话也是大道至简。我们要明白，要清楚。所以《易经》里面的三大原则，听着有这么多复杂的东西，实际归结起来，这句话就是最简单地给大家说明白了问题根源。

▪ 不易法则：宇宙规则是不变的

接着我们讲第三原则——不易法则。不易就是不变。

万事万物随时随地都在变，可是却有一些不变的东西存在。能变出来万象的那个东西，是不变的，它是永恒的。这个就深一些了。

同时，万事万物都在变，这个变易的法则，是不会变的，这个就是不易。

再延伸了讲，我们就知道，像因果法则，强弱法则，阴阳法则，惯性法则，在目前我们所处的时空中，都属于不变的法则。

宇宙的运行遵循的就是这些不变的法则。

那改命运也是有不变的法则。

我们都知道，了凡先生把孔先生给他传的《梅花易数》全学完了，可是最后改变他的命运的，不是他会算，而是用了云谷禅师教的最简单的道理。

用积德行善，用这种方法改变了命运。

这也完全符合《易经》道理：积善之家必有余庆，积不善之家必有余殃。它是符合这个道的。所以《易经》不管怎么复杂，实际它告诉大家的，就是行善积德能改变命运，这是唯一不变的方法。

实际，这也符合佛教常讲的一句话：诸恶莫作，众善奉行。让你自己把自己改正好，就符合道了。

第二十九章

循环法则——第十一大法则详解

▪ 阴阳法则 + 循环法则 = 整个宇宙的运作规律

这次，我们讲宇宙根本法则里面一个特别的法则，循环法则。

循环法则的第一个特性是——无尽循环。

它一直在循环，循环不息。就像大树，长的种子掉在地上，遇到水以后，生根发芽又长大树，不久，大树又开始掉种子，种子不断地循环，循环……成了一个大林子。

说实在话，我觉得循环法则比变易法则还狠。它告诉了我们，整个自然和生命，就是一场无止境的变易和循环。

你说，我们的祖先死了还是没死？实际没死。他身体的血脉也传给我们了，每个人的生命都在变易中，不停地循环下去了。

上次我们聊过了阴阳互含法则，说的是，任何事物都蕴含着自己的否定面，阳中有阴，阴中有阳，阴阳之间可以转化互换。

举个最简单的例子，比如我们吃饭，从饿到饱，从饱又到饿。这就是阴阳互换，饿——饱——饿——饱之间构成一个稳定循环的圆圈，这就是循环法则。

阴阳法则 + 循环法则 = 整个宇宙的运作规律。

阳极生阴，阴极生阳，运行方向，从阴的起点开始，向阳的方向进行运作。同理，到至阳时，又向阴的方向进行运作。阴阳两个运动方向加在一起，就是一个大轮回。

从自然界开始说起，就有永无止境的四季阴阳循环。春生夏长秋收冬藏。春夏秋冬不停循环。

从一天来看，早中晚，白天黑夜，白天黑夜，每天都在不停重复。

从一年来看，一个星期，一个星期，一个月，一个月，日子在不停重复。

从我们自己来看，吃了饿，饿了又吃，不停循环，困了睡，睡醒了，晚上又困，还在不停循环。

从一个家庭来看，有的家庭是恶性循环，包括不孝顺的这种风气，传多少代。有的家庭，孝顺的风气也传多少代。我们把这归功于家教家风，实际上，这也是个循环。

从整个人类来看，生，病，老，死——生，病，老，死……

从物质轮回来看，一滴水，凝结冻结于冰峰，再融化滴落，汇集成江河湖海。最后蒸发，成云，成雾，又化成雨水或者露水，不停循环。

从历史来看，五千年中华文明历史，无数朝代更迭，分分合合，也是循环。

从宇宙来看，所谓天道好还，动力圆形或椭圆形周而复始，永远循环，生生灭灭，循环不息。

在当前我们所处的宇宙中，一切都是无尽的循环。循环法则无处不在，上面只是部分概述了一下。

■ 宇宙的运作就是阴阳能量循环变易不息

下来，我们再详细讲解一下循环法则的特性。

阴阳法则加上循环法则，就是整个宇宙的运作规律。

你看，阳极生阴，阴极生阳，阴阳互生。比如太阳，最明显的就是，夏天的时候非常热，冬天的时候，有太阳也不暖和。那月亮，我们可以看到，初一就成了一个弯弯勾了，十五就圆了，它有月缺月圆的时间，这就是阴阳。

阴极生阳，意思是，运行方向从阴的起点开始，向阳的方向进行运作。到至阳时，又向阴的方向运行。阴阳运动加在一起就是一个轮回。

你看，我们的太阳，早上起来，中午最旺，最旺的时候就已经生阴了，就开始向阴的方向运行，到了下午，晚上，太阳就成了夕阳了。

到了晚上，月亮最亮的时候，又开始阴极生阳了，阳的能量慢慢累积，于是，再过几个小时，就鸡叫了，就东方泛白了，太阳又快出来了。

太阳和月亮就不停地在我们的生命中循环，我们每个人都生活在其中，但是，很多人都不明白这个道理。一天，我们就经历了一次阴阳能量循环互变的过程。一天又一天，太阳和月亮的阴阳能量循环，从未停止过。

那我们放大时间段，会发现，从一年来看，也是一个大的阴阳能量循环互变的过程。比如四季阴阳循环也是永无止境的。

你看，春天少阳，阳气出生，万物生发；

夏天，太阳阳气旺盛，万物生长；此时阳极生阴。

秋天少阴，阴气出生，万物衰败；

冬天太阴，寒冬腊月，万物敛藏。此时，阴极生阳。接着又是春天了。

你看，四季就是这样，阴阳互变，不断地循环。

实际这就是循环法则，一直在循环。我们自己吃了饿，饿了又吃，不停地循环。我们困了睡，睡醒了晚上又困，更是一个循环。生老病死更是不断循环。

要不我说，大道至简，我们认为它很复杂，实际道理并不复杂，我们完全自己可以明白，无尽的循环就发生在我们身边，发生在每一朵花开花谢中。

所有的我们可见的物质能量，都处于循环之中。一朵花是这样，一滴水也是这样。一滴水冻结于冰封，再融化，滴水汇集成江河湖海，到最后蒸发成云、成雾，再又化成雨水，或者露水，不停循环，实际它还是一滴水。

通过这个道理，我们就更容易理解生死。能量在不断变易中循环，水被植物吸收，植物再被动物吃掉，动物排泄或死亡，水再蒸发，这滴水在自然中循环、轮回，周而复始。

在物质表象的生成与消亡的过程中，物质的轮回在不断地进行，实际上，它真没消失，这是没消失的。

那从我们吃饭来看的话，从吃米饭进到肚子，肚子消化后排泄，再被当成肥料再施到田地里面去，又长出五谷来，这不就是宇宙轮回之道嘛？所以古代茅坑叫什么？是个很文雅的名字，叫五谷轮回之所。

从历史来看，五千年中华文明历史，无数朝代的更换，分分合合，君君臣臣，你杀我，我杀你，不过是我们换了皮囊，演同一出戏而已。

我们回头再看一眼我讲的清朝，持续了两百九十多年。我们有没有注意，清朝入关的时候是什么样的呀？皇太极死了以后，孝庄带着顺治，孤儿寡母入关了。清朝落幕的时候，何尝不是这样，一个寡妇带了个溥仪小皇帝又走了。这个循环更大，是个两百九十多年的轮回。

▪ 按照圆周变易循环，就是周易

从宇宙来看，天道好还，都是以动力圆形或椭圆形周而复始，永远循环，生生灭灭，循环不息。

像哈雷彗星，每隔七十年，必回到太阳系来，它绕过地球上空，然后飞向太阳系。太阳带着群星绕着银河系中心旋转，经几百亿地球时间，才绕完一周，可是，终归又回来了。银河系呢？银河星云旋转系，又绕着更大的中心旋转。以此类推，无穷无尽。

宇宙就是这样，不断地循环，旋转下去。宇宙中没有直线，要是把直线延伸画下去，画上千亿年长度，上千亿兆兆年，你以为很直，结果，又回到原地了，真的是这样。

在当前我们所处的宇宙中，一切都是无尽的循环。

在《圣经》里面，上帝放了一句狠话，说什么呀？“已有事，后必再有；已行事，后必再行。”即你今天有的事情，后面一定是会再有的；已行事，后必再行。是个大循环嘛，日光之下并无新事。

为啥日光之下并无新事呢？上帝说的就是，别看表面上变来变去的热闹，其实本质就是一个循环，不停地重复，一点也不新鲜。

我告诉你，当你把《易经》了解透以后，你也会发现，讲的道理是一样的。

我们今天看到的所有新生事物，其实都不新。

我们经常把《易经》叫做《周易》，易是变化的意思，周是代表一个圆的意思。按照圆圈的样子不停变易循环，就是周易。你看，周易这两个字，就已经把宇宙最根本的法则全部说完了。是不是大道至简呢。

那什么样的人能出离这个循环呢？这个就涉及宗教范畴了，佛教认为佛菩萨，阿罗汉可以跳出循环。还有的宗教认为，去天堂可以脱离循环。

▪ 起点必是终点，一切都会回到自己身上

接着我们讲循环法则的第二个特性：起点必是终点。

由起点到终点，一切能量都是按照一个圆圈的形态运行的。正是由于一切都是一个环形，所以一切能量从哪里来，必将回到哪里去，这样才能形成一个圆环。

从我们行为来看，我们的所作所为，经过一个大圈以后，必将返回到我们自身。这也就是循环，它一定会在你这个地方起落，正如我们常说的天理循环。

我遇到过一个人，很喜欢嫖娼，还特别喜欢找小女生，后来，有一次他跟我说，这一生很倒霉。

我说："你倒什么霉啊？"

他说："你看我这个级别也不低。可是我的女儿，换男朋友的几率非常高。她换年轻的我还能接受，可是她换的男朋友都和我年龄一样大，我就接受不了。"

我说："你想想你年轻的时候，在嫖娼的过程中，是不是有很多和你女儿年龄相当的。你在和人家相处的时候，她的父母伤不伤心？"他说："肯定伤心啊！"

我说："那别人和你女儿相处的时候，你是不是也伤心！这叫循环法则啊！"

他一想，还真是这样！

我说："这就叫循环呀，你自己的作为经过一个循环后，落到了自己身上！"

我在北京还有一个朋友，她是个小三，最后那个男人和妻子就离婚了，她和这个人结婚了。她比这个男的大概小了十二三岁。

我认识她的时候，她就找我抱怨，说那个男的又在外面找了个小三，这个小三又比她小十二三岁。

我当时就给她讲了："你在抱怨的过程中，有没有想过这叫天理循环呀！"

她坐在那个地方，大概沉思了有半个小时，她明白了。

她说："我现在回想一下，当初我当小三的时候，他的前妻和他的孩子哭啼的那个场景，跟今天我和我女儿向他哭泣，祈求不要离婚的场景一模一样！"

那回过来我们再想一下，因果法则和循环法则有没有错？你今天所做的善或者恶，都要让你自己承受，或让你亲眼看到你的家人承受，这个法则的作用力，你是跳不出去的。这就叫天理循环。

我还遇到一个例子，北京的两个老夫妻，靠摆麻将馆赌博的方式挣了一笔钱，给儿子在北京买了两套房。你看，作为父母都想得比较多一些，怕以后有遗产税，房子都写成了儿子名字。为什么买两套呢？他们想：一套儿子住，另一套儿子要没什么能力可以出租，这个出租费就可以养家了。

可是作为父母，只知养子，不知教子，也是害子呀！他也不知道，他这个钱是凶财，让人赌博得的。我给大家讲过，这个钱有反作用力，这个凶的力量循环回来，养父母父母得病，养子女子女败家。这个道理，也是我在很多人的经历里面证实过的。

结果，他儿子结婚之前去了澳门一下，两套房就全部输光了。我们都知道，澳门的赌业是合法化的，他们辛辛苦苦挣了几十年，孩子去了那一趟就没了。他们见到我后哭得很凄惨。

我说："你哭什么呀，钱丢了你儿子没死啊，你已经赚大了！你要是钱也丢了，儿子再死了，你不是人财两空吗！赌博来的钱，赌博输掉。起点就是终点呀。这是循环回来了。"

▪ 行善积德方可终止恶的循环

你看，现在很多人为了躲避污染，还计划上火星，好像要逃离。我告诉你，真逃离不出去。不管你今天用什么样的方式挣钱，催熟的植物，催熟的动物，终归会回到你的肚子里面。你没法和循环对抗，否则，你会加剧倒霉！就像我们拍皮球一样，你拍得越厉害它反弹越高！

那我们用什么方法来终止恶的这个循环呢？

行善积德。这是唯一的方法。

就像我父亲一样，他特别能赌博，过去的钱值钱，他一天就输出去几千块。赌博带来的影响很大，我父亲过去在经纬公交公司上班，就因为赌博被开除回农村了。在我的记忆中，我小时候还上过幼儿园。那个时候应该在宝鸡市住，生活条件还是蛮优越的，可是，因为父亲赌博，我突然间回农村了。所以我们在那个农村是插户的，不是人家本村的人。

但是，父亲身上这个强大的负能量流，没有循环下去延伸到我这里来。为什么呀？我自己把恶给断了。

不要找借口，说我爸脾气大，我郁闷，我也脾气大。不要说我妈性格不好，我就性格不好。一般人确实容易受父母阴阳对冲的影响。但是，如果你要走出负能量循环，想把这个循环断掉，就一定要自己努力，把恶止住，不然，一个家族内部的负能量是可以代代循环传承下去的。

我父亲爱吃肉，我不吃肉。他爱赌博，我不看牌。我心想：一定要让我父亲所有的缺点，在我身上不重演。我经常讲，孝顺就是不让父母身上的缺点在自己身上重复。我把它断掉了，这也就是我为什么能改变命运！

要是你懂得了我以上讲的所有法则，你的运气完全可以掌握。因为你有方法，有对策，就能慢慢把恶止住，不然的话，一定是受负能量影响很大的。

就是因为每个人的能量场不同，平时所做善恶不同，所以，在发生很多事的时候，结果完全不同。

你要知道，因果法则也是个循环，你要是不种恶因，你是个大善人，那你遇到的饭店，遇到的人都是善良的。他们给你用的东西，也都是良心品质的，这个也是循环法则导致的。

▪ 人在做事天在看

我们经常听的一句话：可怜之人必有可恨之处。今天他可怜了，他过去一定做过可恨的事情，不然他一定不会倒霉。

我遇到一个朋友级别还挺高的，好像是个少将。他父亲做过一件事情，别人要提职的时候没有给人家提，障碍了人家。后来，这个人很厉害，竟然给我这个朋友当了顶头上司，他无非是少将，人家好像是中将还是上将，这个人就把我这个朋友收拾了。

他跟我聊这个的时候，我说："你没注意这是因果循环吗？你想想，你父亲过去障碍他了，他今天障碍了你。过去种的因，现在受的果。你要明白这个事情啊。"他一想，确实是自己障碍了自己。

我们明白了循环法则以后，就明白古人说的一句话：人在做天在看！

天理是什么，天理就是循环。天在看的意思，就是如此。古人经常说：善有善报，恶有恶报，不是不报，时候未到！这些话语都是讲循环法则的，做什么最后都一定是要循环到你自己身上的，谁都逃脱不了，毫无例外。

这也就是我经常给大家讲的，我们要为自己今天享的福、受的罪负百分之百的责任！每个人都是自然的一部分，宇宙的一部分，都得遵守循环法则的约束。

▪ 人善人欺天不欺，人把你亏了，天就把你补了

我们做一件好事，被帮助的人心里暖和，并对我们心存感激。这样的感激情绪作用于我们的情绪，让我们感觉到价值和温暖，这也是天理循环。

还有很多人愿意帮助人，但是，受不了被人欺负，把自己气得不行。

其实，我告诉你，人把你亏了，天就把你补了！

你把人亏了，天也就把你收拾了！

为什么说人善人欺天不欺，人恶人怕天不怕呀？天理循环。

我遇到很多恶人非常厉害，最后被谁收拾了？被他自己的儿女收拾了！那些恶人年轻的时候像黑社会一样，又卖摇头丸，又卖这又卖那的，最后怎么样？不是遇个女儿抽他耳光，就是遇个儿子败他家。他对谁都能下狠手，对自己儿女没办法，只能受气。

你看，有些人耀武扬威的，最后总会有个人把他收拾掉。

所以我经常讲，你尽管为善，不要怕被人欺。人能欺你，是因为你们之间有负能量的连接，循环回来的负能量释放光了，你就不会被欺了！

循环法则是非常公平的。

大家有没有注意，有很多人有洁癖，特别爱干净，老的时候大部分都要得半身不遂瘫痪病，大小便都在床上。你去问他，他年轻的时候一定有洁癖，他嫌这个脏嫌那个脏，最后自己脏了。真的是这样，这也叫循环。

什么事情一定要恒温，不要过激，真是不要过激。

▪意念是空相能的一种，心力是微波

更深一层次看呢，意念是空相能的一种。有科学研究证明，心力是超光子，是微波，这些抛向宇宙空间的力量，最终按照循环法则都飞了回来，它所击中的最后一个目标不是别人，而是你自己！

当我们明白了这个法则以后，你只管行善，好事你都会遇到。你要作恶的话你也会遇到恶事，这还是循环法则。

我经常资助很多特困学生，我就觉得这些学生以后能为国家、社会做贡献，我有这种念头，一直到现在都在资助。可是，突然一天我发现，网络上有很多我不认识的人，竟然在弘扬我讲的东西，力度超过我帮助这些学生的力度。

我去任何一个地方，第一次去我就会问："大家看过我视频的请举手。"底下人唰唰都举手了。我第一次去新疆讲课，底下竟然七成人都看过我的视频。我去云南和很多边远的地方讲课也是这样。我才发现，有很多人在刻制我的光盘，在循环。循环的力度，还非常大，非常强。

我每次来给大家讲课的时候，我都会想：希望我讲的东西能利益大众。我发的这种心念的力量，最后循环回来了。你看，同样是一段话，很多人就愿意接受我讲出来的道理，我就真的能利益大家。这个是过去我用意念种的种子，慢慢它生根发芽了。

有一次，我和太太坐车，有人看见我以后说："哎呀，你是秦老师！"

我说："怎么了？"他说："我在出版社买你的书，一次就买了十万本。"

我才知道这人一次买这么多书，原来我都不知道。

包括我去山东淄博讲一堂课，有一位大姐听我讲了这堂课。到现在为止，我没有见过她。她花钱赠送我的播课机，到现在最少花了几十万。那一台下来七八十块钱呢，一次一做就两千多台！赠送的书籍量也大得很！

有很多人我都没见过，可是他在推行我的东西。

包括孔子讲的东西，到现在两千多年了，见过孔子的人推荐，没见过孔子的人还在推荐他的东西。这个循环是善的、正能量的循环，也是循环不息的。

那恶的也是循环不息的。作为一个学传统文化的人，真正的目的，就是要把这些恶的循环断掉，让善的循环增加。

▪ 常为他人着想，就是上等运气

我有时候就想，循环来循环去的，循环回我这个地方了。所以人起善念，循环是非常奇特的。

有一个朋友，每年都给我送一种杨梅。第一年送的时候，我都没有太注意。第二年又送，空运过来的还带着大冰块，我一看，竟然叫东魁杨梅！他说："这个杨梅就叫你的名字，我觉得跟你很有缘。"最后他还跟我说："我邀请你去东魁杨梅基地看看吧，那一块的杨梅不光是大，树都是百年古树。"

我还给大家讲过，福建的一个老板，他有几件事情做得非常了不得，他培养出来的员工都不走，他的员工都是老员工。因为，他对员工真是如同亲人。他做了几件非常小的事情。

第一、他会定期去员工食堂吃一下饭，他觉得吃着非常舒服，就放心了。他要觉得自己都觉得很难吃，就一定要求厨房改善伙食。

第二、他不管开着什么样的豪车，走在公路上，只要看见他们公司的员工，包括保洁员，他都会下车问候一下员工。员工都受宠若惊。

第三、他在任何时候开集体会，都会向员工鞠三个躬。他说："我今天所有的财富，都来自于大家，没有你们，我不是老板，因为有你们我才成老板了。"

他这几件事，让员工都很感动。所以，他的公司员工流失量几乎没有。

我经常讲，人在哪挣钱都是挣，人家关键要挣得舒心啊，你对人家尊不尊敬？你把人家有没有当人看？你可能是老板，我可能是你的下属，但是我和你是平等的，只是职务不同而已，分工不同而已。你不尊敬不行。

我们想想，这个老板用的方法，是不是天理循环呀！循环来循环去的，循环给他自已了！没有循环给任何一个人。

所以，上等运气是什么呀？常为他人着想就是上等运气。

常为他人着想，也是世间最上等的学问。古圣先贤的所有东西你翻来看，为什么说开卷有益呀，都是教我们如何奉献舍得，因为古人知道天理循环的道理。

我们每一个动念，所行所为，都是我们自已在宇宙中，发出的动力和影响，它会透过各种不同的时间和空间，或是递增，或是递减，或是附加若干其它影响，最后变化成强力或者弱力回旋归来，无论怎样它是一定要回到出发点的。

我们起心动念就在向外发射能量波。你今天只需要起善念、说善言、存善心，那你自然是一个好人，是一个善人。那你今天所遇到的小人、敌人、仇人，和你都不是一个频率，他很难害你！

很奇特，真的是这样。我真遇到有人想害人，却把人越害越好。反而有人想帮人，却把人没帮好，还帮死了的。为什么呀？你能量场太差了，人家帮不了你。

就像我家一个亲戚一样，另外一个亲戚给帮忙找工作呢，说年龄改小点儿吧，让她多干几年。善意嘛，为了让她多干多挣点钱。谁知道公司出个政策，可以提前退休拿同样的工资。可是就因为改少了那几岁，退休不了，本来实际年龄都到了，她就退不了。你看，没帮成反而给帮坏了，不然她提前退休了享福了。

▪ 现代社会作恶太容易，都旺不过一代

所以，你今天所起的任何一个念，不管善恶，必将回来。人这一生的运气也是这样构成的，就是自作自受的。

不过，现代社会，循环法则的速度可以说是加速了。过去经常讲，这家旺不过三代。那么，我们现在看新闻，各种首富、大贪官的倒台，也就十几年，连一代都旺不过去，还别说什么旺三代。

为什么这样？可以说，因为现代社会作恶太容易，恶的力量累积太快，循环回来更快，百分之百丝毫不差地击中你自己。

就像很多官员，贪污受贿最后罚没非法所得财产，自己被抓进监狱，所有的荣誉被剥夺去。

清朝的大臣和珅富可敌国，那到最后，他所有的财产又返回给了清朝政府，等于他帮清朝政府保管了。不光是保管，你还要付出利息付出代价。你看，过去动不动株连九族，把九族十族都收拾了，我记得十族里面甚至还包括老师。

我们想一想，你把利息还要加进去，这个是非常可怕的。我们做恶事里面也有利息，那我们做善事里面同样也有利息，这全在我们的选择。

▪ 从当下，就能看到一个人的未来

所以，天理循环法则，当你明白了以后，就可以从当下，看到一个人

的未来。他今天享受的生活，就是他以前所种的因。他今天所做的事，就是他未来要受的果。这里面一点儿都不神奇，很多人只因为心比较粗，没有去观察，或者是对循环法则没有了解，才认为神奇。

我有个远房亲戚，过去在老家当官，最后调到北京来，我也有很多年没见过他了。但是，我在中途见过一次，他和他太太。

这次，他们俩又来拜访我的时候，我就给他说了一句实话。

我说："你老婆要把你送进监狱去。"他说："怎么这么说呀。"

我说："我过去见你老婆的时候，不穿金不戴银，上次见她，穿金戴银，又背了个名包，现在还这样。你老婆是不是不廉洁了，在家里替你收钱呢，谁一举报你不就惨了吗？"

我又说："要是她穿着这一身打扮见了上级。上级就会想，这人老婆一身珠光宝气，这钱从哪来的？我级别比他高，我老婆都没这样。你看，这是不是招祸了。要是她见的比你级别低的官员，级别低的人一想，这人老婆穿成这样，这肯定是贪污的，我也知道他一月工资多少钱。可能他写个匿名信就举报你了，你不也就进去了。"

我说："所以，你老婆这一身行头，就注定你要坐牢。"

我一说，我那个亲戚就额头冒汗，不停地流汗。

我们一定要把恶缘断了，你恶缘不断的话，我告诉你，你一定倒霉的，你烧香拜佛也没用。

▪ 人做任何事一定要明白天理循环

要不我经常在讲，人一定要明白天理循环。

我讲过，你这个钱是从哪个道里来的，你要回到哪个道里去。

你的钱今天是赌博来的，一定要从赌博里面出去，是贪污来的，一定从哪里贪的要回到哪里去。有句话叫刁里求财刁里消，你这个财是邪中来的一定要从邪中消掉。你今天这个官是从行贿中来的，你一定会在行贿中灭掉。这就叫循环法则第二个特性，起点必是终点。

懂了这个道理，我们才可以趋吉避凶，这是非常了不得的。

就是看你种什么因了，作用力循环回来，你肯定要得什么果，这是因果法则也是循环法则。我们要对自己的遭遇负百分之百的责任。很多人说，我孩子不听话、不孝顺，我遇到仇人、小人了。我告诉你，自作自受，怨不得别人。

我有个朋友，他当镇长的时候老被书记收拾，他就气恨得不行。后来，他当了书记以后，他也老收拾镇长。

我当时见他就说："你这样下去，你想想，你未来要被谁收拾。"

我说："国家给你这个职务，是为了让你们更好地服务人民、服务社会。你用职权强压他人，这是官僚主义，非常可怕。"

他说："怪了，我工作做得非常好，但是，我刚一出去吃饭，人家县长、县委书记就来了，一看我不在地方，还老认为是镇长做的好事，老认为我不作为。我这经常性碰到这样的事情。"

我说："你想想，你不认可镇长，你天天收拾人家。可是，莫名其妙的，县长、县委书记认可人家。这叫人在做事天在看，人欺人，天不欺人。"

当我们明白了循环法则以后，我们一定要观察自己的所作所为，一定要顺道而行，一定不能逆道。我们作为人，就应该顺两条道，一个是不违反国家法律，一个是不违背伦理道德。国家法律是符合人道，伦理道德是符合天道的。

国家法律治人已犯之罪，当你要是已经做了违法的事情，那法律就把你收拾了。伦理道德是治人未犯之罪的，当我们心里起恶念的时候，你发现不符合伦理道德的，在发现的过程中，你就改了。

所以，大家一定要顺道而行，这个是非常重要的事情。

第三十章

自由意志法则——第十二大法则详解

▪ 宇宙法则是客观规律，不因喜怒贫富改变

那我们接下来要讲的就是最后一条根本法则。也是所有法则里面最重要的一条法则——自由意志法则。

前面介绍了十一条重磅法则，比如共振法则、反作用力法则、心念法则、强弱法则，等等，简单来说，它们都只是规律性的客观存在。这些法则有几个特性。什么特性呢？

它不随我们的意志而改变，不因我们的喜怒哀乐和贫富贵贱而转变。

第一个特性，不因我们的善恶喜怒而转变。这个是重点啊！就是说，你的善恶喜怒，它都转变不了这些法则。

比如干支法则决定了，我们作为一个人，要传承祖先的血脉——就是所谓父母生你的血脉，它不会因为你的姓，你穿的衣服，你当了省长或者乞丐而改变。这个血脉是变不掉的。因为，你今天所有的衣服、所有的身份都是外在的，但你的血，一定是来自于你父母。血缘关系不会因为你在不同的环境改变。就像你再怎么移民，你都是炎黄子孙，你的基因，你的

皮肤，你的血液，注定了你是炎黄子孙。

而且，也不会因为我们的善恶喜怒而改变。你不能说，这人行了善了，他是O型血，变成B型血了。不可能。这是变不了的！

所以，我给大家讲的这一块，是非常重要啊！虽然非常简单，但是非常重要，过去老师很少给大家讲这一点。

这是第一个特性，这些法则不会因为我们的善恶喜怒而改变。实际也就告诉了我们，内在的七情六欲，是改变不了这些法则的。

第二个特性，这些法则不会因为贫富贵贱而转变。外在的贫富贵贱，也对它们不产生任何的作用。穷人是这样，富人也是这样。

就像我们每个人的一天都是二十四小时，不能说皇帝就是四十八小时，乞丐就是十二小时。不是的，规则对每个人都是公平的。

每个人都在生老病死，不是说大官就长生不老。不行。

佛教有个故事说的也是这个道理。释迦佛的家族遭灭顶之灾的过程中，他的弟子目犍连尊者，神通第一。目犍连用他的钵，藏了一部分释迦族的人，把他们藏在了天上。当灾难过去以后，目犍连尊者就非常得意地给佛陀说："佛陀啊，你看，你家族遭灭顶之灾的时候，你都没有救，我救了。"

佛就问："你怎么救了？"他说："我用钵把你一部分族人藏在了钵里，我把它藏在了天上。"佛陀说："是真的吗？"他说："是真的。"

佛陀说："那你把他们请下来，我见见。"当目犍连尊者把这个钵从天上请下来打开以后，傻眼了。为什么呢？钵里就一摊血水，一个人都没有。

当时，佛就给他讲了这场灭顶之灾背后的因果："有一个前世，我的族人把一池塘的鱼，全部给捕捞了。我当时只是一个小孩，没有参与。第一，没有参与捕捞鱼的行动，第二呢，没有参与吃鱼的行动。可是呢，我当时是小孩嘛，看见一只大鱼，拿了根木棍把大鱼的头敲了三下。当释迦族遭灭顶之灾的时候，我知道，是那一世的鱼王带领他的家族，来灭我的家族来了。这个叫因果。这是我的神通没有办法救度的。虽然我没有参与，可是当他们来杀我们释迦族的时候，我也头痛了三天，正应了敲鱼头的因果。”

通过这个故事，我们会明白，因果法则，对谁都很公平。不因为释迦族有人当了国王就改变。

所以，宇宙法则就有点像法律和规章一样，条框是硬性的，是谁都没办法改变的。只根据你的行为，进行奖惩。你今天作恶，自然受相关条文惩罚，贪污就被抓进监狱了。你今天作善，也自然受相关条文的奖励。

你不能改变规则，只能改变自己行为，规则是外在于你的存在。

如果把人生和宇宙比喻成一场游戏，那么，共振法则、反作用力法则、心念法则、强弱法则，这些宇宙法则实际就是这场游戏中的游戏规则。

犹如网游里规定的，什么样情况能升级，什么样的情况会去血，打个怪物得多少经验，像这些规则一样，你只能遵循这些规则游戏。

▪ 自由意志法则是为我们量身定做的法则

那么作为人，我们在这个大游戏里，能起什么样的作用呢？

自由意志法则就是为我们量身定做的法则。

任何神佛鬼都不能干涉我们的自由意志。

释迦牟尼佛讲了一句话，大意是：我的神通不能强加于人，我的甘露也不能救助所有人。我只有告诉你方法，解脱靠你自己。

就像我也反复告诉大家，你不要违法，你不要违背伦理道德。你少喝酒，喝酒别开车，你别和人打架斗殴。不然，你会得到不好的结果。

但是，我告诉大家这么多，听不听，做不做，这还是由大家的自由意志决定的，我根本没办法强迫大家。

人生要想活好了，有很多好的方法，那你做不做？其他人也只能劝劝，谁都拿你没办法。

父母能给我们饭吃，能买衣服给我们穿，可是，父母管不了我们的人生选择，父母只能通过教育引导我们，不能帮我们决定。

有的人那就是不听，就要去做坏事，那怎么办呢？就像民间讲的话：天堂有路你不走，地狱无门你偏进来呀。那到底是谁选的呢？是我们自己选的。

所以，别人只能影响我们，但是不能直接干涉我们的脑海中的自由意志。

▪ 无论痛苦和快乐，宇宙都赋予我们选择的权利

所有我前面讲的十一条宇宙规则，只负责提供给我们选择的后果。我们选择什么样的行为，会得到什么样的结果。

你不想进监狱，谁拿你有办法？除非你做了该被抓的事，除非你违了法，按照规章制度，人家就把你抓了，这叫自作自受。

就像要孩子一样，你想要还是不想要？想要就生下来，不想要就打掉了，这都是你可以选择的。那你做出这个选择以后，规章制度，只负责提供结果呀！那你打了这个胎以后，你得妇科病，你腰疼，你运气减弱，你肯定要承担结果！

我们选择什么样的行为，就会得到什么样的结果。行为定了，结果也就定了，因为规则不会改变。

通过结果、通过经历让我们反思。有的人通过反思提升了，有的人被击溃了就下降了。

总之，自由意志法则最大的特性是，说明了无论是痛苦还是快乐，宇宙都赋予了我们自由选择的权利。

你也可以选择吃喝嫖赌的人生，你也可以选择违法乱纪的人生，你也可以选择弘扬善法的人生。这个是你可以选择的，宇宙法则只负责提供相应的后果。

我们可以当下就停止作恶，停止对亲人发脾气，我们也可以当下就选

择宽容过去。可是，我们也可以当下就选择去杀人偷盗，去吃喝嫖赌。我们也可以选择随地扔垃圾或者捡垃圾，这个是我们自己控制的。

回头再想一想，我前面讲的一句话，我们这个身体是工具，你要用你这个工具做什么？这个很关键。眼睛是工具，你用它在微笑还是怒目？耳朵是工具，你在听圣贤教诲还是在听是非？嘴巴是工具，你今天说话是利国利民，还是害国殃民？都是你自己可以选择的。

我们对自己的生命选择，拥有全然的掌握权，这是多伟大的一件事。

所以你看，我们人多伟大呀！你今天可以掌握好，你可以当古圣先贤，也可以禽兽不如。这个决定权在你，不是别人让你变成什么，是你自己让你自己要变成什么。

▪ 宇宙规则，我只是发现了，不是我创造的

当你把我讲的这些法则全部会应用以后，我告诉你，你就很厉害了。

你不要认为秦东魁很厉害。我经常告诉大家，我和你们是一样，一天要吃三顿饭，感冒要吃药，你掐我会痛你刺我会流血。唯独和你们的区别在于，我会运用这些法则。

不过，有时候，我还不如你们。为什么呀？你们还会开车，我不会。你们还会计算机，我都不会。我不会的事太多了，我弄了很多糗事。

我第一年上班，单位给我配了个手机，拿了一年多了，也没人给我打电话，我也给人没打过电话。我们部门经理就问我："你的手机号多少？"

我说："我不知道，手机不是单位给的吗，那号你们可能知道。"

我们经理把手机后盖一打开，发现连卡都没装，竟然拿了一年。

总之，我搞的笑话太多了。

唯一的好处在于，我发现了宇宙里面的规章制度。我用这种规章制度来对照你的行为，就知道你要受什么福，受什么祸，出什么事了。

宇宙的规则，我只是发现了，不是我创造的，规则本来就有，只是一

般人不细心，不研究这一块，所以不会用，我明白了以后，运用规则比较快。

所有我讲的规则，都很科学，一件事情的发生一定有其道理，这个道理只是你没发现而已，我们一定要明白。

■ 游戏就是定数和变数的结合

自由意志法则最伟大的一点是，无论我们是痛苦还是快乐，宇宙都赋予我们选择权利。其他所有的法则都是规章制度。只有这个自由意志法则是给我们量身定做的。

我们可以选择珍惜包容理解，我们也可以选择嫉妒仇视怨恨。我们也可以选择杀人放火，我们也可以选择当慈善家，这个完完全全由自己掌握。

全世界所有的人，你是独一无二的。

自由意志法则，对你来说也是独一无二的，是为人量身定做的。

就像玩游戏一样，游戏规则都设计好了，但是，你如何操控游戏人物的行为，是你自己自由选择的。

所以，游戏就是定数和变数的结合。规则是定数，自由意志操控是变数。

我们的自由意志，在人生游戏里，影响是很大的。

你要选择生气，就会影响你的人体环境，肝上有怒，肝就生病了。心中有恨，就要得心脏病了。所以肝怕怒、心怕恨、肾怕烦、肺怕恼，你一旦选择了去怒恨怨恼烦，把五脏给克制了，你肯定就生病了，这是你自己选择的。

所以我们一定要记住，命运在自己手中。人生是一场选择的游戏，目的在于每一刻做出选择，选择组成了我们的人生道路。

比如你今天选择要装修，那你马上组合的都是装修工人；今天要是选择了造汽车，那我们组合的就全部是造汽车的工人；要是选择了开一个饭店，那聚到一块儿的就都是服务员，这是我们自己决定的。

我今天去美国旅游，那组的团全部是去美国的。你今天可以选择你周边所形成的朋友关系，和人脉关系，这个是完全可以选择的。

▪ 选择在自己手中，命运就在自己手中

命运为什么在自己手中？因为它的选择性在你自己手中。

自由意志法则是整个上乘运气学的核心。告诉了我们命运为什么你能掌握，你掌握的缘由在哪里，你掌握的能力在哪里，你的特性是什么。

自由意志法则是所有法则里面，唯一我们可以掌握的法则。国家的法律我们掌握不了。可是，自由意志法则不一样，你可以决定你犯法或者不犯法，就这么简单。你看，我不犯法了，请问法律对我有什么用？什么用都没有。

当我们明白了以后，你就知道，上等运气在自己身上，这不是迷信了，也不是天方夜谭了，是谁都可以做到的。

你的命运不掌握在孔子手里，不在仙佛手里，完完全全在你自己手里。

所以，我们无须怨天尤人，只能靠自己。

现在，你就会理解我经常讲的那一句话：苍蝇不叮无缝的蛋，当苍蝇来叮我们的时候，证明我们就不是好蛋。

我太太还说呢："你经常说这一句话，你看，这一句话多土呀！"

实际我就觉得，越土的话呀，越能把人敲醒。你要是好蛋的话，你为什么能遇到坏人呢？你为什么能遇到苍蝇呀？证明你不是好蛋嘛！你不裂缝，苍蝇能来吗？还是我们自身散发了臭味，苍蝇就来了。你要是发出香味，那蜜蜂就来了嘛！就是这样嘛！蝴蝶就来了嘛！

我们周边的人，是我们自身场能所感召来的人，是你想让他来的，不

是他自己要来的。我们一定要明白这个道理。

会怪了怪自己，不会怪了才怪别人。

古人认罪，今人争理。我们现在的人，都认为："我自己好，我自己好，别人错。"于是，离婚了，同事不来往了，和老板产生矛盾了。你看，古人争罪成圣贤，今人争理争破产。就是这样！失和了就破产了，你看，家庭破产，企业破产，这就是出现所有问题的原因。

大家有没有注意，一个企业破产也是因为不承担责任，相互推卸。厂长说总经理错了，总经理说厂长领导无方，员工说老板无能。你看，相互指责了嘛！所以真是争破产了！家庭里，夫妻争理离婚；父母和孩子争理，两败俱伤；企业之间争理，就散伙了。就是这样！

所以说啊，和与不和，争与不争，是我们自己的决定啊！你自己决定了你未来的生活，孩子的未来。你这一生，都是你自己选择的，你一定要明白。

我们可以把儒、释、道三家的经典从头到尾翻个遍，圣贤告诉我们的所有的方法，都是靠我们落实在自己的人生里，落实在每一时刻，每一个环境里。靠圣贤思想影响我们的思想，影响我们的心性，再影响我们的行为，从而来改变我们的人生。

大家都知道，我的公众号第一句话就是：你是自己的命运设计师。

很清楚哦，不是秦东魁，是你自己。

你如何设计自己，享福还是受罪？你如何设计你的父母，长寿还是短命？你如何设计你的孩子，利国利民还是违法乱纪？这都是你可以设计的。

你今天不停地增加能量场，用厚德来传承，你要能积累几千年的德，那你这个家族就能旺几千年。孔子家族就是如此。

那我们明白了道理以后，我们就要当好自己的设计师，我们就不会迷信了。我们就不会把命运交给大师，交给神佛。有的人，迷信，跑庙里拜拜，烧一大堆香，保佑我发财。你看你，烧一大堆纸钱，什么金元宝银元宝。你烧的都是假的钱，还求财神爷给你送真的钱，哪有这么便宜的生意，自己骗自己嘛。

▪ 宇宙是一个大游戏场

所以，再深一层次说，人生就是一场大游戏。我们玩游戏的人，在玩的过程中能不能懂得游戏规则，这个是很重要的事情。

在游戏里面，什么样的情况下就升级了？什么样的情况下就没血了？这些规则你要是不懂，你肯定玩不好。

我们现实生活中也是如此，你先得懂规则，再去应用。

整个宇宙也是一个大游戏，我们是里面的游戏者。有关于你的很多版本的可能性都存在，你之所以这样，是因为你选择了这个版本。

我们人也是这样，你今天选择你是善的版本，恶的版本，吃喝嫖赌的版本，你还是为国为民的版本，建功立业的版本。这个是你自己可以选择的。

我们看，计算机会响应游戏者的每一个动作，因为每一个可能的动作，都已经被设计在了磁盘上，是设计好的，适当的响应也设计在了上面。

假如你认为计算机游戏的科技很牛，那你再瞧瞧宇宙科技。我们试着把宇宙想象为一个大磁盘，所有的游戏规则都已设计好，都已存在。宇宙只是等着看你这一次选择什么。你选择什么，按照规则，宇宙给你回应什么。当游戏结束，不管你是赢是输是平手，宇宙都会问你：你还要再玩一次吗？

所以，计算机的磁盘，不会在乎你是输是赢，你无法伤它的感情。所有的结局都已存在，而你会体验到哪一种结局，则是以你的选择而定。

当然，这只是一个很好的比喻。生活在许多方面就像游戏，所有的可能性都存在，现在你得去选择你要体验什么。

所有的结局都已存在，而你会经历哪一种结局，也是以你的选择而定。古圣先贤就是老师，把如何选择的方法告诉我们而已。

人生经验，就像游戏经验一样。

有经验的人，就能更轻易地过关。你看，我们玩一个游戏，过一关二关三关。当你把一关二关三关都学会了以后，你下一次再从一关到二关三关的话，你很迅速就过去了。我们人生，实际就是不断在过关，选择、选择、再选择。

我们可以当下选择作善，也可以当下选择作恶。

选择，就是对于活在当下最好的诠释。

过去的，都不要想，你今天发财了会过去，倒霉了也会过去，关键在于我们要活在当下。我们能不能改变当下的选择，这个很关键。

我们从生命的过程中得到了什么，完全在于我们自己的选择，惯性法则会把我们已经历的经验作为习惯保存下来。

▪ 当下规则教育错得太多，“权色教”快速消耗运气

宇宙是一个大的游戏场，人生真的是一场大游戏。

在这个游戏里，一定要明白游戏规则。

圣贤出现的根本目的，就是推行文化教育，引导人们明白规则。可是，今天的社会，完全颠倒了。当下的教育，错误的理念远远多于正确的。比如西方消费主义教我们穷奢极欲，让很多人在短时间内，快速用光一身运气，最后败亡。

你看，现代流行的，基本可以定义为“权色教”，要不为了权和钱，要不为了色，这都已经快成了现代宗教了，现在最可怕的就是权色交易。

权和色，能让我们快速消耗自身的能量场，太败运了。

你看，权色教的教义多可怕：有权不用，过期作废。很多官员临退休那几年，比过去贪得还多。过去可能还想着要升职，到最后快退休之前，那真的是来者不拒，这个是非常可怕的事情。

我们经常可以看到，一些官员出问题，就是乱用职权。要不就是情人

特别多，最后都被情妇给收拾掉了，这都是败在权和色的里面。

而且，这不光是快速把你一生的运气用光，我告诉你，根据干支法则，你把你子孙的运气，都在快速消耗！

大家有没有注意，有些父母非常优秀，非常有本事，生了个儿子没用，就是会啃老。为什么呀？父母把子孙的能量场，都用光用尽了。我遇到很多父母是教授学者，生个孩子竟然是傻瓜愚痴。这种例子特别多。

在人生游戏里，还有不少善的教育，教我们玩得顺利，让你在人间畅行无阻。比如我们中国的传统文化儒家学说里面的，就有很多可取的精神。儒字怎么写？单人旁，一个需要的需。也就是说只要是人，你都需要。五伦精神，是做人需要理解的。除非你是外星人，才不在五伦之内。

那还有一种，教我们往更高的精神层面去，这部分就属于宗教范畴了。

这场游戏，无论你玩好或玩坏，宇宙能量都不灭，我们会不停地分散再聚合，会依照阴阳法则和循环法则，不停地参与游戏。阴极生阳，阳极生阴，不停往复。

所以，我们在大家明白了现象背后所包含的宇宙法则以后，就要学会用这个给生活中带来好运。换句话说就是，你要把生命这个游戏，玩得更好。

我给大家讲宇宙法则，就是为了让你把这个游戏玩得更顺。在游戏中，玩得发财、衣食无忧、身体健康、被人尊敬、子女兴旺、家族平安。

我们要给大家做个好榜样，让人家一看，这人传统文化，就是不一样，家庭和睦生意兴旺。

你要学得都倒霉成那个样了，谁敢向你学习呀！有些人不会玩，玩得真是生命担忧，衣食有忧，玩得是家破人亡啊！

我们经常骂人说：你倒八辈子血霉。有些人骂人说：你亏你家祖宗呢！

我们想想，玩得亏自己家祖宗，玩得倒八辈子血霉，我们把子孙都玩完了。这就可怕了，这叫游戏玩过火了，这个是非常可怕的事情。

人生就是游戏，你就是掌握游戏杆的人，你懂了游戏规则，顺着它的游戏规则玩，你能赢。不懂游戏规则的，容易失败，这就看你的游戏经验了。

▪ 改心才能改运，心一动，万福皆来

我唯一能教给你的，只是改变你运气的规则。关键你能不能照着做？

我给大家讲过很多例子，有的人看完我的书，一个小时运气就改了。这是为什么呀？他从心上改了。也就符合心念法则，心是最强大的能量源。

也就像佛教讲的：放下屠刀，立地成佛。他不是放下了形式上的刀，而是心中的刀。那你心里有没有把这个刀放下？你要是形式上把刀放了，心里没有放，那我告诉你，你形式上做得再好，心这个能量源没动，也没有任何用。

实际《了凡四训》这本书里，有一故事是非常重要的。我再给大家讲一遍，故事说，有一个穷女，在给寺院捐了两文钱的时候，方丈和尚亲自出来帮她祈福。最后，她所得到的福气竟然让她成了王妃。你看，她才捐了两文钱。

可是大家有没有注意？她当了王妃以后，为了报答方丈和尚给她祈福，她捐了千两黄金，可是，方丈和尚连见她都没见她。只派他的小徒弟给她祈福去了。这个王妃呢，百思不得其解，就拜见方丈和尚："大和尚，我捐两文钱时，您老人家能亲自祈福，我得福报当了王妃。那现在，我捐了千两金，为什么你反而派你的小徒弟，来给我祈福呢？"

方丈和尚就说了一句话："你捐两文钱时是真心，是你的全部家当。我要是不亲自来给你祈福，我对不起你的真心。你今天虽说捐了千两金，这千两金里面有虚荣心和傲慢心，我让徒弟给你祈福，就已经对得起你啦！"

这一个例子呀，给我们突出了心的作用，心的能量太强大了，比外面

的这些形式都强大，你的内心世界有没有变？

我们再回头看《了凡四训》，了凡先生和云谷禅师在聊天的时候，他深刻地认识到了自己为什么短命，为什么无子。云谷禅师最后告诉他一个方法：念准提神咒呀，做慈善呀！了凡先生实际最后他改运的方法，是从内心向外改的，他把云谷禅师讲的话听进去了，心动了。

他首先是心动了，那就和云谷禅师产生了共振。照着禅师教的方法，外部也开始落实为善。你看，他没当官的时候，他老婆帮助他放生，还把一些贵重的棉花卖了做棉衣送给穷人。当他当官的时候，他减税，尽心尽力地做慈善，最后把自己的命运全部改完了。

所以，你自身的运气场也是这样，心要动，万福皆来；心不动，外面做得再好没啥用。

▪ 自由意志法则是超级重磅法则

我昨天做梦，梦见有个声音反复强调："自由意志法则，是上乘运气学里面最重要的一章，很多听众没有听懂，它是最重要的，大家反而把它当作最简单的，反而给轻视了。你应该把这一章反复强调一下。"

那个梦大概持续了一个多小时，时间还比较长，也是我做梦以来最长的一次梦，从来没有做过那么久的梦。

所以，我给大家再强调一下，这一章是非常重要的。

我们最后再总结一下自由意志法则，所有以前讲的法则，都只是规律性的客观存在，不以我们的意志而转移。

只有自由意志法则，是为我们自身量身定做的法则，任何神佛鬼都没有办法干涉我们的自由意志，不能代替我们选择，不能帮助我们决定。

你的命运、运气是不是你自己能掌握的呢？完全是能掌握的呀！

人生是一场选择的游戏，关键在于每一刻做出的选择。我今天发的是什么愿？起的是什么念？做的是什么事？

所以，我反复告诉大家，自由意志法则是上乘运气学原理里面的超级重磅法则，你选好了以后，根据其他宇宙法则，对你的人生运气逐步展开作用。

比如，心念法则，心念是一切的能量源，你选为善，发射善的能量波出去。

根据共振法则，你的善念波会和其他人的善念波共振，会增强你自身的能量场，并感召越来越多的好人围绕在你周边。

根据能量法则，万事万物都是能量，善念也是正能量，你发射正能量，会和万物的正能量共振，可以享万物之福。

根据反作用力法则，你对别人发射一个善念，或对别人微笑，别人肯定也对你微笑，会更愿意帮你。

根据惯性法则，你发射善念，再发射一个善念，发射多了善念以后，你的心就在善的轨道上越来越加速，慢慢就达到了口善行善心善，三善合一。做善事就会像吃饭喝水一样自然。

根据强弱法则，你的善念越多，那你的人生运动轨迹，就会越来越偏向善的这一边，你的恶念自然就越来越弱，对你人生起到的推动力也越来越弱。

根据干支法则，你的善念多，吸引来的正能量和反作用力回来的正能量，会不断增强你的能量场，而你作为子孙的能量源头，你可以把正能量传送给子孙，让家族越来越兴旺。

根据因果法则，你的善念多，你就在自己和别人心里种了越来越多善的种子，有一些种子虽然不会立即结果，但是，等到缘分成熟，自然会结出善果。就犹如你帮过一个人，那时他还穷困，等他辉煌以后，他肯定要帮你或者你的家庭。

根据循环法则也是如此，起点必是终点，善的能量波，最后要回到你的身上。

反过来，如果你为恶呢，这个坏的起点，把一切就倒过来发展了。

所以，我告诉你，你只管选择为善，自然感召所有的善就来了。你选择为恶，所有的恶就都来了。你今天之所以锦上添花，是你邀请大家来的。你今天之所以被落井下石，也是你求人家给你扔个石头过来。

搞明白了这些法则，你现在也会明白这句话：人是万物之灵，能享万物之福，也能受万物之害。你要是正能量善能量呢，就享万物之福了，要是负能量恶能量，那就受万物之害。为什么呀？都是根据法则来运作的。

所以，大家一定要善用自由意志法则，这是宇宙赋予我们的，也是最伟大的自由选择权。

好。所有的十二大法则就给大家介绍到这里。谢谢大家。